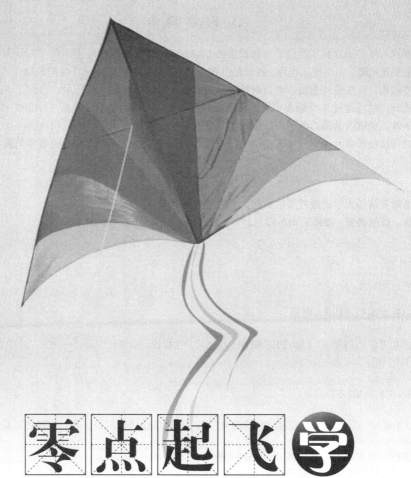

零点起飞学
西门子S7-1200 PLC编程

赵化启　徐斌山　崔继仁◎编著

清华大学出版社

北京

内 容 简 介

本书深入浅出地介绍了西门子公司推出的 S7-1200 PLC 的编程与应用。全书共分为 10 章，分别介绍了常用的低压电器、电气控制电路、PLC 的基础知识、S7-1200 PLC 的硬件结构和指令、博途软件的使用、用户程序结构、程序设计方法、通信网络、精简面板；并结合实际工程应用，介绍了 PLC 控制系统设计原则和流程；最后通过 3 个综合实训，帮助读者熟悉博途软件的使用，掌握 S7-1200 PLC 的硬件组态、编程、下载、调试及故障诊断等，以使读者具备设计和调试自动化工程的应用能力。

本书可供初学者及工程技术人员使用，也可作为高等院校、高职高专相关专业的教材。

图书在版编目（CIP）数据

零点起飞学西门子 S7-1200 PLC 编程 / 赵化启，徐斌山，崔继仁编著. —北京：清华大学出版社，2019
（2021.1重印）
（零点起飞）
ISBN 978-7-302-52304-8

Ⅰ．①零…　Ⅱ．①赵…　②徐…　③崔…　Ⅲ．①PLC 技术 – 教材　Ⅳ．①TM571.61

中国版本图书馆 CIP 数据核字（2019）第 029203 号

责任编辑：袁金敏
封面设计：刘新新
责任校对：胡伟民
责任印制：宋　林

出版发行：清华大学出版社
　　　　　网　　　址：http://www.tup.com.cn, http://www.wqbook.com
　　　　　地　　　址：北京清华大学学研大厦 A 座　　　邮　　编：100084
　　　　　社 总 机：010-62770175　　　　　　　　　邮　　购：010-62786544
　　　　　投稿与读者服务：010-62776969，c-service@tup.tsinghua.edu.cn
　　　　　质量反馈：010-62772015，zhiliang@tup.tsinghua.edu.cn
印 装 者：三河市铭诚印务有限公司
经　　销：全国新华书店
开　　本：185mm×260mm　　　印　　张：20.25　　　字　　数：510 千字
版　　次：2019 年 6 月第 1 版　　　　　　　　　　印　　次：2021 年 1 月第 2 次印刷
定　　价：79.80 元

产品编号：079814-01

前　　言

随着计算机技术的发展，可编程控制器作为通用的工业控制计算机，是存储逻辑在工业领域应用的代表性成果。自从 1969 年第一台可编程控制器研制成功，应用到汽车制造自动装配生产线上以来，可编程控制器不断更新换代，特别是近 20 年来，发展迅速，功能日益强大，在生产过程中应用十分广泛，作为工业自动化技术的三大支柱之一在经济领域发挥着越来越重要的作用。

西门子是欧洲最大的电子和电气设备制造商，生产的 SIMATIC 可编程控制器在欧洲处于领先地位。其第一代 PLC 产品最早是 1975 年投放市场的 SIMATIC S3，50 年来，SIMATIC 控制器从 S3 系列发展到 S7 系列，已经成为中国自动化用户最为信赖和熟知的品牌。

西门子的 PLC 产品包括 LOGO、S7-200、S7-300、S7-400、S7-1200/1500、工业网络、HMI 人机界面、工业软件等。

S7-1200 PLC 是一款可编程逻辑控制器（Programmable Logic Controller，PLC），可以控制各种自动化应用。S7-1200 设计紧凑、成本低廉且具有功能强大的指令集，这些特点使它成为控制各种应用的完美解决方案。

本书是从零基础开始全面介绍 S7-1200 PLC 的书籍，全面介绍了 S7-1200 PLC 的硬件、编程语言、编程软件的使用、指令、用户程序结构、程序设计方法、通信和精简面板。通过应用实例，介绍了 S7-1200 控制系统的设计。最后通过综合实训，加强读者对全书知识的理解，提高读者的 PLC 的综合应用和创新实践能力。

本书由佳木斯大学赵化启主编，佳木斯大学徐斌山、崔继仁、窦艳芳、杜旭、张明强共同编写。赵化启编写了第 5 章以及第 4 章的 2～3 节，徐斌山编写了第 2、10 章，崔继仁编写了第 3、6、9 章，窦艳芳编写了第 1 章以及第 4 章的第 4～5 节，杜旭编写了第 7 章，张明强编写了第 8 章以及第 4 章的第 1 节、第 6～9 节。参加编写工作的老师还有宋一兵、管殿柱、王献红、李文秋，在此一并感谢。

因作者水平有限，书中难免有欠妥和疏忽之处，恳请读者批评指正。

目　　录

第1章 电气控制基础

电气控制系统分为 PLC（可编程序控制器）控制系统和继电器控制系统。PLC 已经成为工业自动化的三大支柱之一，在各个领域广泛应用。继电器控制系统在电气控制系统中普遍使用，而且低压电器还具有功能多样的电子式电器，使得继电器控制系统在今后还将占有相当重要的地位；另外，PLC 控制系统中的信号采集和驱动输出部分仍然要由电气元件及控制电路来完成。所以，对继电器控制系统的学习是非常必要的，是学习和掌握 PLC 的基础。

1.1 常用低压电器

低压电器是运动控制系统和低压供配电系统的基础元件，是电气控制系统的基础，因此需掌握低压电器的结构、工作原理，并能正确地选择和使用。

1.1.1 基本知识

下面讲述低压电器的基本知识。

1. 电器概论

电器是根据外界施加的信号和要求，手动或自动地接通和断开电路，实现对电路或非电对象的检测、变换、调节、控制、切换和保护的电气元件或设备。根据我国对电压等级的划分，用于交流额定电压为 1200V 以下，直流额定电压为 1500V 以下的电路中的电器称为低压电器。高于这个电压范围的称为高压电器。

2. 低压电器分类

电器的用途广泛、功能多样、种类繁多、结构各异，分类方法也很多。

1）按动作方式分类

- ❑ 手动电器：依靠人力或机械力进行操作的电器，如控制按钮、行程开关等。
- ❑ 自动电器：按照电或非电的信号自动完成动作指令的电器，如接触器、继电器、电磁阀等。

2）按用途分类

- ❑ 控制电器：用于各种控制电路和控制系统的电器，如接触器、继电器、启动器等。

- ❑ 主令电器：用于自动控制系统中发送动作指令的电器，如控制按钮、行程开关、转换开关等。
- ❑ 保护电器：用于保护电路及用电设备的电器，如熔断器、热继电器、保护继电器、避雷器等。
- ❑ 执行电器：指用于完成某种动作或传动功能的电器，如电磁铁、电磁离合器等。
- ❑ 配电电器：用于电能的输送和分配的电器，如断路器、隔离开关、刀开关等。

3）按工作原理分类

- ❑ 电磁式电器：依据电磁感应原理来工作的电器，如接触器、电磁式继电器等。
- ❑ 电子式电器：采用集成电路或电子元件构成的低压电器，如电子式时间继电器等。
- ❑ 非电量控制电器：依靠外力或非电物理量的变化而动作的电器，如刀开关、行程开关、控制按钮、速度继电器、温度继电器等。

3. 低压电器的主要技术参数

低压电器技术参数是衡量各类低压电器性能的指标，可作为正确选择和合理使用低压电器的依据。

（1）额定绝缘电压：是由电器结构和材料等因素决定的标准电压值。

（2）额定工作电压：是指低压电器在规定条件下长期工作时，能够正常工作的电压值。在规定条件下，用来度量电器及其部件的不同电位部分的绝缘强度、电气间隙和爬电距离的标准电压值，包括触头和吸引线圈正常工作的额定电压。

（3）额定发热电流：是指电器处于非封闭状态下长时间工作且电器的各部件温度不超过极限值时所能承受的最大电流值。

（4）额定工作电流：是指在规定条件下，电器能够正常工作的电流值。亦即同一个电器在不同的使用条件下有不同的额定工作电流等级。

（5）通断能力：是指在规定的条件下，低压电器能够可靠接通和分断的最大电流值。通断能力与电器的额定电压、负载特性、灭弧方法等有关。对于有触头的电器，其主触头在接通时不应熔化，在分断时不应长时间燃弧。

（6）电器寿命：包括机械寿命和电气寿命，前者是指电器的机械零部件所能承受的无载操作次数，后者是指在规定的条件下电器的负载操作次数。

1.1.2 主令电器

主令电器是电气控制系统中用于发送控制指令和转换控制命令的电器，可以控制电路的接通和断开，控制电动机的启动、停止、正转、反转等。主令电器的种类很多，应用广泛。下面介绍几种常用的主令电器。

1. 控制按钮

控制按钮是一种结构简单、应用广泛的主令电器。其作用通常是用来短时间地接通或断开小电流的控制电路，从而控制电动机或其他电器设备的运行。

控制按钮一般由按钮帽、复位弹簧、触点和外壳等部分组成，其结构如图 1-1 所示。当按下按钮时，先断开常闭触点，而后接通常开触点。释放按钮后，在复位弹簧作用下，触点复位。按钮接线没有进线和出线之分，直接将所需的触点连入电路即可。为便于识别各个按钮的作用，避免误操作，通常将按钮帽做成不同颜色，其颜色有红、绿、黑、黄、蓝、白等，如红色表示停止按钮，绿色表示启动按钮等。

控制按钮的图形和文字符号如图 1-2 所示。控制按钮可做成单式（一个按钮）、复式（两个按钮）和三联式（三个按钮）的形式。复合按钮带有联动的常开和常闭触头，手指按下钮帽时，先断开常闭触头，再闭合常开触头；手指松开，则常开触头和常闭触头先后复位。

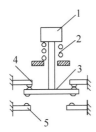

图 1-1 控制按钮的结构图
1—按钮帽；2—复位弹簧；3—动触点；
4—常闭触点；5—常开触点

图 1-2 控制按钮的图形和文字符号
（a）动合按钮；（b）动断按钮；（c）复合按钮

2．行程开关

某些生产机械的运动状态的转换，是靠部件运行到一定位置时由行程开关发出信号进行自动控制的。例如，行车运动到终端位置自动停车，工作台在指定区域内自动往返移动，都是由运动部件运动的位置或行程来控制的，这种控制称为行程控制。

行程控制是以行程开关代替按钮来控制生产机械的运行方向或行程长短。行程开关广泛应用于各类机床、起重机械以及轻工机械的行程控制。当生产机械运动到某一预定位置时，行程开关通过机械可动部分的动作，将机械信号转换为电信号，以实现对生产机械的控制，限制它们的动作和位置，借此对生产机械给以必要的保护。

行程开关按其结构可分为直动式（如 LX1 和 J LXK1 系列）、滚轮式（如 LX2 和 J LXK2 系列）、微动式（如 LXW-11 和 J LXK1-11 系列）3 种。

直动式行程开关的结构原理如图 1-3 所示，其动作原理与按钮开关相同，但其触点的分合速度取决于生产机械的运行速度，不宜用于速度低于 0.4m/min 的场所。若速度小于 0.4m/min，则可采用滚轮式行程开关，其结构原理如图 1-4 所示。当被控机械上的撞块撞击带有滚轮的撞杆时，撞杆转向右边，带动凸轮转动，顶下推杆，使微动开关中的触点迅速动作。当运动机械返回时，在复位弹簧的作用下，各部分动作部件复位。当生产机械的行程比较小而作用力也小时，可采用具有瞬时动作和微小动作的微动开关，其结构原理如图 1-5 所示。

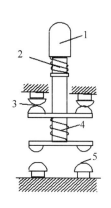

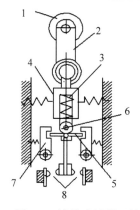

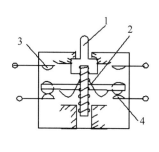

图 1-3 直动式行程开关

1—顶杆；2—弹簧；3—常闭触点；
4—触点弹簧；5—常开触点

图 1-4 滚轮式行程开关

1—滚轮；2—上转臂；3—弹簧；
4—套架；5—触点推杆；6—小滑；
7—压板；8—触点

图 1-5 微动式行程开关

1—推杆；2—弯形片状弹簧；
3—常开触点；4—常闭触点

行程开关的图形和文字符号如图 1-6 所示。

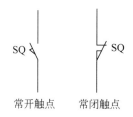

常开触点   常闭触点

图 1-6 行程开关的图形和文字符号

3．接近开关

随着电子技术的发展，出现了非接触式的行程开关，即接近开关。接近开关是一种无需与运动部件进行机械接触就可以进行检测的位置开关，这种接近开关不需要机械接触和施加任何压力即可动作，从而驱动执行机构或给采集装置提供信号。接近开关可以用于高速计数、测速、液面控制等。

1）电感式接近开关

电感式接近开关属于一种有开关量输出的位置传感器，它由 LC 高频振荡器、放大处理电路和开关电路组成，利用金属物体在接近这个能产生电磁场的振荡感应头时，使物体内部产生涡流。这个涡流反作用于接近开关，使接近开关振荡能力衰减，内部电路的参数发生变化，由此识别出有无金属物体接近，进而控制开关的通或断。这种接近开关所能检测的物体必须是金属导电体。

2）电容式接近开关

电容式接近开关亦属于一种具有开关量输出的位置传感器，由电容式高频振荡器和电子电路组成。它的测量头通常是构成电容器的一个极板，而另一个极板是物体的本身。当物体移向接近开关时，物体和接近开关的两极板间距或极板间的介电常数发生变化，耦合电容值发生改变，产生振荡和停振便可控制开关的接通和关断。这种接近开关的检测物体，并不限于金属导体，也可以是绝缘的液体或粉状物体。

3）霍尔式接近开关

当一块通有电流的金属或半导体薄片垂直地放在磁场中时，薄片的两端就会产生电位差，这种现象就称为霍尔效应。两端的电位差值称为霍尔电势 U，其表达式为 $U=K \cdot I \cdot B/d$。其中，K 为霍尔系数，I 为薄片中通过的电流，B 为外加磁场的磁感应强度，d 是薄片的厚度。由此可见，霍尔效应的灵敏度高低与外加磁场的磁感应强度成正比关系。霍尔开关就属于这种有源磁电转换器件，它是在霍尔效应原理的基础上，利用集成封装和组装工艺制作而成。它可方便地把磁输入信号转换成实际应用中的电信号，同时符合工业场合实际应用易操作和可靠性的要求。霍尔开关的输入端是以磁感应强度 B 来表征的，当 B 值达到一定的程度（如 $B1$ 时），霍尔开关内部的触发器翻转，霍尔开关的输出电平状态也随之翻转。

接近开关的图形和文字符号如图 1-7 所示。

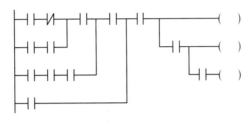

图 1-7　接近开关的图形和文字符号

4．光电开关

光电开关是光电接近开关的简称，它把发射端和接收端之间光的强弱变化转化为电流的变化以达到探测的目的。由于光电开关输出回路和输入回路是电隔离的（即电绝缘），所以它可以在许多场合得到应用。它具有体积小、功能多、寿命长、精度高、响应速度快、检测距离远以及抗电磁干扰能力强等优点，还可非接触、无损伤地检测和控制各种固体、液体、透明体、黑体、柔软体和烟雾等物质的状态和动作。目前，光电开关已被用于物位检测、液位控制、产品计数、宽度判别、速度检测、定长剪切、信号延时、自动门传感、色标检出以及安全防护等诸多领域。

它是利用被检测物对光束的遮挡或反射，由同步回路选通电路，从而检测物体有无的。物体不限于金属，所有能反射光线的物体均可被检测。光电开关将输入电流在发射器上转换为光信号射出，接收器再根据接收到的光线的强弱或有无对目标物体进行探测。多数光电开关选用的是波长接近可见光的红外线光波型。

下面介绍光电开关的分类。

1）漫反射式光电开关

它是一种集发射器和接收器于一体的传感器，当有被检测物体经过时，物体将光电开关发射器发射的足够量的光线反射到接收器，于是光电开关就产生了开关信号。当被检测物体的表面光亮或其反光率极高时，漫反射式的光电开关是首选的检测模式。

2）镜反射式光电开关

它集发射器与接收器于一体，光电开关发射器发出的光线经过反射镜反射回接收器，当被检测物体经过且完全阻断光线时，光电开关就产生了检测开关信号。

3）对射式光电开关

它包含了在结构上相互分离且光轴相对放置的发射器和接收器，发射器发出的光线直接进入接收器，当被检测物体经过发射器和接收器之间且阻断光线时，光电开关就产生了开关信号。当检测物体不透明时，对射式光电开关是最可靠的检测装置。

4）槽式光电开关

它通常采用标准的 U 字形结构，其发射器和接收器分别位于 U 形槽的两边，并形成一光轴，当被检测物体经过 U 形槽且阻断光轴时，光电开关就产生了开关量信号。槽式光电开关比较适合检测高速运动的物体，并且它能分辨透明与半透明物体，使用安全可靠。

5）光纤式光电开关

它采用塑料或玻璃光纤传感器来引导光线，可以对距离远的被检测物体进行检测。通常光纤传感器分为对射式和漫反射式。

如图 1-8 所示是几种光电开关的外形图。

图 1-8　部分光电开关的外形图

5. 转换开关

转换开关是一种多挡式、控制多回路的主令电器。广泛应用于各种配电装置的电源隔离、电路转换、电动机远距离控制等，也常作为电压表、电流表的换相开关，还可用于控制小容量的电动机。

目前常用的转换开关主要有两大类，即万能转换开关和组合开关。两者的结构和工作原理基本相似，在某些应用场合可以相互替代。转换开关按结构可分为普通型、开启型和防护组合型等。按用途又分为主令控制和控制电动机。

转换开关一般采用组合式结构设计，由操作结构、定位系统、限位系统、接触系统、面板及手柄等组成。接触系统采用双断点桥式结构，并由各自的凸轮控制其通断；定位系统采用棘轮棘爪式结构，不同的棘轮和凸轮可组成不同的定位模式，从而得到不同的开关状态，即手柄在不同的转换角度时，触头的状态是不同的。

转换开关由多组相同结构的触点组件叠装而成，如图 1-9 所示为 LW12 系列转换开关某一层的结构原理。LW12 系列转换开关由操作结构、面板、手柄和数个触头等主要部件组成，用螺栓组成为一个整体。触头底座由 1～12 层组成，其中每层底座最多可装 4 对触头，并由底座中间的凸轮进行控制。由于每层凸轮可做成不同的形状，当手柄转到不同位置时，通过凸轮的作用，可使各对触头按所需要的规律接通和分断。

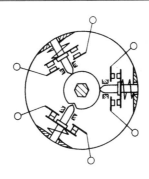

图 1-9　系列转换开关某一层结构原理图

　　转换开关手柄的操作位置是以角度来表示的，不同型号的转换开关，其手柄有不同的操作位置。这可从电气设备手册中万能转换开关的"定位特征表"中查找到。

　　转换开关的触点在电路图中的图形符号如图 1-10 所示。由于其触点的分合状态与操作手柄的位置有关，因此，在电路图中除画出触点圆形符号之外，还应有操作手柄位置与触点分合状态的表示方法。其表示方法有 2 种。一种是在电路图中画虚线和画"·"，如图 1-10（a）所示，即用虚线表示操作手柄的位置，用有无"·"表示触点的闭合和断开状态。比如，在触点图形符号下方的虚线位置上画"·"，则表示当操作手柄处于该位置时，该触点处于闭合状态；若在虚线位置上未画"·"，则表示该触点处于断开状态。另一种方法是，在电路图中既不画虚线，也不画"·"，而是在触点图形符号上标出触点编号，再用接通表表示操作手柄于不同位置时的触点分合状态，如图 1-10（b）所示。在接通表中用有无"×"来表示操作手柄不同位置时触点的闭合和断开状态。

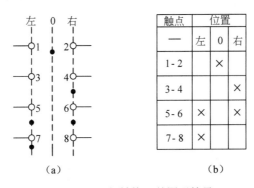

图 1-10　万能转换开关图形符号

（a）画"·"标记表示；（b）接通表表示

　　转换开关的主要参数有型式、手柄类型、操作图型式、工作电压、触头数量及其电流容量等，在产品说明书中都有详细说明。常用的转换开关有 LW5、LW6、LW8、LW9、LW12、LW16、VK、HZ 等系列，另外许多品牌的进口产品也在国内得到广泛应用。

1.1.3　继电器

　　继电器（Relay）是一种根据特定形式的输入信号来接通或断开小电流控制电路的自动控制电器。输入信号可以是电流、电压等电信号，也可以是温度、速度、时间等非电信号。

当输入信号变化到某一定值时，继电器动作，其输出发生预定的阶跃变化。

继电器用于通、断小电流电路，其触点容量比较小，接在控制电路中，通常不采用灭弧装置，无主辅触点之分。继电器主要用于反应控制信号，是电气控制系统中的信号检测元件。接触器触点容量较大，用来通、断主电路，是电气控制系统中的执行元件。

继电器的种类很多，分类方法也很多：根据输入信号的性质分为电流继电器、电压继电器、温度继电器、时间继电器、速度继电器等；根据输出形式分为有触点和无触点继电器；根据动作原理分为电磁式继电器、感应式继电器、电动式继电器、电子式继电器和热继电器等；按使用范围分为控制继电器（用于电力拖动系统）和保护继电器（用于电力系统）。下面介绍几种常用的电磁式继电器。

1．电磁式继电器

电磁式继电器的结构合工作原理与接触器相似，也是由电磁机构、触点系统和反力装置组成。其结构原理图如图1-11所示。

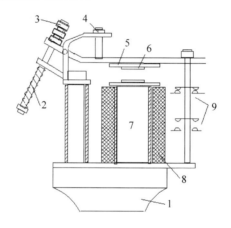

图 1-11　继电器结构原理图

1—底座；2—反力弹簧；3、4—调节螺钉；5—非磁性垫片；6—衔铁；7—铁芯；8—电磁线圈；9—触点；

常用的电磁式继电器有电压继电器、电流继电器和中间继电器。

1）电压继电器

触点的动作与线圈的动作电压大小有关的继电器称为电压继电器。它用于电力拖控系统的电压保护和控制，使用时电压继电器的线圈与负载并联，为了反映负载电压大小，其线圈的匝数多而线径细。按线圈电流种类可分为交流电压继电器和直流电压继电器；按吸合电压相对于额定电压的大小又分为过电压继电器和欠电压继电器。

过电压继电器在电路中用于过电压保护。过电压继电器在正常工作时，电磁吸力不足以克服反力弹簧的反力，衔铁处于释放状态；当电压超过某一整定电压时，衔铁吸合，所以称为过电压继电器。实现过电压保护时，常使用其常闭触点。因为直流电路不会产生波动较大的过电压现象，所以产品中没有直流过电压继电器。

欠电压继电器在电路中用于欠电压保护。欠电压继电器在正常工作时，衔铁处于吸合状态；当电压低于某一整定电压时，衔铁释放继电器。控制电路常使用欠电压继电器的常开触点。利用衔铁释放时，常开触点归位，分断与它相连的电路，实现欠电压保护。

2）电流继电器

触点的动作与线圈的动作电流大小有关的继电器称为电流继电器。它用于电力拖控系统的电流保护和控制。电流继电器与电压继电器在结构上的区别主要是线圈不同。电流继电器的线圈要与负载串联，由于要反映负载电流，因此电流继电器的线圈匝数少而线径粗。同样，按线圈电流种类可分为交流电流继电器和直流电流继电器；按吸合电流相对于额定电流的大小又分为过电流继电器和欠电流继电器。其动作原理与电压继电器相同，这里不做过多说明。

在选择电压和电流继电器时，首先要注意线圈种类和电压等级与控制电路保持一致；还要考虑在控制电路中的作用；最后，按控制电路的要求选择触点的类型和数量。

电磁式电压继电器和电流继电器的图形符号和文字符号如图1-12所示。

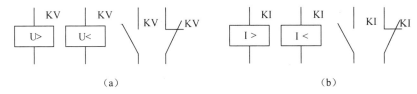

图 1-12　电压和电流继电器的文字和图形符号

（a）电压继电器；　（b）电流继电器

3）中间继电器

中间继电器是在控制电路中将一个输入信号变成多个输出信号或将信号放大（增大触点数量）的继电器，在结构上就是一个电压继电器。当一个中间继电器的触点数量不够用时，也可以将两个中间继电器并联使用，以增加触点的数量。

中间继电器的文字符号和图形符号如图1-13所示。

图 1-13　中间继电器的文字和图形符号

常用的中间继电器有JZ8和JZ14系列。以JZ8-62为例，JZ为中间继电器的代号，8为设计序号，6表示有6对常开触点，2表示有2对常闭触点。

新型中间继电器在闭合过程中，其动、静触点间有一段滑擦和滚压过程。该过程可以有效地清除触点表面的各种生成膜及尘埃，减小了接触电阻，提高了接触可靠性。有的还装了防尘罩或采用密封结构，也是提高可靠性的措施。有些中间继电器安装在插座上，插座有多种型号可供选择；有些中间继电器可直接安装在导轨上，安装和拆卸均很方便。

2．时间继电器

从得到输入信号（线圈的通电或放电）开始，经过一定时间的延时后才输出信号（触点的闭合或断开）的继电器，称为时间继电器。时间继电器主要用作辅助电器元件，用于各种电气保护及自动装置中，使被控元件达到所需要的延时，应用十分广泛。这里的延时区别于一般电磁式继电器线圈得到电信号到闭合的固有动作时间。时间继电器的延时方式有两种，即通电延时和断电延时。

- 通电延时：接受输入信号后，延迟一定的时间，输出信号才发生变化；当输入信号消失后，输出瞬时复原。
- 断电延时：接受输入信号时，瞬时产生相应的输出信号；当输入信号消失后，延迟一定的时间，输出才复原。

时间继电器按工作原理可分为电磁式、电动式、空气阻尼式、电子式等。其中，电子式时间继电器近几年发展十分迅速，这类时间继电器除执行器件为继电器外，其他部分均由电子元件组成，没有机械部件，因而具有寿命长、精度高、体积小、延时范围大、控制功率小等优点，已得到广泛应用。

时间继电器的文字符号和图形符号如图 1-14 所示。

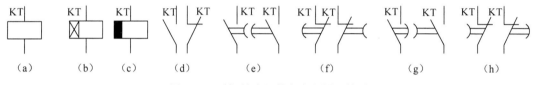

图 1-14　时间继电器的文字和图形符号

(a) 一般线圈符号；(b) 通电延时线圈；(c) 断电延时线圈；(d) 瞬动触点；(e) 通电延时闭合常开触点；(f) 通电延时断开常闭触点；(g) 断电延时断开常开触点；(h) 断电延时断开常开触点

1）直流电磁式时间继电器

直流电磁式时间继电器在直流电磁式电压继电器的铁芯上增加了一个阻尼铜套，其结构示意图如图 1-15 所示。它是利用电磁阻尼原理产生延时的。由电磁感应定律可知，在继电器线圈通、断电过程中，铜套内将感应电动势，同时有感应电流存在，此感应电流产生的磁通总是阻止原磁通的变化，因而产生了阻尼作用。当继电器通电时，由于衔铁处于释放位置，气隙大、磁阻大、磁通量变化小，铜套阻尼作用相对也小，因此衔铁吸合时延时不显著（一般忽略不计）。当继电器断电时，磁通量变化大，铜套阻尼作用也大，使衔铁延时释放而起到延时作用。因此，这种继电器仅用作断电延时。这种时间继电器延时较短，而且准确度较低，一般只用于要求不高的场合，如电动机的延时启动等。

2）电子式时间继电器

晶体管时间继电器除了执行继电器外，均由电子元件组成，没有机械部件，因而具有寿命长、精度高、体积小、延时范围大、调节范围宽、控制功率小等优点。

晶体管时间继电器是利用电容对电压变化的阻尼作用作为延时的基础。大多数阻容式延时电路有类似如图 1-16 所示的结构形式。

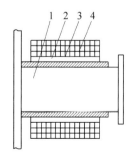

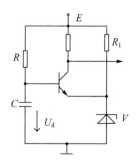

图 1-15　直流电磁式时间继电器结构示意图
1—铁芯；2—阻尼铜套；3—绝缘层；4—线圈

图 1-16　电子式时间继电器原理图

电路由 4 部分组成：阻容环节、鉴幅器、出口电路、电源。当接通电压 E 时，通过电阻 R 对电容 C 充电，电容上电压 U_c 按指数规律上升。当 U_c 上升到鉴幅器的门限电压 U_d 时，鉴幅器即输出开关信号至后级电路，使执行继电器动作。这样便产生了延时。

3．信号继电器

1）温度继电器

当电动机发生过载电流时，会使其绕组温升过高。前已述及，热继电器可以起到对电动机和电流进行保护的作用。但即使电动机不过载，当电网电压不正常升高时，会导致铁损增加而使铁芯发热，这样也会使绕组温升过高；若电动机环境温度过高且通风不良等，也同样会使绕组温升过高。在这种情况下，若用热继电器，则不能正确反映电动机的故障状态。针对这几种情况，需要一种利用发热元件间接反映绕组温度并根据绕组温度进行动作的继电器，这种继电器称为温度继电器。

温度继电器一般埋设在电动机发热部位，如电动机定子槽内、绕组端部等，能直接反映该处的发热情况。无论是电动机本身出现过载电流引起温度升高，还是其他原因引起电动机温度升高，温度继电器都会动作，起到保护作用。它具有"全热保护"。

温度继电器大体上有两种类型：一种是双金属片式温度继电器；另一种是热敏电阻式温度继电器。

2）液位继电器

某些锅炉和水柜需根据液位的高低变化来控制水泵电动机的启停，这一控制可由液位继电器来完成。

如图 1-17 所示为液位继电器的结构示意图。浮筒置于被控锅炉或水柜内，浮筒的一端有一根磁钢，锅炉外壁装有一对触点，动触点的一端也有一根磁钢，它与浮筒一端的磁钢相对应。当锅炉或水内的水位降低到极限值时，浮筒下落，使磁钢端绕支点 A 上翘。由于磁钢同性相斥的作用，使动触点的磁钢端被斥下落，通过支点 B 使触点 1—1 接通，2—2 断开。反之，水位升高到上限位置时，浮筒上浮使触点 2—2 接通，1—1 断开。显然，液位继电器的安装位置决定了被控的液位，它主要用于不精确的液位控制场合。

3）压力继电器

压力继电器广泛用于各种气压和液压控制系统中，通过检测气压或液压的变化，发出信号，控制电动机的启停，从而提供保护。

如图 1-18 所示为一种简单的压力继电器的结构示意图，由微动开关、给定装置、压力传送装置及继电器外壳等几部分组成。给定装置包括给定螺帽、平衡弹簧等。压力传送装置包括入油口管道接头、橡皮膜及滑杆等。当用于机床润滑油泵的控制时，润滑油经管道接头入油口进入油管，将压力传送给橡皮膜，当油管内的压力达到某给定值时，橡皮膜便受力向上凸起，推动滑杆向上，压合微动开关，发出控制信号。旋转弹簧上面的给定螺帽，便可调节弹簧的松紧程度，改变动作压力的大小，以适应控制系统的需要。

4）干簧继电器

干簧继电器具有结构小巧、动作迅速、工作稳定、灵敏度高等优点。近年来，广泛应用的干簧继电器的主要是干簧管，它由一组或几组导磁簧片封装在惰性气体（如氦、氮等气体）的玻璃管中组成开关元件。导磁簧片又兼作接触簧片，即控制触点，也就是说，一组簧片具有开关电路和磁路双重作用。如图 1-19 所示为干簧继电器的结构原理图，其中图（a）表示利用线圈内磁场驱动继电器动作，图（b）表示利用外磁场驱动继电器动作。在磁场作用下，干簧管中的两根簧片因分别被磁化而相互吸引，接通电路。磁场消失后，簧片靠本身的弹性分开。

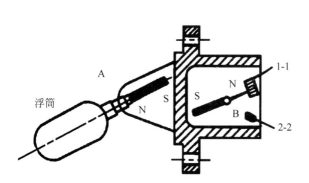 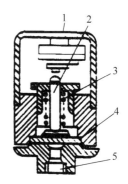

图 1-17　液位继电器结构示意图　　　　图 1-18　压力继电器结构简图

1—微动开关；2—滑杆；3—弹簧；4—橡皮膜；5—入油口

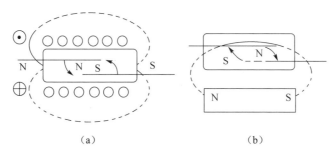

图 1-19　干簧继电器的结构原理图

4．热继电器

电动机在实际运行中常遇到过载情况。若电动机过载不严重，时间较短，电动机绕组不超过允许温升，这种过载是允许的。但若过载时间长，过载电流大，电动机绕组的温升就会超过允许值，使电动机绕组绝缘老化，缩短电动机的使用寿命，严重时甚至会使电动机绕组烧毁。所以，必须对电动机进行长期过载保护，这样，既能充分发挥电动机的过载能力，又能在电动机出现严重过载时自动切断电路。

热继电器是利用电流的热效应原理，为电动机提供过载保护的保护电器。热继电器主要用于电动机的过载保护、断相保护、电流不平衡运行的保护及其他电气设备发热状态的控制。热继电器的发热元件有热惯性，在电路中不能作瞬时过载保护，更不能作短路保护。

热继电器主要由热元件、双金属片、触点系统等组成，如图 1-20 所示是热继电器的结构示意图。热元件由发热电阻丝组成。双金属片是热继电器的感测元件，它由两种不同线膨胀系数的金属片用机械碾压而成。由膨胀系数高的铁镍铬合金构成主动层，由膨胀系数小的铁镍合金构成被动层。双金属片在受热后向被动层一侧弯曲。

双金属片的加热方式包括直接加热、间接加热和复合加热。直接加热就是把双金属片当作热元件，让电流直接通过；间接加热是用与双金属片无电联系的加热元件产生的热量来加热；复合加热是直接加热与间加热两种加热方式的结合。双金属片受热弯曲，当弯曲到一定程度时，通过动作机构使触点动作。

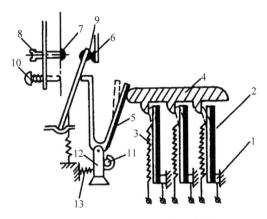

图 1-20　热继电器结构示意图

1—推杆；2—双金属片；3—发热元件；4—导板；5—补偿双金属片；6—常闭静触点
7—常开静触点；8—复位调节螺钉；9—动触点；10—复位按钮；11—调节旋钮；12—支撑件；13—弹簧

5. 固态继电器

固态继电器是一种无触点开关器件，具有结构紧凑、开关速度快、能与微电子逻辑电路兼容等特点，目前已广泛应用于各种自动控制仪器、计算机数据采集和处理系统、交通信号管理系统等。作为执行器件，固态继电器是一种能实现无触点通断的电器开关。

1.2　电气控制电路

在生产工艺中，经常使用继电器控制系统，即把各种电器（继电器、接触器、按钮开关、行程开关、热继电器等元件），用导线按照所需的控制方式连接起来，用以满足生产工艺要求的自动控制线路。虽然生产工艺和生产过程不同，对控制线路的要求也不同，但是无论哪一种控制系统，都是由一些比较基本的典型控制线路变化或者组合而成的。因此，首先需要掌握基本的控制线路以及一些典型控制线路的工作原理、分析方法和设计方法，进而掌握复杂电气控制系统的分析方法和设计方法。

1.2.1　电路图图形、文字符号及绘制原则

电气控制线路是由许多电器元件按一定的控制要求连接起来的。在图中用不同的图形符号来表示各种电器元件，用不同的文字符号来说明图形符号所代表的电器元件的基本名称、用途、编号等信息。电气控制线路应该根据简明易懂的原则，采用国家规定的标准，用统一规定的图形符号、文字符号和标准画法进行绘制。

1. 常用电气图形符号和文字符号

电气控制系统图、电器元件的图形符号和文字符号必须符合国家标准规定。国家标准

局参照国际电工委员会（IEC）颁布的标准，制定了我国电气设备有关国家标准：GB 4728—84《电气图用图形符号》GB 6988—87《电气制图》和 GB 7159—87《电气技术中的文字符号制订通则》。规定从 1990 年 1 月 1 日起，电气控制线路中的图形和文字符号必须符合最新的国家标准。常用电气图形符号和文字符号如表 1-1 所示。

表 1-1 常用电气图形和文字符号

序　号	设备、装置和元器件	电气图形符号	文　字　符　号
1	动合按钮		SB
2	动断按钮		SB
3	复合按钮		SB
4	行程开关常开触点		SQ
5	行程开关常闭触点		SQ
6	接近开关常开触点		SQ
7	接近开关常闭触点		SQ
8	万能转换开关		LW
9	电压继电器		KV
10	电流继电器		KI
11	中间继电器		KA
12	时间继电器		KT
13	通电延时继电器		KT

续表

序　号	设备、装置和元器件	电气图形符号	文 字 符 号
14	断电延时继电器	KT	KT
15	热继电器		FR
16	交流接触器		KM
17	熔断器		FU
18	断路器	QS	QS

2．电气控制线路的绘制原则

电气控制线路的表示方法有：电气原理图、安装接线图和电器布置图。由于它们的用途不同，绘制原则也有差别。电器布置图是按照电器实际位置绘制的分布图。安装接线图是实际接线的线路图，这种线路便于安装。电气原理图是根据工作原理绘制的，其目的是为了便于阅读和分析控制线路。电气原理图是电器元件的展开图，包括所有电器元件的导电部件和接线端子，但并不按照电器元件的实际布置位置来绘制，也不反映电器元件的实际大小。

下面以图 1-21 所示的某机床的电气原理图为例，来说明电气原理图的规定画法和注意事项。

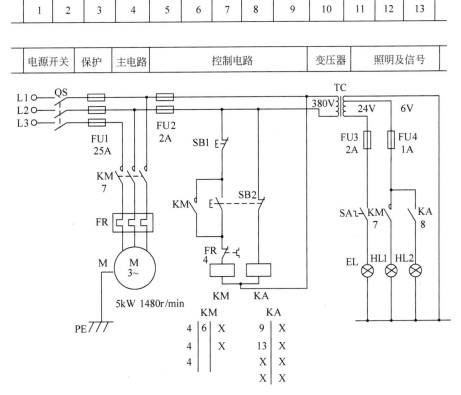

图 1-21　某机床的电气原理图

1）绘制电气原理图应遵循的原则

电气原理图一般分主电路和辅助电路两部分。主电路是电气控制线路中大电流通过的部分，包括从电源到电机之间相连的电器元件，一般由组合开关、主熔断器、接触器主触点、热继电器的热元件和电动机等组成。辅助电路是控制线路中除主电路以外的电路，其流过的电流比较小。辅助电路包括控制电路、照明电路、信号电路和保护电路。其中控制电路是由按钮、接触器和继电器的线圈及辅助触点、热继电器触点、保护电器触点等组成。

绘制电气原理图应遵循以下原则：

- 所有电机、电器等元件都应采用国家统一规定的图形符号和文字符号来表示。
- 在电气原理图中，电器元件的布局应根据便于阅读的原则安排。主电路用粗实线绘制在图面的左侧或上方，辅助电路也用粗实线绘制在图面的右侧或下方。无论主电路还是辅助电路，均按功能布置，尽可能按动作顺序从上到下、从左到右排列。
- 在电气原理图中，当同一电器元件的不同部件（如线圈、触点）分散在不同位置时，为了表示是同一元件，要在电器元件的不同部件处标注统一的文字符号。对于同类器件，要在其文字符号后加数字序号来区别。如两个时间继电器，可用 KT1、KT2 来区别。
- 在电气原理图中，所有电器均按没有通电或没有外力作用时的状态画出，即按自然状态画出。对于继电器、接触器的触点，按其线圈不通电时的状态画出；对于按钮、行程开关等触点，按未受外力作用时的状态画出；控制器按手柄处于零位时的状态画出。
- 在电气原理图中，应尽量减少线条和避免线条交叉。各导线之间有电联系时，在导线交点处画实心圆点。根据图面布置需要，可将图形符号旋转绘制，一般逆时针方向旋转 90°，但文字符号不可倒置。

2）画面图域的划分

图纸上方的 1、2、3…等数字是图区的编号，它是为了便于检索电气线路和阅读分析以避免遗漏而设置的。图区编号也可设置在图的下方。

图区编号下方的文字表明它对应的下方元件或电路的功能，使读者能清楚地知道某个元件或某部分电路的功能，以利于理解全部电路的工作原理。

3）符号位置的索引

符号位置的索引用图号、页次和图区编号的组合索引法，索引代号的组成如图 1-22 所示。

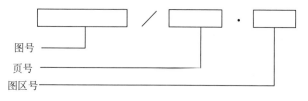

图号 ——
页号 ——
图区号 ——

图 1-22　索引代号的组成

图号是指当某设备的电气原理图按功能多册装订时，每册的编号，一般用数字表示。

当某一元件相关的各符号元素出现在不同图号的图纸上，而每个图号仅有一页图纸时，索引代号中可省略"页号"及分隔符（·）。当某一元件相关的各符号元素出现在同一图号的图纸上，而该图号有几张图纸时，可省略"图号"和分隔符（/）。当某一元件相关的各符号元素出现在只有一张图纸的不同图区时，索引代号只用"图区"表示。

如图 1-21 所示的图区 3 中的 KM 常开触点下面的"7"即为最简单的索引代号。它指出了继电器 KM 的线圈位置在图区 7。图 1-21 中接触器 KM 线圈及继电器 KA 线圈下方的文字是接触器 KM 和继电器 KA 相应触点的索引。在原理图中相应线圈下方，给出触点的图形符号，并在下面标明相应触点的索引代码，且对未使用的触点用"×"表明，有时也可采用省略的表示方法。

对接触器，上述表示法中各栏的含义如表 1-2 所示。

表 1-2　接触器各栏的含义

左　栏	中　栏	右　栏
主触点所在的图区号	辅助动合触点所在的图区号	辅助动断触点所在的图区号

对继电器，上述表示法中各栏的含义如表 1-3 所示。

表 1-3　继电器各栏的含义

左　栏	右　栏
辅助动合触点所在的图区号	辅助动断触点所在的图区号

1.2.2　基本控制电路

三相异步电动机按转子结构的不同，可分为笼型和绕线式。笼型转子的异步电动机结构简单、运行可靠、重量轻、价格便宜，得到了广泛的应用。下面主要讲解三相笼型异步电动机的控制线路。

1. 单向全压启动、停止线路

三相异步电动机的启动控制有直接启动、降压启动和软启动等方式。直接启动又称为全压启动，即启动时电源电压全部施加在电动机定子绕组上。在电源容量足够大时，小容量笼型电动机可直接启动。直接启动的优点是电气设备少，线路简单。缺点是启动电流大，引起供电系统电压波动，干扰其他用电设备的正常工作。

电动机能否直接全压启动有一定的规定。如果用电单位有独立的变压器，且在电动机启动频繁时，电动机容量小于变压器容量的 20%，允许直接启动。如果电动机不经常启动，它的容量小于变压器容量的 30% 时，允许直接启动。如果没有独立的变压器（与照明共用），电动机直接启动时所产生的电压降不应超过线路电压的 5%，一般小容量的异步电动机，如 10kW 以下的都是采用全压直接启动的。

1）点动控制

某些生产机械在安装或维修后常常需要试车和调整，即所谓的"点动"控制。其线路图如图 1-23 所示，当按下启动按钮时，KM 线圈通电，KM 主触点闭合，电动机转动；松开按钮后，按钮自动复位，KM 线圈断电使电动机停止转动。

2）连续控制

在实际生产中，往往要求电动机实现长时间连续转动，即连续运行，又称为长动控制。如图 1-24 所示为三相笼型异步电动机连续运行控制线路。接触器 KM 的辅助常开触点并接于启动按钮，当松开 SB2 时，按钮在复位弹簧的作用下自动复位，接触器 KM 的线圈通过其辅助常开触点的闭合仍继续保持通电，从而保证电动机的连续运行。这种通过主令电器的常开触点和接触器（继电器）本身的常开触点相并联而使线圈保持通电的控制方式，称为自锁。起到自锁作用的辅助常开触点称自锁触点。由于有自锁的存在，可以使电动机连续运行；当停止信号出现后，由于自锁回路断开而不能自行启动。

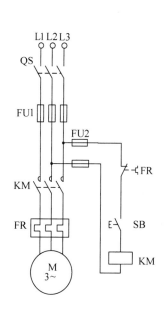

图 1-23　点动控制线路图　　　图 1-24　连续运行控制线路

2．正反转控制线路

各种生产机械常常要求能完成上下、左右、前后等相反方向的运动，如工作台的前进、后退，电梯的上升、下降等，就要求电动机能可逆运行。根据三相异步电动机的原理可知，若将电动机三相电源进线中的任意两相对调，产生相反方向的旋转磁场，便可实现电动机反向运转。因此，可通过两个接触器来改变电动机定子绕组的电源相序来实现。其线路如图 1-25 所示。

如图 1-25（a）所示是电动机正反转控制的主电路。KM1 通电电机正转，KM2 通电电机反转。

如图 1-25（b）所示是由两个单向控制线路简单并联起来的。按下正转启动按钮 SB2时，电动机正转；按下反转启动按钮 SB3 时，电动机反转。但如果误操作同时按下两个按钮，正反向接触器主触点同时闭合，将会使电动机绕组短路，如图 1-25（b）中虚线所示。因此，任何时候都只能允许一个接触器通电工作。这就需要在电动机的正反转之间有一种相互制约的互锁关系。

如图1-25（c）所示是将正反向接触器的常闭辅助触点互串在对方之路当中。此时，任一接触器线圈先通电后，另一线圈电路中的辅助常闭触点立即断开，切断另一线圈的得电条件。我们把这种相互制约的连锁关系称为互锁。

有些生产工艺中，希望能直接实现正、反转的切换。可以将如图1-25（c）所示的线路稍作修改，采用两个复合按钮来控制，如图1-25（d）所示。在这个控制线路图中，既有接触器的互锁，又有按钮的互锁，这样就保证了电路的可靠工作。正转启动按钮 SB2 的常开触点用来使正转接触器 KM1 的线圈通电，其常闭触点串接在反转接触器 KM2 线圈的电路中，用来使之释放。反转启动按钮 SB3 的作用同 SB2 一样。复合按钮是先断后合的，也就是先断开常闭触点来切断另一电路的得电条件，再闭合常开触点来接通本电路。因此，需要改变电动机的运转方向时，就不必按下停止按钮了，直接按下正、反按钮可实现运转方向的改变。

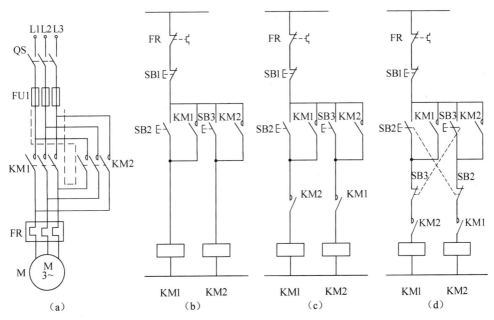

图 1-25　电动机正反转接线原理图

（a）主电路；（b）无互锁控制；（c）正—停—反控制；（d）正—反—停控制

3．自动循环控制线路

在生产实践中，有些生产机械的工作台需要自动往复运动，如龙门刨床、导轨磨床等。正、反转是实现自动循环的基本环节。

如图 1-26（a）所示，要求小车在 A、B 两点之间做往复运动，当 A 处行程开关故障，小车能停在 C 处；当 B 处行程开关故障，小车要能停在 D 处。在该控制环节中，它是利用行程开关实现往复运动控制的，通常称为行程控制。

如图 1-26（b）所示是自动循环往复控制的主电路。KM1 为小车左行接触器线圈，KM2 为小车右行接触器线圈。首先，小车要实现正、反转，其基本电路如图 1-26（c）所示。当小车左行到 A 处时，小车碰到行程开关 SQ1，左行停止并启动右行，则 A 点处行程开关对于 KM1 线圈回路来说相当于一个停止按钮的作用。在 KM1 回路中要串联一个 SQ1 的常闭辅助触点。对于 KM2 线圈回路来说，A 点的行程开关则起到了启动按钮的作用，在 KM2 回路的启动按钮 SB3 处要并联 SQ1 的常开辅助触点。同理，SQ2 的常闭辅助触点要串联在 KM2 回路中，而其常开辅助触点要并联在 SB2 上。若 A 处行程开关故障，要求能停在 C 点，所以 SQ3 也应当起到停止左行的作用，因此 SQ3 的常开辅助触点要串联在 KM1 回路中。D 点与 C 点作用相同，也应同样放置。

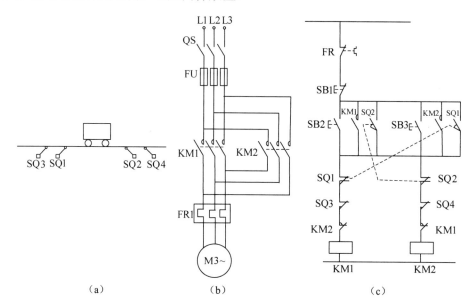

图 1-26　自动循环往复控制接线原理图

（a）工作示意图；　　（b）主电路；　　（c）控制电路

机械式的行程开关容易损坏，现在多用接近开关或光电开关来取代行程开关实现行程控制。这种电路只适用于电动机容量较小、循环周期较长的拖动系统中。另外，在选择接触器容量时应比一般情况下选择的容量大一些。

4．多地控制线路

有些生产设备通常需要在两地或两地以上的地点进行控制操作。比如，有些场合，为了能够集中管理，在中央控制台进行控制，而在每台设备检修或故障时，又要求在设备旁边控制。

在一个地点进行控制的时候，用一组启动和停止按钮。不难想象，在多地控制时就需要多组启动和停止按钮。同时要求多组按钮的连接原则必须是：任何地点都能启动，启动（常开）按钮要并联；任何地点都能停止，停止（常闭）按钮应串联。如图 1-27 所示为实现三地控制的控制电路，这一原则也适用于更多地点的控制。

5．顺序控制线路

在实际生产中，有些拖动系统中的多台电动机要实现按先后顺序工作，也就是控制对象对控制线路提出了按顺序工作的联锁要求。如图 1-28 所示，M1 为油泵电动机，M2 为主拖动电动机。要求油泵先启动，然后主拖动电机启动。在控制电路中，将控制油泵电动机的接触器 KM1 的常开辅助触点串入控制主拖动电动机的接触器 KM2 的线圈电路中，只有当 KM1 先启动，且 KM1 的常开辅助触点闭合后，KM2 才能启动，从而可以实现按顺序工作的联锁要求。依次类推，可以得到多个需要顺序控制的线路图。

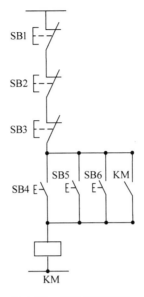

图 1-27　多地控制线路

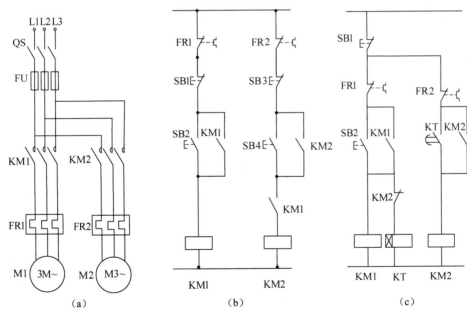

图 1-28　实现顺序工作的控制线路
（a）主电路；（b）按钮控制；（c）时间控制

如图 1-28（a）所示是实现顺序工作的主电路。KM1 通电，电动机 M1 运行；KM2 通电，电动机 M2 运行。

如图 1-28（b）所示，要求 M1 启动后 t 秒 M2 自行启动。可利用时间继电器的延时闭合常开触点来实现。按启动按钮 SB2，接触器 KM1 线圈通电并自锁，电动机 M1 启动，同时时间继电器 KT 线圈也通电。定时 t 秒到,时间继电器延时闭合的常开触点 KT 闭合,接触器 KM2 线圈通电并自锁,电动机 M2 启动,同时接触器 KM2 的常闭触点切断了时间继电器 KT 的线圈电源。

有些生产机械除了必须按顺序启动外,还要求按一定的顺序停止,如皮带运输机。启动时应先启动 M1,再启动 M2;停止时需先停止 M2,再停止 M1,这样才不会造成物料在皮带上的堆积,即"顺序启动,逆序停止"。要实现这个控制要求,只需在顺序启动控制电路图的基础上,将接触器 KM2 的一个辅助常开触点并联在停止按钮 SB1 的两端,如图 1-29 所示。这样,只有先按下 SB3,电动机 M2 先停后,并联在停止按钮 SB1 两端的 KM2 的辅助常开触点打开,此时按下 SB1,M1 电动机才能停止,达到逆序停止的要求。

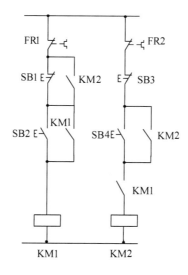

图 1-29 顺序启动、逆序停止控制线路

通过上面的例子可以看出,实现联锁控制的基本方法是采用反映某一运动的联锁触点控制另一运动的相应电器,从而达到联锁工作的要求。其普遍规律是:

- ❑ 要求甲接触器动作而乙接触器不能动作,则必须将甲接触器的常闭辅助触点串联在乙接触器的线圈电路中。
- ❑ 要求甲接触器动作后乙接触器才能动作,则必须将甲接触器的常开辅助触点串联在乙接触器的线圈电路中。
- ❑ 要求乙接触器线圈先断电释放后才能使甲接触器线圈断电释放,则必须将乙接触器的常开辅助触点与甲接触器的线圈电路中的停止按钮的常闭触点并联。

1.2.3 降压启动控制线路

通常小容量的三相异步电动机均采用直接启动方式。较大容量的笼型异步电动机(大于 10 kW)直接启动时,启动电流较大,会对电网产生冲击,所以必须采用降压方式来启动。即启动时将电压降低后加在电动机定子绕组上,启动后再将电压恢复到额定值。通过降低电压可以减小启动电流,但是同时也降低了启动转矩,因此此方法适用于空载或轻载启动。

降压启动方式有定子电路串电阻、星－三角形、自耦变压器、延边三角形和使用软启动器等多种。其中定子电路串电阻和延边三角形方法使用得较少，所以在这里主要介绍星－三角形、自耦变压器降压启动和使用软启动器的方法。

1. 星－三角形（Y－△）降压启动控制线路

星－三角形降压启动仅用于正常运行时为三角形绕组的电动机。启动时，将电动机定子绕组连接成星形（Y），此时电动机每相绕组的电压是电源电压的 $1/\sqrt{3}$，所以启动转矩是三角形（△）接法的 $1/3$，启动电流也是三角形启动时的 $1/3$，达到了减小启动电流的目的。启动后，再将绕组换成三角形接法，电动机在额定电压下工作。

星－三角形降压启动控制线路如图 1-30 所示。启动过程由时间继电器控制。

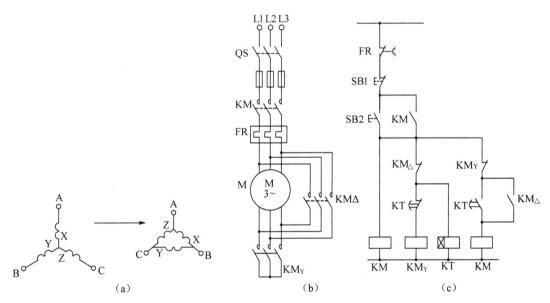

图 1-30　星－三角降压启动的接线原理图
（a）绕组转换电路；（b）主电路；（c）控制线路

星－三角形降压启动方法投资少，线路简单，启动电流对电网冲击小，但同时启动转矩只是原来三角形启动时的 $1/3$，所以这种启动方法适用于小容量电动机和电动机在空载或轻载启动的场合。

2. 串自耦变压器降压启动控制线路

该控制方法是在电动机的定子绕组中串入自耦变压器，启动时，将电压降低后的自耦变压器的副边电压加到电动机的定子绕组上，启动完毕便将自耦变压器短接，此时电源电压（自耦变压器的原边电压）直接加到定子绕组，电动机全压运行。自耦变压器副边有 2～3组抽头（40%UN，60% UN 和 80% UN），工作人员可根据负载选择不同的启动电压。串自耦变压器降压启动的控制线路如图 1-31 所示。启动时间由时间继电器设定。其动作原理与图 1-31 所示的原理类似。

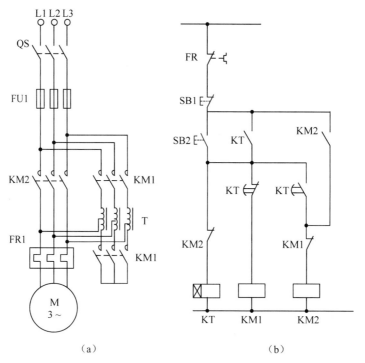

图 1-31 串自耦变压器降压启动的接线原理图
（a）主电路；（b）控制电路

串联自耦变压器启动的优点是，启动时对电网的电流冲击小，功率损耗小，启动转矩可通过改变抽头的位置得到改变。缺点是自耦变压器结构相对复杂，价格较高，且不允许频繁启动。这种方式主要用于启动较大容量的电动机。

综合以上几种启动方法可见，一般均按照时间原则实现降压启动。由于这种线路工作可靠，受外界因素（如负载、飞轮转动惯量以及电网电压）的影响较小，线路比较简单，因而在电动机启动控制线路中多采用时间控制其启动过程。

3. 软启动器降压启动控制线路

传统的三相异步电动机的启动线路比较简单，不需要增加额外的启动设备，但其启动电流冲击一般还是很大，启动转矩较小且固定不可调；电动机停机时都采用控制接触器触点断开，切掉电动机电源，电动机自由停车，这样也会造成剧烈的电网波动和机械冲击。因此这些方法经常用于对启动要求不高的场合。在一些对启动要求较高的场合，可选用软启动装置。其主要特点是：具有软启动和软停车功能，启动电流、启动转矩可调，另外具有电动机的多种保护等功能。

软启动器是把电力电子技术与自动控制技术（包括计算机技术）结合起来的控制技术。它由功率半导体器件和其他电子元器件组成。当电动机启动时，由电子电路控制晶闸管的导通角，使电动机的端电压以设定的速度逐渐升高，一直升到全电压，使电动机实现无冲击启动到控制电动机软启动的过程。当电动机启动完成并达到额定电压时，使三相旁路接触器闭合，电动机直接投入电网运行。在电动机停机时，也通过控制晶闸管的导通角，使电动机端电压慢慢降低至 0，从而实现软停机。

下面介绍软启动的特性。

- ❑ 启动电流以一定的斜率上升至设定值，对电网无冲击。
- ❑ 启动过程中引入电流负反馈，启动电流上升至设定值后，使电动机启动平稳。
- ❑ 不受电网电压波动的影响。由于软启动以电流为设定值，电网电压上下波动时，通过增减晶闸管的导通角，调节电机的端电压，仍可维持启动电流恒值，保证电动机正常启动。
- ❑ 针对不同负载对电动机的要求，可以无级调整启动电流设定值，改变电动机启动时间，实现最佳启动时间控制。

由于软启动器对电流实时监测，因此还具有对电动机和软启动器本身的热保护、限制转矩和电流冲击、三相电源不平衡、缺相、断相等保护功能，并可实时检测并显示如电流、电压、功率因数等参数。

1.2.4　制动控制线路

当按下停止按钮后，三相异步电动机切除电源。由于惯性，转子要经过一段时间才能完全停止旋转，这往往不能适应某些生产机械工艺的要求，对生产率的提高、工作安全等方面都有不良影响。为了能使运动部件准确停车、准确定位，要求能迅速停车，因此要求对电动机进行制动控制。制动控制方法一般有两大类，即机械制动和电气制动。机械制动是用机械装置施加外力强迫电动机迅速停车；电气制动实质上是当电动机停车时，给电动机加上一个与原来旋转方向相反的制动转矩，迫使电动机转速迅速下降。下面介绍电气制动控制线路，包括反接制动和能耗制动。

1. 反接制动控制线路

反接制动是利用改变电动机电源的相序，使定子绕组产生相反方向的旋转磁场，因而产生制动转矩的一种制动方法，所以主电路与正、反转控制电路类似。在反接制动时，定子绕组产生相反方向的旋转磁场，即转子于定子旋转磁场的相对速度近于两倍的同步转速，所以定子绕组中流过的反接制动电流相当于全电压直接启动时电流的两倍。因此，制动迅速、效果好是反接制动的特点之一。但制动电流对电网的冲击大，一般要在电动机定子电路中串入反接制动电阻，以限制制动电流。在反接制动过程中，电动机的热损耗比较大，所以也限制了异步电动机每小时内反接制动的次数。

三相异步电动机单向反接制动的控制线路图如图 1-32 所示。

需要注意的是，反接制动的转矩与原来相反，所以当电动机转速接近零时，必须立即断开电源，否则电动机会反向旋转。在制动过程中，电流、转速和时间三个变量都在变化，通常取速度和时间作为控制信号。这里介绍选取速度作为参变量控制反接制动的方法，为此采用了速度继电器来检测电动机的速度变化。在 120～3000 r/m 范围内速度继电器触点动作，当转速低于 100 r/m 时，其触点恢复原位。

合上刀开关 QS，按下启动按钮 SB2 时，接触器 KM1 线圈通电并自锁，电动机启动运行，速度继电器 KS 常开触点闭合，为制动作准备。制动时，按下复合按钮 SB1，KM1 线圈断电，KM2 通电（KS 常开触头尚未打开），KM2 主触点闭合，定子绕组串入限流电阻 R 进行反接制动，n 约等于 100 r/m 时，KS 常开触点断开，KM2 线圈断电，电动机制动结束。

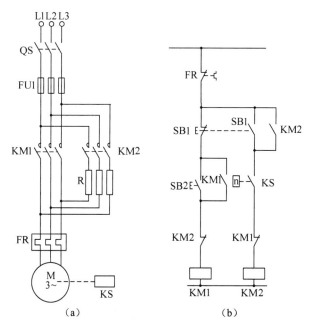

图 1-32 采用速度原则的单向反接制动的接线原理图
（a）主电路；（b）控制电路

2. 能耗制动控制线路

电动机的能耗制动就是在电动机断开三相交流电源后，在电动机的定子绕组上加一个直流电流，在定子内形成一固定磁场，利用转子感应电流与静止磁场的作用以达到制动的目的。能耗制动可以用时间原则进行控制，也可以用速度原则进行控制。这里介绍选取时间作为参变量控制能耗制动的方法。

三相异步电动机单向能耗制动的控制线路图如图 1-33 所示。

当启动时，合上刀开关 QS，按下启动按钮 SB2，接触器 KM1 通电，电动机 M 启动运行。当制动时，按下复合按钮 SB1，KM1 断电，电动机 M 交流电源断开，KM2 通电，M 两相定子绕组通入直流电，开始能耗制动；KT 通电 t 秒后，KT 常闭触头断开，KM2 失电，M 直流电切断，能耗制动结束，KT 断电。

如图 1-34 所示为电动机按时间原则控制的可逆运行的能耗制动控制线路图。

在其正常的正向运转过程中，需要停止时，可按下停止按钮 SB1，使 KM1 断电，KM3 和 KT 线圈通电并自锁。KM3 常闭触点断开，起锁住电动机启动电路的作用；KM3 常开触点闭合，使直流电压加至定子绕组，电动机进行正向能耗制动。电动机正向转速迅速下降，当其接近于零时，时间继电器延时打开的常闭触点 KT 断开接触器 KM3 线圈电源。由于 KM3 常开辅助触点的复位，时间继电器 KT 线圈也随之失电，电动机正向能耗制动结束。反向启动与反向能耗制动其过程与上述正向情况相同。

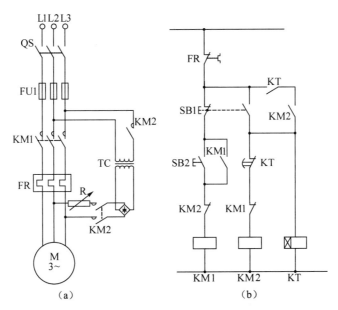

图 1-33　采用时间原则的能耗制动控制线路

（a）主电路；（b）控制电路

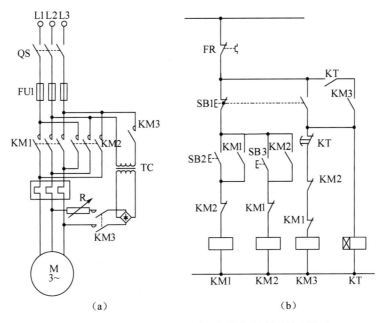

图 1-34　采用时间原则的可逆运行的能耗制动控制线路

（a）主电路；（b）控制电路

按时间原则控制的能耗制动，一般适用于负载转速比较稳定的生产机械上。对于那些能够通过传动系统来实现负载速度变换或者加工零件经常变动的生产机械来说，采用速度原则控制的能耗制动则较为合适。

能耗制动比反接制动消耗的能量少，其制动电流也比反接制动电流小得多，但能耗制动的制动效果不及反接制动明显，同时需要一个直流电源，控制线路相对比较复杂，一般适用于电动机容量较大和启动、制动频繁的场合。

1.2.5 电气控制线路的设计方法

继电接触器控制系统控制线路具有简单经济、维护方便、抗干扰能力强等优点，在各种机械控制中使用比较广泛，所以必须正确地设计电气控制线路（主电路和控制电路），合理选择各种电器元件，才能保证生产设备加工工艺的要求。一般情况下，电气控制线路设计主要指控制电路的设计。

电气控制线路的设计通常有两种方法，即一般设计法和逻辑设计法。

1. 一般设计法

一般设计法又称为经验设计法。它主要是根据生产工艺要求，利用各种典型的线路环节，直接设计控制电路。这种方法比较简单，但要求设计人员必须熟悉大量的控制线路，掌握多种典型线路的设计资料，同时具有丰富的经验。在设计过程中往往还要经过多次反复的修改、试验，才能使线路符合设计的要求。即使这样，设计出来的线路可能还不是最简，所用的电气触点不一定最少，所得出的方案也不一定是最佳方案。

一般设计法的主要原则是：最大限度地满足生产机械和工艺对电气控制线路的要求；在满足生产要求的前提下，控制线路力求简单、经济、安全可靠。应做到以下几点。

1）尽量减少电器的数量

尽量选用相同型号的电器和标准件，以减少备品量；尽量选用标准的、常用的或经过实际考验过的线路和环节。

2）尽量减少控制线路中电源的种类。

尽可能直接采用电网电压，以省去控制变压器。

3）尽量缩短连接导线的长度和数量。

设计控制线路时，应考虑各个元件之间的实际接线。

如图1-35（a）所示的接线是不合理的，因为按钮在操作台或面板上，而接触器在电气柜内，这样接线需要由电气柜二次引出接到操作台的按钮上。改为如图1-35（b）所示的接线后，可减少一些引出线。

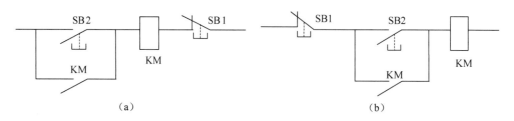

图 1-35　电器连接图
（a）不合理；（b）合理

4）正确连接触点

在控制电路中，应尽量将所有触点接在线圈的左端或上端，而线圈的右端或下端直接接到电源的另一根母线上（左右端和上下端是针对控制电路水平绘制或垂直绘制而言的）。

这样可以降低线路内产生虚假回路的可能性，还可以简化电气柜的出线。

5）正确连接电器的线圈

在交流控制电路中不能串联两个电器的线圈，如图 1-36（a）所示。因为每一个线圈上所分到的电压与线圈阻抗成正比，两个电器动作总是有先有后，不可能同时吸合。例如，交流接触器 KM2 吸合，由于 KM2 的磁路闭合，线圈的电感显著增加，因而在该线圈上的电压降也显著增大，从而使另一接触器 KM1 的线圈电压达不到动作电压。因此，两个电器需要同时动作时，其线圈应该并联起来，如图 1-36（b）所示。

6）尽量减少多个元件依次通电的接线

在图 1-37（a）中，线圈 KA3 的接通要经过 KA、KA1、KA2 三个常开触点。改接成如图 1-37（b）所示的连接后，则每一对线圈通电只需要经过一对常开触点，工作较可靠。

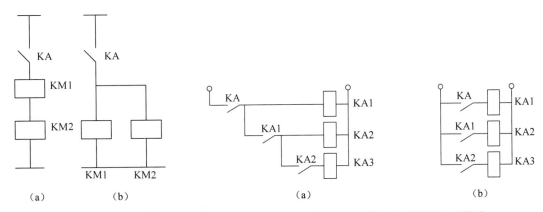

图 1-36　线圈的连接　　　　　　图 1-37　减少多个电器元件依次通电的接线
（a）错误；（b）正确　　　　　　　　　（a）错误；（b）正确

7）避免出现寄生电路

在控制线路的设计中，要注意避免产生寄生电路（或叫假电路）。如图 1-38 所示是一个具有指示灯和热保护的电动机正反转电路。正常工作时，该控制线路能完成正反转启动、停止和信号指示，但当电动机过载，热继电器动作时，控制线路就可能出现不能释放的故障。例如，此时电动机正转，FR 动作其常闭触点断开，由于有指示灯的存在，如图 1-38 中虚线所示，可能使 KM1 不能释放，起不到电动机过载保护的作用。

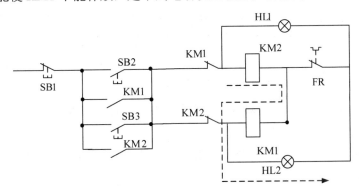

图 1-38　寄生电路

8）注意电器之间的联锁和其他安全保护环节

在实际工作中，一般设计法还有许多要注意的地方，这里不再详细介绍。

2. 逻辑设计法

逻辑设计法是主要依据逻辑代数这一数学工具来分析、化简、设计电器控制线路的方法。它是根据生产工艺的要求，将执行元件需要的工作信号以及主令电器的接通与断开状态看成逻辑变量，并根据控制要求将它们之间的关系用逻辑函数关系式来表达；然后运用逻辑函数基本公式和运算规律进行简化，使之成为需要的最简"与""或"关系式，根据最简式画出电路结构图；最后作进一步的检查和完善，即能获得需要的控制线路。

在一般的控制线路中，电器的线圈或触点的工作存在两个物理状态，如接触器、继电器线圈的通电与断电，触点的闭合与断开。这两个物理状态是相互对立的。在逻辑代数中，把这种两个对立的物理状态的量称为逻辑变量。在继电接触式控制线路中，每一个接触器或继电器的线圈、触点以及控制按钮的触点都相当于一个逻辑变量，它们都具有两个对立的物理状态，故可采用逻辑 0 和逻辑 1 来表示。如图 1-39 所示为启—保—停电路。

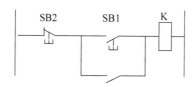

图 1-39　启—保—停电路

在如图 1-40 所示的线路中，SB1 为启动信号按钮，SB2 为关断信号按钮，KA 的常开触点为自保持信号。它的逻辑函数为

$$F_{KA} = (SB1 + KA) \cdot \overline{SB2} \tag{1-1}$$

若把 KA 替换成一般控制对象 K，启动/关断信号换成一般形式 X，则式（1-1）的开关逻辑函数的一般形式为

$$F_K = (X_开 + K) \cdot \overline{X_关} \tag{1-2}$$

扩展到一般控制对象：

$X_开$ 为控制对象的开启信号，应选取在开启边界线上发生状态改变的逻辑变量；$X_关$ 为控制对象的关断信号，应选取在控制对象关闭边界线上发生状态改变的逻辑变量。在线路图中使用的触点 K 为输出对象本身的常开触点，属于控制对象的内部反馈逻辑变量，起自锁作用，以维持控制对象得电后的吸合状态。

$X_开$ 和 $X_关$ 一般要选短信号，这样可以有效防止启、停信号波动的影响，保证了系统的可靠性。

在某些实际应用中，为进一步增加系统的可靠性和安全性，$X_开$ 和 $X_关$ 往往带有约束条件，如图 1-40 所示。

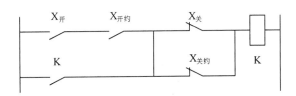

图 1-40 带约束条件的控制对象开关逻辑电路

其逻辑函数为

$$F_K = (X_{开} \cdot X_{开约} + K) \cdot (\overline{X_{关}} + \overline{X_{关约}}) \qquad (1\text{-}3)$$

式（1-3）基本上全面代表了控制对象的输出逻辑函数。由式（1-3）可以看出，对开启信号来说，开启的主令信号不止一个，还需要具备其他条件才能开启；对关断信号来说，关断的主令信号也不止一个，还需要具备其他关断条件才能关断。这样就增加了系统的可靠性和安全性。当然 $X_{开约}$ 和 $X_{关约}$ 也不一定同时存在，有时也可能 $X_{开约}$ 或 $X_{关约}$ 不止一个，关键是要具体问题具体分析。

1.3 习　　题

1. 继电器与接触器有何区别？

2. 控制按钮、行程开关、光电开关、接近开关在电路中各起什么作用？

3. 两台电动机，第一台电动机启动 10s 后，第二台电动机自行启动，运行 5s 后，电动机全部停止，试设计该控制电路。

4. 某水泵由笼型电动机拖动，采用降压启动，要求三处都能启停，试设计主电路和控制电路。

5. 小车由异步电动机拖动，其工作过程如下：小车由原位开始前进，到终点后停止，停留 20s 后自动返回原位停止，在前进或倒退途中任意位置都能停止或启动。

6. 某机床主轴由一台三相笼型异步电动机拖动，润滑油泵由另一台三相笼型异步电动机拖动，均采用直接启动，工艺要求是：

（1）主轴必须在润滑油泵启动后，才能启动；

（2）主轴为正向运转，为调试方便，要求能正、反向点动；

（3）主轴停止后，才允许润滑油泵停止；

（4）具有必要的电气保护。

试设计主电路和控制电路，并对设计的电路进行简单说明。

7. M1 和 M2 均为三相笼型异步电动机，可直接启动，按下列要求设计主电路和控制电路：

（1）M1 先启动，经一段时间后 M2 自行启动；

（2）M2 启动后，M1 立即停车；

（3）M2 能单独停车；

（4）M1 和 M2 均能点动。

8．设计一小车运行控制线路，小车由异步电动机拖动，其动作程序如下：

（1）小车由原位开始前进，到终端后自动停止；

（2）在终端停留 2m 后自动返回原位停止；

（3）要求在前进或后退途中任意位置都能停止或启动。

9．某三相笼型异步电动机单向运转，要求采用星—三角形降压启动。试设计主电路和控制电路，并要求有必要的保护。

第 2 章　S7-1200 PLC 概述

随着计算机技术的发展，存储逻辑开始进入工业控制领域。可编程序控制器作为通用的工业控制计算机，是存储逻辑在工业应用中的代表性成果。自从 1969 年第一台可编程序控制器研制成功，且应用到汽车制造自动装配生产线上以来，可编程序控制器不断更新换代，特别是近 20 年来，发展迅速，功能日益强大。作为工业自动化技术的三大支柱之一，可编程序控制器在经济领域中发挥越来越重要的作用。

S7-1200 PLC 是一款可编程逻辑控制器（Programmable Logic Controller，PLC），可以控制各种自动化应用。其设计紧凑、成本低廉，且具有功能强大的指令集，这些特点使它成为控制各种应用的完美解决方案。

2.1　PLC 概述

PLC 是以传统顺序控制器为基础，综合了计算机技术、微电子技术、自动控制技术、数字技术和通信网络技术而形成的新型通用工业自动控制装置，是现代工业控制的重要支柱。本节主要介绍 PLC 的产生、发展趋势及用途。

2.1.1　PLC 的产生

在采用 PLC 之前，电气控制装置主要采用继电器、接触器或电子元器件来实现。由连接导线将这些元器件按照一定的控制方式组合在一起，以完成一定的控制功能，具有结构简单、容易掌握、价格便宜，在一定范围内能够满足控制要求等特点。但这种控制方式的电气装置体积大，接线复杂，故障率高，需要经常地、定时地进行检修维修。另外，当生产工艺或对象需要改变时，就需要重新进行硬件组合、增减元器件、改变接线，使用不灵活。

20 世纪 60 年代初，美国的汽车制造业竞争激烈，产品更新换代的周期越来越短，其生产线必须随之频繁地变更。传统的继电器控制很难适应频繁变动的生产线的控制需要，美国通用汽车（GM）公司为适应生产工艺不断更新的需要，提出一种设想：把计算机的功能完善、通用、灵活等优点与继电器控制系统的简单易懂、操作方便、价格便宜等优点结合起来，制造一种通用控制装置。这种通用控制装置把计算机的编程方法和程序输入方式加以简化并采用面向控制过程、面向对象的语言编程，使不熟悉计算机的人也能方便地使用。美国数字设备公司（DEC）根据这一设想，于 1969 年研制成功了第一台 PDP-14 可编程序控制器。该设备用计算机作为核心设备，用存储的程序代替了原来的接线程序控制。其控制功能是通过存储在计算机中的程序来实现的。由于当时主要用于顺序控制，只能进行逻辑运算，故称为可编程序逻辑控制器（PLC）。

这项新技术的成功使用，在工业领域产生了巨大影响，发展极为迅速。日本、德国和法国也先后研制出了可编程序控制器。我国于 1977 年研制成功了以 MC14500 微处理器为核心的可编程序控制器。

进入 20 世纪 80 年代，随着大规模和超大规模集成电路等微电子技术和计算机技术的迅速发展，也使得可编程序控制器逐步形成了具有特色的多种系列产品。系统中不仅使用了大量的开关量，也使用了模拟量，其功能已经远远超出逻辑控制、顺序控制的应用范围。

1987 年，国际电工委员会（IEC）在可编程序控制器国际标准草案中，对可编程序控制器定义如下："可编程序控制器是一种数字运算操作的电子系统，专为工业环境下应用而设计。它采用可编程序的存储器，用来在其内部存储执行逻辑运算、顺序控制、定时、计数和算术运算等操作的指令，并通过数字式、模拟式的输入和输出控制各种机械或生产过程。可编程序控制器及其有关外部设备，都按易于与工业控制系统联成一个整体，易于扩充其功能的原则设计。"

定义强调了可编程序控制器是"数字运算操作的电子系统"，具有"存储器"，具有运算"指令"，可见它是一种计算机，而且是"专为工业环境下应用而设计"的工业计算机。因此，可编程序控制器能直接应用于工业环境，它具有很强的抗干扰能力，广泛的适应能力和应用范围，同时具有"数字式、模拟式的输入和输出"的能力，"易于与工业控制系统联成一个整体"，易于"扩充"。

2.1.2 PLC 的发展趋势

PLC 总的发展趋势是向高集成度、小体积、大容量、高速度、易使用、高性能方向发展。具体表现在以下几个方面。

1. 向小型化、专用化、低成本方向发展

随着微电子技术的发展，新型器件的功能大幅度提升，价格不断降低。小型 PLC 的结构更为紧凑，操作使用十分简单。PLC 的功能不断增加，将原来大、中型 PLC 才有的功能部分地移植到小型 PLC 上，如模拟量处理、数据通信和复杂的功能指令等，但价格却不断下降，成为现代电气控制系统中不可替代的控制装置。

2. 向大容量、高速度方向发展

大型 PLC 采用多微处理器系统，有的采用 32 位微处理器，可同时进行多任务操作，提高了处理速度，特别是增强了过程控制和数据处理的功能。另外，存储容量也大大增加。

3. 智能输入/输出模块和现场安装的发展

智能输入/输出模块是以微处理器和存储器为基础的功能部件，它们的 CPU 与 PLC 的主 CPU 并行工作，占用主 CPU 的时间很少，有利于提高 PLC 的扫描速度。另外，为了减少系统配线，减少输入/输出信号在长线传输时带来的干扰，很多 PLC 将输入/输出模块直

接安装在控制现场,通过通信电缆或光缆与主 CPU 进行数据通信,使得现场仪表、传感器、执行器和智能输入/输出模块一体化。

4. 编程软件图形化及组态软件与PLC的软件化

为了给用户提供一个友好、方便、高效的编程界面,大多数 PLC 公司开发了图形化的编程软件,使用户控制逻辑的表达更加直观、明了,操作也更加方便。组态软件可以方便地进行工业控制流程的实时和动态监控,完成报警,绘制历史曲线并能实现各种复杂的控制功能,同时可节约控制系统的设计时间,提高系统的可靠性。目前,已有很多家厂商推出了在 PC 上运行的可实现 PLC 功能的组态软件包。

2.1.3　PLC 的用途

在 PLC 的发展初期,由于价格高于继电器控制装置,使得其应用受到限制。但最近十几年来,微处理芯片及有关元件的价格大幅度下降,使得 PLC 的价格也下降了,另一方面 PLC 的功能也大大增强,它能解决复杂的计算和通信问题。这使得 PLC 的应用越来越广,目前在国内外已广泛应用于钢铁、采矿、水泥、石油、化工、电力、机械制造、汽车、装卸、造纸、纺织、环保和娱乐等行业。PLC 的应用范围通常可分成以下 5 类。

1. 顺序控制

这是 PLC 应用最广泛的领域,也是最适合使用 PLC 的领域。它用来取代传统的继电器顺序控制。PLC 应用于单机控制、多级群控、生产自动线控制等。例如,注塑机械、印刷机械、订书机械、包装机械、切纸机械、组合机床、磨床、装配生产线、电镀流水线及电梯控制等都使用 PLC。

2. 运动控制

PLC 制造商目前已提供了拖到步进电机或伺服电机的单轴或多轴位置控制模块。在多数情况下,PLC 把描述目标位置的数据发送给控制模块,其输出移动一轴或数轴以达到目标位置。每个轴移动时,位置控制模块保持适当的速度和加速度,确保运动平滑。相对来说,位置控制模块比 CNC(计算机数字控制)装置的体积更小,价格更低,速度更快,操作更方便。

3. 过程控制

PLC 还能控制大量的物理参数,如温度、压力、流量、液位和速度等。PID 模块提供了使 PLC 具有闭环控制的功能,即一个具有 PID 控制能力的 PLC 可用于过程控制。当过程控制中某个变量出现偏差时,PID 控制算法会计算出正确的控制量,把输出保持在设定值上。

4. 数据处理

在机械加工中,PLC 作为主要的控制和管理系统用于 CNC 系统,可以完成大量的数据处理工作。

5．通信网络

PLC 的通信包括主机与远程输入/输出之间的通信、多台 PLC 之间的通信、PLC 与其他智能控制设备（如计算机、变频器、数控装置等）之间的通信。PLC 与其他智能控制设备一起，可以组成"集中管理、分散控制"的分布式控制系统。

2.2 PLC 的特点、分类及技术指标

PLC 是工业自动化的基础平台。在工业现场用于对大量的数字量和模拟量进行检测与控制，如电磁阀的开/闭，电动机的启/停，温度、压力、流量等参数的 PID 控制等。本节主要介绍 PLC 的特点、分类及技术指标。

2.2.1 PLC 的特点

1．可靠性高，抗干扰能力强

为了满足工业生产对控制设备安全性与可靠性的要求，PLC 采用了微电子技术，大量的开关动作是由无触点的半导体电路来完成的，在结构上充分考虑工业生产环境下温度、湿度、粉尘、振动等方面的影响；在硬件上采用隔离、滤波、屏蔽、接地等抗干扰措施；在软件上采用故障诊断、数据保护等措施。这些都使 PLC 具有较高的抗干扰能力。目前，各个厂家生产的 PLC 的平均无故障时间都远超 IEC 规定的 10×10^4h，有的甚至达到了几十万小时。

2．通用灵活

PLC 产品已经序列化，结构形式多种多样，在机型上有很大的选择余地。另外，PLC 及外围模块品种多，用户可以根据不同任务的要求，选择不同的组件灵活组合不同硬件结构的控制装置。更重要的是，在 PLC 控制系统中，其主要功能是通过程序实现的。在需要改变设备的控制功能时，只需修改程序，而修改接线的工作量是很小的。这一点是一般继电器控制很难实现的。

3．编程简单方便

PLC 应用程序的编制和调试非常方便，编程可采用与继电器接触器控制电路十分相似的梯形图语言，这种编程语言形象直观，容易掌握，即使没有计算机知识的人也很容易掌握。另外，顺序功能图（SFC）是一种结构块控制流程图，使编程更加简单方便。

4．功能完善，扩展能力强

PLC 的输入/输出系统功能完善，性能可靠，能够适应各种形式和性质的开关量和模拟量的输入/输出。PLC 的功能单元能方便地实现 D/A、A/D 转换以及 PID 运算，实现过程控

制、数字控制等功能。它还可以和其他微机系统、控制设备共同组成分布式或分散式控制系统，能够很好地满足各种类控制的需要。

5. 设计、施工、调试的周期短，维护方便

继电器接触器控制系统中的中间继电器、时间继电器、计数器等电器元件在 PLC 控制系统中是以"软元件"形式出现的，并且用程序代替了硬接线，安装接线工作量少，工作人员也可提前根据具体的控制要求在 PLC 到货之前进行编程，大大地缩短了施工工期。

PLC 体积小，重量轻，便于安装。PLC 具有完善的自诊断及监视等功能，对于其内部的工作状态、通信状态、输入/输出点状态、异常状态和电源状态都有显示。工作人员通过它可以查出故障原因，便于迅速处理。

由于 PLC 具有上述特点，因此 PLC 的应用范围极为广泛。可以说，只要有工厂，有控制要求，就会有 PLC 的应用。

2.2.2　PLC 的分类

PLC 是因现代化生产的需要而产生的，PLC 的分类也必然要符合现代化生产的需求。一般来说，可以从三个维度对 PLC 进行分类。其一是从 PLC 的控制规模大小分类，其二是从 PLC 的性能高低分类，其三是从 PLC 的结构特点分类。

1. 按PLC的控制规模分类

按控制规模分类，PLC 可以分为小型 PLC、中型 PLC 和大型 PLC。

1）小型 PLC

小型 PLC 的输入/输出点数一般小于 256 点，单 CPU，8 位或 16 位处理器，用户存储器容量 4KB 以下，一般以开关量控制为主。由于控制点数少，其控制功能有一定的局限性。但是，它小巧、灵活，可以直接安装在电气控制柜内，很适合单机控制或小型系统的控制。德国西门子（SIEMENS）公司的 S7-200 和 S7-1200 系列、日本三菱公司的 FX 系列等均属于小型机。

2）中型 PLC

中型 PLC 的输入/输出点数一般为 256～2048 点，双 CPU 或多 CPU，用户存储器容量 2～8KB 或更大。它具有开关量和模拟量的控制功能，还具有更强的数字计算能力。由于控制点数较多，控制功能很强，它可用于对设备直接控制，还可以对多个下一级的 PLC 进行监控，适用于中型或大型控制系统的控制。德国西门子公司的 S7-300 系列、日本 OMRON 公司的 C200H 系列、日本三菱公司的 Q 系列的部分机型等均属于中型机。

3）大型 PLC

大型 PLC 的输入/输出点数一般大于 2048 点，双 CPU 或多 CPU，16 位或 32 位处理器，用户存储器容量 8～16KB 或更大。由于控制点数多，控制功能很强，有很强的计算能力，运行速度很高，大型 PLC 不仅能完成较复杂的算术运算，还能进行复杂的矩阵运算。它不仅可用于对设备直接控制，还可以对多个下一级的 PLC 进行监控，组成一个集散的生产过程控制系统。大型机适用于设备自动化过程、过程自动化控制和过程监控系统。德国西门子公司的 S7-400 系列、日本 OMRON 公司的 CVM1 和 CS1 系列、日本三菱公司的 Q

系列的部分机型等均属于大型机。

2. 按PLC的控制性能分类

按控制性能分类，PLC 可以分为高档机、中档机和低档机。

1）低档机

这类 PLC 具有基本的控制功能和一般的运算能力，工作速度比较慢，能带的输入和输出模块的数量比较少，输入和输出模块的种类也比较少。这类 PLC 只适合小规模的简单控制。在联网中，一般适合作从站使用。德国西门子公司的 S7-200 系列就属于这一类，S7-1200 属于中低档机。

2）中档机

这类 PLC 具有较强的控制功能和较强的运算能力，它不仅能完成一般的逻辑运算，也能完成比较复杂的三角函数、指数和 PID 运算，工作速度比较快，能带的输入和输出模块的数量比较多，输入和输出模块的种类也比较多。这类 PLC 不仅能完成小型的控制，也可以完成较大规模的控制任务。在联网中，既可以作从站使用，也可以作主站使用。德国西门子公司的 S7-300 系列就属于这一类。

3）高档机

这类 PLC 具有强大的控制功能和强大的运算能力。它不仅能完成逻辑运算、三角函数、指数和 PID 运算，还能进行复杂的矩阵计算，工作速度很快，能带的输入和输出模块的数量很多，输入和输出模块的种类全面。这类 PLC 不仅能完成中等规模的控制工程，也可以完成规模很大的控制任务。在联网中，一般作主站使用。德国西门子公司的 S7-400 系列就属于这一类。

3. 按PLC的结构分类

PLC 按结构可以分为整体式和组合式两类。

1）整体式

整体式结构的 PLC 把电源、CPU、存储器、输入/输出系统紧凑地安装在一个标准机壳内，构成一个整体，构成 PLC 的基本单元。一个基本单元就是一台完整的 PLC，可以实现各种控制。控制点数不符合需要时，可再接扩展单元，扩展单元不带 CPU。有基本单元和若干扩展单元组成较大的系统。整体式结构的特点是非常紧凑、体积小、成本低、安装方便，其缺点是输入/输出的点数有限定的比例。小型机多为整体式结构。德国西门子公司的 S7-200 系列和日本三菱公司的 FX 系列 PLC 为整体式结构。整体式 PLC 组成如图 2-1 所示。

2）组合式

组合式结构的 PLC 是把 PLC 系统的各个组成部分按功能分成若干模块，如 CPU 模块、输入模块、输出模块、电源模块等，将这些模块插在框架或基板上即可。各模块功能比较单一，模块的种类却日趋丰富。例如，一些 PLC 除了基本的输入/输出模块外，还有一些特殊功能模块，如温度检测模块、位置检测模块、PID 控制模块、通信模块等。组合式结构的 PLC 采用搭积木的方式，在一块基板上插上所需模块组成系统。组合式结构 PLC 的特点是 CPU、输入、输出均为独立的模块，模块尺寸统一，安装整齐，输入/输出点选型自由，安装调试、扩展、维修方便。中型机和大型机多为组合式结构。德国西门子公司的 S7-300

系列、S7-400 系列以及日本三菱公司的 Q 系列 PLC 就属于组合式结构。组合式 PLC 组成如图 2-2 所示。模块之间通过底板上的总线相互联系。CPU 与各扩展模块之间若通过电缆连接，距离一般不应超过10m。

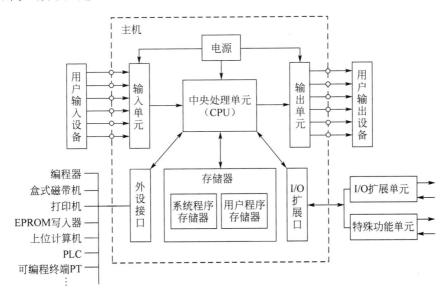

图 2-1　整体式 PLC 组成示意图

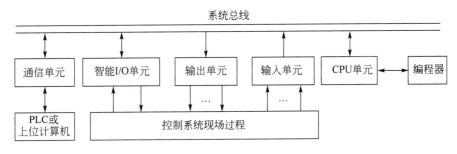

图 2-2　组合式 PLC 组成示意图

2.2.3　PLC 的技术指标

PLC 的技术指标包括硬件指标和软件指标。

1. 硬件指标

硬件指标包括一般指标、输入特性和输出特性。

一般指标主要体现在环境温度、环境湿度、使用环境、抗震、抗冲击、抗噪声、抗干扰和耐压等性能上。

输入特性主要体现在输入电路的隔离程度、输入灵敏度、响应时间和所需电源等性能上。

输出特性主要体现在回路构成、回路隔离、最大负载、最小负载、响应时间和外部电源等性能上。这里的回路构成继电器输出、晶体管输出或晶闸管输出。

2．软件指标

软件指标主要包括程序容量、编程语言、通信功能、运行速度、指令类型、元件种类和数量等。

程序容量是指 PLC 的内存和外存的大小，一般从几千字节到上百千字节。存储器的类型一般为 RAM、EPROM 和 EEPROM。

编程语言是指有多少种语言支持编制用户程序。PLC 编程语言很多，有梯形图、语句表、顺序功能图和功能块图等几种基本语言。多一种编程语言会使编制用户程序更快捷、更方便。

通信功能是指 PLC 是否具有通信能力，具有何种通信能力。一般可分为远程输入/输出通信、计算机通信、点对点通信、高速总线、MAP 网等。当前，通信能力是衡量 PLC 性能的一项主要指标。

运行速度是指操作处理时间的长短，可以用基本指令执行时间来衡量，时间越短越好，一般在微秒级以下。指令的功能越强，说明 PLC 的性能越佳。

元件的种类和数量的多少不仅反映了 PLC 的性能，也说明了 PLC 的规模。输入/输出元件的数量说明 PLC 的输入/输出能力，输入/输出元件的类型（直流、交流、模拟量、高速计数、定位、PID）多少，说明 PLC 性能的高低。

3．主要性能指标介绍

主要性能指标包括如下 7 点。

1）存储容量

存储容量指用户程序存储器的容量。存储容量决定了 PLC 可以容纳的用户程序的长短，一般以字节为单位来计算。每 1024 个字节为 1KB。中、小型 PLC 的存储容量一般在 8KB 以下，大型 PLC 的存储容量可达到 256KB~2MB。有的 PLC 用存放用户程序指令的条数来表示容量，一般中、小型的 PLC 存储指令的条数为 2K 条。

2）输入/输出点数

输入/输出点数指输入点及输出点之和。输入/输出点数越多，外部可接入的输入器件和输出器件就越多，控制规模就越大。因此输入/输出点数是衡量 PLC 规模的指标。国际上流行将输入/输出总点数在 64 点及以下的 PLC 称为微型 PLC，256 点以下的 PLC 称为小型 PLC，总点数为 256~2048 点的 PLC 称为中型 PLC，总点数在 2048 点以上的 PLC 称为大型 PLC。

3）扫描速度

扫描速度是指 PLC 执行程序的速度。一般以执行 1KB 所用的时间来衡量扫描速度。由于不同功能的指令的执行速度差别较大，目前也可以布尔指令的执行速度表征 PLC 工作的快慢。有些品牌的 PLC 在用户手册中给出执行各种指令所用的时间，可以通过比较各种 PLC 执行类似操作所用的时间来衡量 CPU 工作速度的快慢。

4）指令的功能和数量

指令功能的强弱及数量的多少反映 PLC 能力的强弱。一般来说，编程指令种类及条数越多，处理能力、控制能力就越强，用户程序的编制也就越容易。

5）内部元件的种类及数量

在编制程序时，需要用到大量的内部元件来存储变量、中间结果、定时计数信息、模块设置参数及各种标志位等。这类元件的种类及数量越多，表示 PLC 的信息处理能力越强。

6）智能单元的数量

为了完成一些特殊的控制任务，PLC 厂商都为自己的产品设计了专用的智能单元，如模拟量控制单元、定位控制单元、速度控制单元以及通信工作单元等。智能单元种类的多少和功能的强弱是衡量 PLC 产品水平高低的重要指标。

7）扩展能力

PLC 的扩展能力含输入/输出点数的扩展、存储容量的扩展、联网功能的扩展及各种模块的连接扩展等。绝大部分 PLC 可以用输入/输出扩展单元进行输入/输出点数的扩展，有的 PLC 可以使用各种功能模块进行扩展。但 PLC 的扩展功能总是有限制的。

了解 PLC 的指标体系后，就可以根据具体控制工程的要求，从众多 PLC 中选取合适的 PLC 类型。

2.3　S7-1200 的硬件

S7-1200 可编程序控制器是德国西门子公司新一代的模块化小型 PLC。它具有紧凑的设计、良好的扩展性、灵活的组态及功能强大的指令系统，提供了控制各种设备的灵活性和强大功能，它已成为控制各种应用的完美解决方案。本节主要介绍 S7-1200 的硬件结构、CPU 模块、信号板、信号模块及集成的 PROFINET 接口。

2.3.1　S7-1200 的硬件结构

S7-1200 主要由 CPU 模块、信号板、信号模块、通信模块和编程软件组成，各种模块安装在标准 DIN 导轨上。

1．CPU模块

S7-1200 的 CPU 模块（如图 2-3 所示）将微处理器、集成电源、输入和输出电路、内置 PROFINET、高速运动控制输入/输出以及板载模拟量输入组合到一个设计紧凑的外壳中，形成了功能强大的控制器。

CPU 模块还提供一个 PROFINET 端口，用于通过 PROFINET 网络通信。还可使用通信模块通过 RS485 或 RS232 网络通信。

CPU 模块相当于 PLC 的大脑，能根据用户程序逻辑监视输入并更改输出，用户程序可以包含布尔逻辑、计数、定时、复杂数学运算以及与其他智能设备的通信。

2．信号板

每块 CPU 模块内可以安装一块信号板（Signal Board，SB），安装后不会改变 CPU 模块的外形和体积。通过信号板可以给 CPU 增加输入/输出。可以添加一个具有数字量或模拟量输入/输出的信号板。信号板连接在 CPU 的前端，如图 2-4 所示。

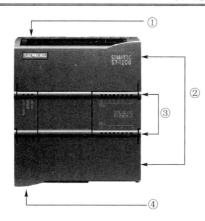

① 电源接口
② 可拆卸用户接线连接器
　（保护盖下面）
③ 板载I/O的状态LEO
④ PROFINET连接器CPU的底部）

图 2-3　S7-1200 的 CPU 模块　　　　　图 2-4　安装信号板

还可以扩展通信板（CB），可以为 CPU 增加其他通信端口以及电池板（BB），可提供长期的实时时钟备份。

3．信号模块

信号模块（SM）是数字量输入模块、数字量输出模块、模拟量输入模块、模拟量输出模块的简称。数字量输入模块、数字量输出模块简称输入/输出模块或开关量模块 DI/DQ，模拟量输入模块、模拟量输出模块简称 AI/AQ 模块。

SM 连接在 CPU 右侧。可以为 CPU 增加信号的点数，最多可扩展 8 个信号模块。

信号模块是 CPU 联系外部现场设备的桥梁，输入模块用来采集与接收各种输入信号，如接收从按钮、开关、继电器等处来的数字量输入以及接收各种变送器提供的电压、电流信号以及热电阻、热电偶等信号。

输出模块用来控制现场的各种控制设备，如接触器、继电器、电磁阀等数字量控制以及调节阀、变频器等模拟量控制。

CPU 模块内部工作电压一般是DC5V。为防止外部的尖峰电压和干扰噪声可能损害CPU 模块，在信号模块中，常用光电隔离或继电器等器件来隔离 PLC 内部电路与外部的输入、输出电路。

4．通信模块

通信模块（CM）安装在 CPU 模块的左侧，最多可以连接 3 个通信模块。通信模块和通信处理器（CP）将增加 CPU 的通信选项，如 PROFIBUS 或 RS232/RS485 的连接性（适用于 PtP、Modbus 或 USS）或者 AS-i 主站。CP 可以提供其他通信类型的功能，如通过 GPRS、LTE、IEC、DNP3 或 WDC 网络连接到CPU。

5．精简系列面板

与 S7-1200 配套的第二代精简面板主要有 4 种，分别是 4.3in、7in、9in、12in 的 64K 色高分辨率宽屏显示器，支持垂直安装，用 TIA 博途中的 WinCC 软件组态。它们有两个接口，一个是 RS-422/RS-484 接口或 RJ-45 以太网接口，另一个是 USB2.0 接口。USB 接口可以连接键盘、鼠标或条形码扫描仪，可用 U 盘实现数据记录。

6．编程软件

TIA 博途是西门子自动化的全新工程设计软件平台。S7-1200 用 TIA 博图中的 STEP 7 Basic（基本版）或 STEP 7 Professional（专业版）编程。

2.3.2 CPU 模块

CPU 将微处理器、集成电源、输入和输出电路、内置 PROFINET、高速运动控制输入/输出以及板载模拟量输入组合到一个设计紧凑的外壳中，可形成功能强大的控制器。在下载用户程序后，CPU 将包含监控应用中的设备所需的逻辑。CPU 根据用户程序逻辑监视输入并更改输出，用户程序可以包含布尔逻辑、计数、定时、复杂数学运算、运动控制以及与其他智能设备的通信。

1．CPU的共性

（1）可以使用梯形图（LAD）、函数块图（FDB）和结构化控制语言（SCL）这 3 种编程语言。布尔运算、字传送指令和浮点运算指令的执行速度分别为 0.08μs/指令、1.7μs/指令和 2.3μs/指令。

（2）S7-1200 工作存储器最大150KB、装载存储器最大4KB、保持性存储器 10KB。CPU 1211C 和 CPU 1212C 的位存储器（M）为 4096B，其他 CPU 为 8192B。可以选用 SIMATIC 存储卡扩展存储容量，还可以用存储卡传输程序到其他 CPU。

（3）过程映像输入、过程映像输出各 1024B。集成的数字量输入电路的输入类型为漏型/源型，电压额定值为 DC24V，输入电流为 4mA。1 状态允许的最小电压/电流为DC 15V/2.5mA，0 状态允许的最大电压/电流为 DC 5V/1mA。输入延迟时间可以组态为 0.1μs～20ms，有脉冲捕获功能。在过程输入信号的上升沿或下降沿可以产生快速响应硬件中断。

继电器输出的电压范围为 DC 5-30V 或 AC 5-250V。最大电流为 2A，阻性负载为 DC 30W 或 AC 200W。DC/DC/DC 型 CPU 的 MOSFET 场效应管的 1 状态最小输出电压为 DC 20V，0 状态最大输出为 DC 0.1V，输出电流为 0.5A。最大阻性负载为 5W。

脉冲输出最多 4 路，CPU 1217 支持最高 1MHz 的脉冲输出，其他型本机最高 100kHz，通过信号板可输出 200kHz 的脉冲。

（4）有 2 点集成的模拟量输入（0～10V），10 位分辨率，输入电阻不小于100kΩ。

（5）集成的 DC 24V 电源可供传感器和编码器使用，也可作输入回路的电源。

（6）CPU 1215C 和 CPU 1217C 有两个带隔离的 PROFINET 以太网端口，其他 CPU 只有 1 个，传输速率为 10M/100Mb/s。

（7）实时时钟的保存时间通常为 20 天，40℃时最少可达 12 天，最大误差为±60s/月。

2．CPU的技术规范

S7-1200 现有 5 种型号的 CPU 模块，此外还有故障安全型 CPU。CPU 可以扩展 1 块信号板、3 块通信模块（如表 2-1 所示）。

表 2-1　S7-1200 CPU技术规范

特　　征		CPU 1211C	CPU 1212C	CPU 1214C	CPU 1215C	CPU 1217C
物理尺寸（mm）		90×100×75		110×100×75	130×100×75	150×100×75
用户存储器	工作	50KB	75KB	100KB	125KB	150KB
	负载	1MB		4MB		
	保持性	10KB				
本地板载输入/输出	数字量	6入/4出	8入/6出	14入/10出		
	模拟量	2路输入			2点输入/2点输出	
过程映像大小	输入（I）	1024个字节				
	输出（Q）	1024个字节				
位存储器（M）		4096个字节		8192个字节		
信号模块（SM）扩展		无	2	8		
信号板（SB）、电池板（BB）或通信板（CB）		1				
通信模块（CM）（左侧扩展）		3				
高速计数器	总计	最多可组态6个使用任意内置或SB输入的高速计数器				
	1MHz	-				Ib.2到Ib.5
	100/80kHz	Ia.0到Ia.5				
	30/20kHz	--	Ia.6到Ia.7	Ia.6到Ib.5		Ia.6到Ib.1
	200kHz					
脉冲输出	总计	最多可组态4个使用任意内置或SB输出的脉冲输出				
	1MHz	--				Qa.0到Qa.3
	100kHz	Qa.0到Qa.3				Qa.4到Qb.1
	20kHz	--	Qa.4到Qa.5	Qa.4到Qb.		--
存储卡		SIMATIC存储卡（选件）				
实时时钟保持时间		通常为20天，40℃ 时最少为12天（免维护超级电容）				
PROFINET 以太网通信端口		1			2	
实数数学运算执行速度		2.3μs/指令				
布尔运算执行速度		0.08μs/指令				

CPU 模块有集成的输入/输出状态 LED 指示灯、3 个运行状态指示灯。每种 CPU 有 3 种不同电源电压和输入、输出电压的版本，如表 2-2 所示。

表 2-2　S7-1200 CPU的 3 种版本

版　　本	电 源 电 压	DI 输入电压	DO 输出电压	DQ 输出电流
DC/DC/DC	DC 24V	DC 24V	DC 24V	0.5A,MOSFET
DC/DC/Relay	DC 24V	DC 24V	DC 5-30V AC 5-250V	2A,DC 30W/AC 200W
AC/DC/Relay	AC 85-264	DC 24V	DC 5-30V AC 5-250V	2A,DC 30W/AC 200W

3．CPU的外部接线图

CPU 1214C AC/DC/Rly 型的外部接线图如图 2-5 所示。输入回路一般使用图中标有①的 CPU 内置的 DC 24V 传感器电源，漏型输入时需要去除图中标有②的外接 DC 电源，将输入回路的 1M 端子与 DC 24V 传感器电源的 M 端子连接起来，将内置的 DC 24V 电源的

L+端子接到外部触点的公共端。源型输入时将 DC 24V 传感器电源的 L+端子连接到 1M 端子，将内置的 DC 24V 电源的 M 端子接到外部触点的公共端。

CPU 1214C DC/DC/Rly 型的接线图与图 2-5 所示的接线图的区别就在于供电电压。CPU 1214C AC/DC/Rly 型供电电压为 AC 220V，CPU 1214C DC/DC/Rly 型供电电压为 DC 24V。

CPU 1214C AC/DC/DC 型的接线图如图 2-6 所示，其电源电压、输入回路、输出回路电压均为 DC 24V。输入回路使用外接 DC 24V 电源，也可以使用内置的 DC 24V 电源。

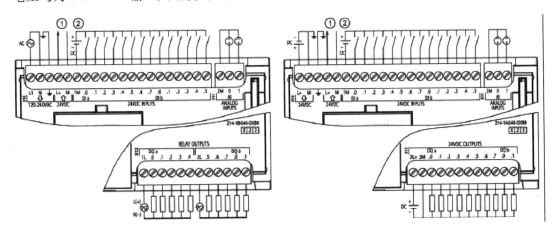

图 2-5　CPU 1214C AC/DC/Rly 型的外部接线图　　图 2-6　CPU 1214C AC/DC/DC 型的外部接线图

4．CPU集成的工艺功能

S7-1200 集成的工艺功能包括高速计数与频率测量、高速脉冲输出、PWM 控制、运动控制和 PID 控制。

1）高速计数器

最多可组态 6 个使用 CPU 内置或信号板输入的高速计数器，CPU 1217C 有4点最高频率为 1MHz 的高速计数器。其他 CPU 可组态的最高频率为 100kHz（单项）/80kHz（互差 90°的正交相位）或最高频率为 30kHz（单项）/20kHz（互差 90°的正交相位）的高速计数器（与输入点地址有关）。如果使用信号板，最高计数频率为 200kHz（单项）/160kHz（互差 90°的正交相位）。

2）高速输出

各种型号的 CPU 最多有 4 点高速脉冲输出（包括信号板的 DQ 输出）。CPU 1217C 的高速脉冲输出最高频率为 1MHz，其他 CPU 为 100kHz，信号板为 200kHz。

3）运动控制

S7-1200 的高速输出可用于步进电机或伺服电机的速度和位置控制。通过一个轴工艺对象和 PLCopen 运动控制指令，可以输出脉冲信号控制步进电机的速度、阀位置或加热元件的占空比。除了返回原点和点动功能以外，还支持绝对位置控制、相对位置控制和速度控制。轴工艺对象有专用的组态窗口、调试窗口和诊断窗口。

4）用于闭环控制的 PID 功能

PID 功能用于对闭环过程进行控制，建议 PID 控制回路的个数不要超过 16 个。STEP 7

中的 PID 调试窗口提供用于参数调节的形象直观的曲线图，还支持 PID 参数自整定功能，可以自动计算 PID 参数的最佳调节值。

2.3.3 信号板与信号模块

各种 CPU 的正面都可以增加一块信号板。在 CPU 的右侧可连接信号模块，以扩展信号输入、输出的点数。CPU 1211C 不能扩展信号模块，CPU 1212C 只能扩展连接 2 个信号模块，其他 CPU 可以连接 8 个信号模块。所有 S7-1200 CPU 都可以在其左侧安装不超过 3 个通信模块。

1. 信号板

S7-1200 所有的 CPU 模块的正面都可以安装一块信号板，并且不会增加安装的空间。有时添加一块信号板，就可以增加所需的功能。例如，数字量输出信号板使继电器输出的 CPU 具有高速输出的功能。

安装时首先去下端子盖板，然后将信号板直接插入 S7-1200 CPU 正面的槽内。信号板有可拆卸的端子，因此可以很容易地更换信号板。有下列信号板和电池板。

- ❏ SB 1221 数字量输出信号板：4 点输入的最高计数频率为 200kHz。数字量输入、输出信号板的额定电压有 DC 24V 和 DC 5V 两种。
- ❏ SB 1222 数字量输入信号板：4 点固态 MOSFET 输出的最高计数频率为 200kHz。
- ❏ SB 1223 数字量输入/输出信号板：2 点输入和 2 点输出的最高计数频率 200kHz。
- ❏ SB 1231 热电偶信号板和 RTD（热电阻）信号板：它们可选择多种量程的传感器，分辨率为 0.1℃，15 位+符号位。
- ❏ SB 1231 模拟量输入信号板：有一路 12 位的输入，可测量电压和电流。
- ❏ SB 1232 模拟量输出信号板：一路输出，可输出分辨率为 12 位的电压和 11 位的电流。
- ❏ CB 1241 RS485 信号板，提供一个 RS-485 接口。
- ❏ BB 1297 电池板，适用于实时时钟的长期备份。

2. 数字量输入/输出模块

数字量输入/输出（DI/DQ）模块和模拟量输入/输出（AI/AQ）模块统称为信号模块。可选用 8 点、16 点和 32 点的输入/输出模块（如表 2-3 所示），来满足不同的控制要求。8 点继电器输出（双态）的 DQ 模块的每一点，可以通过有公共端子的一个常闭触点和一个常开触点，在输出 0 和 1 时，分别控制两个负载。

表 2-3　数字量输入/输出模块

型　号	输入/输出	型　号	输入/输出
SM1221	8 输入 DC 24V	SM1222	8 继电器输出（双态），2A
SM1221	16 输入 DC 24V	SM1223	8 输入 DC 24V/8 继电器输出，2A
SM1222	8 继电器输出，2A	SM1223	16 输入 DC 24V/16 继电器输出，2A
SM1222	16 继电器输出，2A	SM1223	8 输入 DC 24V/8 输出 DC24V，0.5A
SM1222	8 输出 DC 24V，0.5A	SM1223	16 输入 DC 24V/16 输出 DC24V，0.5A
SM1222	16 输出 DC 24V，0.5A	SM1223	8 输入 AC 220V/8 继电器输出，2A

所有的模块都能方便地安装在标准的 35mmDIN 导轨上。所有的硬件都配备了可拆卸的端子板，不用重新接线，就能迅速地更换组件。

3．模拟量输入/输出模块

在工业控制中，某些输入量（如压力、温度、流量、液位等）是模拟量，某些执行机构（如电动执行器和变频器等）要求 PLC 输出模拟量信号来控制，而 PLC 的 CPU 只能处理数字量信号。PLC 接受的模拟量信号常是传感器和变送器输出的电压或电流信号，如 4～20mA、0～10V，PLC 用模拟量输入模块的 A/D 转换将其转换为数字量。模拟量输出模块的 D/A 将 PLC 中的数字量转换为模拟量的电压或电流信号，再去控制执行机构。模拟量输入/输出模块的主要任务就是实现 A/D、D/A 转换。

A/D、D/A 转换器的二进制位数反映了它们的分辨率，位数越多，分辨率就越高。模拟量输入/输出模块的另一个重要指标是转换时间。

1）SM 1231 模拟量输入模块

有 4 路、8 路的 13 位模块和 4 路 16 位模块。模拟量输入可选±10V、±5V 和 0～20mA、4～20mA 等多种量程。电压输入的输入电阻不小于 9MΩ，电流输入的输入电阻为 280Ω。双极性模拟量满量程转换后对应的数字为–27648～27648，单极性模拟量为 0～27648。

2）SM 1231 热电偶和热电阻模拟量输入模块

有 4 路、8 路的热电偶（TC）模块和有 4 路、8 路的热电阻（RTD）模块。可选多种量程的传感器，分辨率为 0.1℃，15 位+符号位。

3）SM 1232 模拟量输出模块

有 2 路、4 路的模拟量输出模块，±10V 电压输出为 14 位，最小负载阻抗 1kΩ。0～20mA 或 4～20mA 电流输出为 13 位，最大负载阻抗 600Ω，–27648～27648 对应满量程电压，0～27648 对应满量程电流。

电压输出负载为电阻时转换时间为 300μs，负载为 1μF 电容时转换时间为 750μs。

电流输出负载为 1mH 电感时转换时间为 600μs，负载为 10mH 电感时为 2ms。

4）SM1234 4 路模拟量输入/2 路模拟量输出模块

SM1234 模块的模拟量输入和模拟量输出通道的性能指标分别于 SM 1231 AI4×13bit 模块和 SM 1232 AQ2×14bit 模块的相同，相当于两种模块的组合。

5）集成的通信接口与通信模块

S7-1200 具有非常强大的通信功能，能提供的通信选项有 I-Device（智能设备）、PROFINET、PROFIBUS、远距离控制通信、点对点（PtP）通信、USS 通信、Modbus RTU、As-i 和输入/输出 Link MASTER。

2.3.4　集成的 PROFINET 接口

S7-1200 CPU 具有一个集成的 PROFINET 接口，支持以太网和基于 TCP/IP 的通信标准。S7-1200 CPU 支持以下应用协议：

❑ 传输控制协议（TCP）。

❑ ISO on TCP（RFC 1006）。

S7-1200 CPU 可以使用 TCP 通信协议与其他 S7-1200 CPU、STEP 7 Basic 编程设备、

HMI 设备和非西门子设备通信。有两种使用 PROFINET 通信的方法。

- ❏ 直接连接：在使用连接到单个 CPU 的编程设备、HMI 或另一个 CPU 时采用直接通信。
- ❏ 网络连接：在连接两个以上的设备（如 CPU、HMI、编程设备和非西门子设备）时采用网络通信。

编程设备或 HMI 与 CPU 之间的直接连接不需要以太网交换机。含有两个以上的 CPU 或 HMI 设备的网络需要以太网交换机。安装在机架上的西门子 CSM 1277 4 端口以太网交换机可用于连接 CPU 和 HMI 设备。S7-1200 CPU 上的 PROFINET 端口不包含以太网交换设备。

CPU 上的 PROFINET 端口支持以下并发通信连接：

- ❏ 3 个用于 HMI 与 CP 通信的连接。
- ❏ 1 个用于编程设备（PG）与 CPU 通信的连接。
- ❏ 8 个使用传输块（T-block）指令（TSEND_C、TRCV_C、TCON、TDISCON、TSEN、TRCV）实现 S7-1200 程序通信的连接。
- ❏ 3 个用于被动 S7-1200 CPU 与主动 S7 CPU 通信的连接。

主动 S7 CPU 使用 GET 和 PUT 指令（S7-300 和 S7-400）或 ETHx_XFER 指令（S7-200）。主动 S7-1200 通信连接只能使用传输块（T-block）指令。

如果使用 TCON 指令设置并建立被动通信连接，则下列接口地址将受到限制，不应该使用：

- ❏ ISOTSAP（被动）：01.00、01.01、02.00、02.01、03.00、03.01
- ❏ TCP 接口（被动）：5001、102、123、20、21、25、34962、34963、34964、80

1. PROFIBUS通信与通信模块

PROFIBUS 总线是目前国际上通用的现场总线标准之一，S7-1200 CPU 固件版本 V2.0 以上，组态软件 STEP 7 版本 V11.0 以上，支持 PROFIBUS-DP 通信。

通过使用 PROFIBUS-DP 主站模块 CM 1243-5，S7-1200 可以和其他 CPU、编程设备、人机界面和 PROFIBUS-DP 从站设备（如 ET 200 和 SINAMICS 驱动设备）通信，CM 1243-5 可以做 S7 通信的客户机或服务器，如图 2-7 和图 2-8 所示。

图 2-7 S7-1200 与计算机的通信

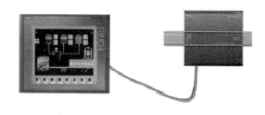

图 2-8 S7 -1200 与 HMI 的通信

通过使用 PROFIBUS-DP 从站模块 CM 1243-5，S7-1200 可以作为一个智能 DP 从站设备与 PROFIBUS-DP 主站设备通信。

2. 点对点（PtP）通信与通信模块

通过点对点通信，S7-1200 可以直接发送信息到外部设备，如打印机；从其他设备接受信息，如条形码阅读器、射频识别读写器和视觉系统；可以与 GPRS 装置、无线电调制解调器以及其他类型的设备交换信息。

CM 1241 是点对点高速串口通信模块，可执行的协议有 ASCII、USS 驱动协议、Modbus RTU 主站协议和从站协议，可以装载其他协议。3 种模块分别有 RS-232、RS-485 和 RS-422/485 通信接口。

通过 CM 1241 RS485 通信模块或者 CB 1241 RS485 通信板，可以支持 Modbus RTU 协议和 USS 协议的设备进行通信。S7-1200 可以作为 Modbus 主站或从站。

3．AS-i通信与通信模块

AS-i 是执行器传感器接口的缩写，它是用于现场自动化设备的双向数据通信网络，位于工厂自动化网络的最底层。AS-i 已被列入 IEC 62026 标准。

AS-i 是单主站主从式网络，支持总线供电，即两根电缆同时作信号线和电源线。

S7-1200 的 AS-i 主站模块为 CB 1243-2，其主站协议版本为 V3.0，可配置 31 个标准开关量/模拟量从站或 62 个 A/B 类开关量/模拟量从站。

4．远程控制通信与通信模块

通过使用 GPRS 通信处理器 CP 1242-7，S7-1200 CPU 可以与下列设备进行无线通信：中央控制站、其他远程站、移动设备（GSM 短消息）、编程设备（远程服务）和使用开放式用户通信（UDP）的其他通信设备。通过 GPRS 可以实现简单的远程监控。

5．IO-Link通信与通信模块

IO-Link 是 IEC 61131-9 中定义的用于传感器/执行器领域的点对点通信接口，使用非屏蔽的 3 线制标准电缆。IO-Link 主站模块 SM 1278 用于连接 S7-1200 CPU 和 IO-Link 设备，它有 4 个 IO-Link 接口，同时具有信号模块功能和通信模块功能。

2.4　S7-1200 PLC 的编程语言

STEP 7 为 S7-1200 提供 LAD（梯形图逻辑）、FBD（功能块图）、SCL（结构化控制语言）等标准编程语言。创建代码块时，应选择该块要使用的编程语言。用户程序可以使用由任意或所有编程语言创建的代码块。

1．PLC编程语言的国际标准

IEC 61131 是 IEC（国际电工委员会）制定的 PLC 标准，其中的第 3 部分 IEC 61131-3 是 PLC 的编程语言的标准。

STEP 7 为 S7-1200 提供以下标准编程语言：

❑ LAD（梯形图逻辑）是一种图形编程语言。它使用基于电路图的表示法。

❑ FBD（功能块图）是基于布尔代数中使用的图形逻辑符号的编程语言。

❑ SCL（结构化控制语言）是一种基于文本的高级编程语言。

创建代码块时，应选择该块要使用的编程语言。用户程序可以使用由任意或所有编程

语言创建的代码块。

2．梯形图

梯形图（LAD）是使用最多的图形编程语言。梯形图与继电器电路图很相似，具有直观易懂的优点，很容易被熟悉继电器控制的电气人员掌握，特别适合数字量逻辑控制。有时把梯形图称为电路或程序。

电路图的元件（如常闭触点、常开触点和线圈）相互连接构成程序段。要创建复杂运算逻辑，可插入分支以创建并行电路的逻辑。并行分支向下打开或直接连接到电源线。用户可向上终止分支。

LAD 向多种功能（如数学、定时器、计数器和移动）提供"功能框"指令。STEP 7 不限制 LAD 程序段中的指令（行和列）数。

说明：每个 LAD 程序段都必须使用线圈或功能框指令来终止。

创建 LAD 程序段时请注意以下规则：

❑ 不能创建可能导致反向能流的分支。

❑ 不能创建可能导致短路的分支。

3．函数块图（FBD）

与 LAD 一样，FBD 也是一种图形编程语言。逻辑表示法以布尔代数中使用的图形逻辑符号为基础。要创建复杂运算的逻辑，在功能框之间插入并行分支。算术功能和其他复杂功能可直接结合逻辑框表示。STEP 7 不限制 FBD 程序段中的指令（行和列）数。

4．SCL

结构化控制语言（Structured Control Language，SCL）是用于 SIMATIC S7 CPU 的基于 PASCAL 的高级编程语言。SCL 支持 STEP 7 的块结构。

5．编程语言的切换

用鼠标右键单击项目树中的"程序块"文件夹中的某个代码块，选中快捷菜单中的"切换编程语言"，LAD 和 FBD 语言可以互相切换。只能在"添加新块"对话框中选择 SCL 语言。

2.5 PLC 的工作原理与逻辑运算

S7-1200 PLC 操作系统与逻辑运算，CPU 的工作模式及工作模式的切换，冷启动与暖启动的作用，RUN 模式 CPU 的操作等，这些是了解 PLC 的工作原理与逻辑运算时必须掌握的知识重点。

2.5.1 PLC 的工作原理

下面从 5 个方面讲述 PLC 的工作原理。

1. 操作系统与用户程序

CPU 的操作系统用来实现与具体的控制任务无关的PLC 的基本功能。操作系统的任务包括处理暖启动，刷新过程映像输入/输出，调用用户程序，检测中断事件和调用中断组织块，检测和处理错误，管理存储器，以及处理通信任务等。

用户程序包含处理具体的自动化任务必需的所有功能。用户程序由用户编写并下载到PLC，用户程序的任务包括：

❑ 检查是否满足暖启动需要的条件，如限位开关是否在正确位置。

❑ 处理过程数据，如用数字量信号来控制数字量输出信号，读取和处理模拟量输入信号，输出模拟量控制信号。

❑ 用组织块（OB）中的程序对中断事件作出反应，如在诊断错误中断组织块 OB82中发出报警信号，以及编写处理错误的程序。

2. CPU的工作模式

CPU 有以下 3 种工作模式：STOP 模式、STARTUP 模式和 RUN 模式。CPU 前面的状态 LED 指示当前工作模式。

❑ 在 STOP 模式下，CPU 不执行程序。可以下载项目。

❑ 在 STARTUP 模式下，执行一次启动 OB（如果存在）。在启动模式下，CPU 不会处理中断事件。

❑ 在 RUN 模式，程序循环 OB 重复执行。可能发生中断事件，并在 RUN 模式中的任意点执行相应的中断事件 OB。可在 RUN 模式下下载项目的某些部分。

CPU 支持通过暖启动进入 RUN 模式。暖启动不包括储存器复位。执行暖启动时，CPU会初始化所有的非保持性系统和用户数据，并保留所有保持性用户数据值。存储器复位将清除所有工作存储器、保持性及非保持性存储区、将装载存储器复制到工作存储器并将输出设置为组态的"对 CPU STOP 的响应"（Reaction to CPU STOP）。存储器复位不会清除诊断缓冲区，也不会清除永久保存的 IP 地址值。

可组态 CPU 中"上电后启动"（Startup after POWER ON）设置如图 2-9 所示。该组态项出现在 CPU"设备组态"（Device Configuration）的"启动"（Startup）下。通电后，CPU将执行一系列上电诊断检查和系统初始化操作。在系统初始化过程中，CPU 将删除所有非保持性位（M）存储器，并将所有非保持性DB的内容复位为装载存储器的初始值。CPU 将保留保持性位（M）存储器和保持性 DB 的内容，然后进入相应的工作模式。检测到的某些错误会阻止 CPU 进入 RUN 模式。CPU 支持以下组态选项。

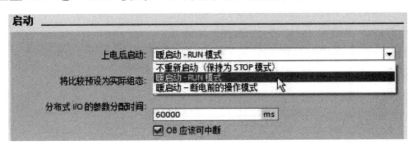

图 2-9　CPU 上电启动设置

- ❑ 不重新启动（保持为 STOP 模式）。
- ❑ 暖启动-RUN 模式。
- ❑ 暖启动-断电前的模式。

⚠注意：可修复故障可使 CPU 进入 STOP 模式。CPU 因可修复故障或临时故障可能会进入 STOP 模式，前者如可替换信号模块故障，后者如电力线干扰或不稳定上电事件。这种情况可导致财产损失。如果已将 CPU 组态为"暖启动-断电前的模式"（Warm restart - mode prior to POWER OFF），CPU 则进入在掉电或发生故障前的工作模式。如果在发生掉电或故障时，CPU 处于 STOP 模式，则 CPU 将在上电时进入 STOP 模式并保持 STOP 模式，直至收到进入 RUN 模式的命令。如果在发生掉电或故障时，CPU 处于 RUN 模式，则在未检测到可禁止 CPU 进入 RUN 模式的条件下，CPU 将在下次上电时进入 RUN 模式。

要使 CPU 在下一次循环上电时返回到 RUN 模式，可将欲独立于 STEP 7 连接而运行的 CPU 组态设置为"暖启动 - RUN"（Warm restart - RUN）。

- ❑ 在 STOP 模式下，CPU 处理所有通信请求（如果适用）并执行自诊断。CPU 不执行用户程序，过程映像也不会自动更新。
- ❑ 在 STARTUP 和 RUN 模式下，CPU 执行如图 2-10 所示的任务。

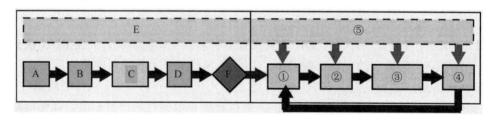

图 2-10　启动与运行过程示意图

1）STARTUP 模式

CPU 执行如图 2-10 左图所示的任务。

- ❑ 阶段 A：清除 I（映像）存储区。
- ❑ 阶段 B：根据组态情况将 Q 输出（映像）存储区初始化为零、上一值或替换值，并将 PB（PROFIBUS）、PN（PROFINET）和 AS-i（Actuator Sensor Interface）输出设为零。
- ❑ 阶段 C：将非保持性 M 存储器和数据块初始化为其初始值，并启用组态的循环中断事件和时钟事件。执行启动 OB。
- ❑ 阶段 D：将物理输入的状态复制到 I 存储器。
- ❑ 阶段 E：将所有中断事件存储到要在进入 RUN 模式后处理的队列中。
- ❑ 阶段 F：启用 Q，存储器到物理输出的写入操作。

2）RUN 模式

CPU 执行如图 2-10 右图所示的任务。

- ❑ 阶段①：将 Q 存储器写入物理输出。
- ❑ 阶段②：将物理输入的状态复制到 I 存储器。

❑ 阶段③：执行程序循环 OB。

❑ 阶段④：执行自检诊断。

❑ 阶段⑤：在扫描周期的任何阶段处理中断和通信。

3．工作模式的切换

可以使用编程软件在线工具中的 STOP 或 RUN 命令更改当前工作模式。也可在程序中包含 STP 指令，以使 CPU 切换到 STOP 模式。这样就可以根据程序逻辑停止程序的执行。

4．冷启动与暖启动

下载了用户程序的块和硬件组态后，再一次切换到 RUN 模式时，CPU 执行冷启动。冷启动时，复位输入，初始化输出；复位存储器，即清除工作存储器、非保持性存储区和保持性存储区，并将装载存储器的内容复制到工作存储器。存储器复位不会清除诊断缓冲区，也不会清除永久保存的 IP 地址。

冷启动之后，在下一次下载之前的 STOP 到 RUN 模式的切换均为暖启动。暖启动时，所有非保持的系统数据和用户数据被初始化，不会清除保持性存储区。

暖启动不对存储器复位，可以用在线与诊断视图的"CPU 操作面板"上的 MRES 按钮来复位存储器。

S7-1200 CPU 之间通过开放式用户通信进行数据交换只能在 RUN 模式下进行。

移除或插入中央模块将导致 CPU 进入 STOP 模式。

5．RUN模式CPU的操作

在 RUN 模式下，每个扫描周期，CPU 都会写入输出、读取输入、执行用户程序、更新通信模块以及响应用户中断事件和通信请求。在扫描期间会定期处理通信请求。以上操作（用户中断事件除外）按先后顺序定期进行处理。对于已启用的用户中断事件，将根据优先级按其发生顺序进行处理。对于中断事件，如果适用的话，CPU 将读取输入、执行 OB，然后使用关联的过程映像分区（PIP）写入输出。

1）写外设输出

在每个扫描周期的开始，从过程映像重新获取数字量及模拟量输出的当前值，然后将其写入到 CPU、SB 和 SM 模块上组态为自动输入/输出更新（默认组态）的物理输出。通过指令访问物理输出时，输出过程映像和物理输出本身都将被更新。

2）读外设输入

在该扫描周期中，将读取 CPU、SB 和 SM 模块上组态为自动输入/输出更新（默认组态）的数字量及模拟量输入的当前值，然后将这些值写入过程映像。通过指令访问物理输入时，指令将访问物理输入的值，但输入过程映像不会更新。

3）执行用户程序

读取输入后，系统将从第一条指令开始执行用户程序，一直执行到最后一条指令。其中包括所有的程序循环 OB 及其所有关联的 FC 和 FB。程序循环 OB 根据 OB 编号依次执行，OB 编号最小的先执行。

4）通信处理与自诊断

在扫描循环的通信处理和自诊断阶段，处理接收到的报文，在适当的时候将报文发送给通信的请求方。此外，还要周期性地检查固件、用户程序和输入/输出模块的状态。

5）中断处理

事件驱动的中断可以在扫描循环的任意阶段发生。在有事件出现时，CPU 中断扫描循环，通过调用组态给该事件的 OB。OB 处理完事件后，CPU 在中断点恢复用户程序的执行。中断功能可以提高 PLC 对事件的响应速度。

2.5.2　逻辑运算

在数字量（或称开关量）控制系统中，变量仅有两种相反的工作状态，如高电平和低电平、继电器线圈的通电或断电，可以分别用逻辑代数中的 1 和 0 表示这些状态。在波形图中，用高电平表示 1 状态，用低电平表示 0 状态。

使用数字电路或 PLC 的梯形图都可以实现数字量逻辑运算。用继电器或梯形图可以实现基本的逻辑运算，触点的串联可以实现"与"运算，触点的并联可以实现"或"运算，用常闭触点控制线圈可以实现"非"运算。多个触点的串、并联电路可以实现复杂的逻辑运算。如图 2-11 所示，其中的 I0.0-I0.4 为数字量输入变量，Q0.0-Q0.2 为数字量输出变量。

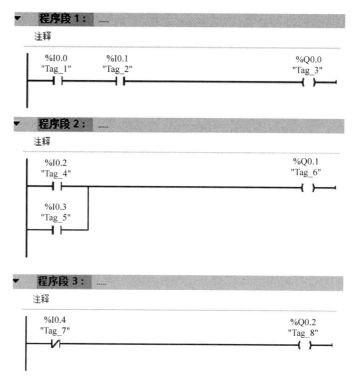

图 2-11　基本逻辑运算

如图 2-11 所示的基本逻辑运算之间的"或""与""非"逻辑运算关系如表 2-4 所示。表中的 0 和 1 分别表示输入点的常开触点的断开和接通、输出点线圈的断电与通电。

表 2-4　逻辑运算关系表

与			或			非	
Q0.0=I0.0.I0.1			Q0.1=I0.2+I0.3			$Q0.2=\overline{I0.4}$	
I0.0	I0.1	Q0.0	I0.2	I0.3	Q0.1	I0.4	Q0.2
0	0	0	0	0	0	0	1
0	1	0	0	1	1	1	0
1	0	0	1	0	1		
1	1	1	1	1	1		

　　PLC 采用基本逻辑运算可以实现电动机的连续运行和点动控制，PLC 的梯形图如图 2-12 所示。

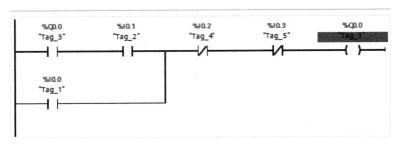

图 2-12　能实现连续运行与点动控制的 PLC 梯形图

　　如图 2-12 所示，I0.0 为启动按钮，I0.1 为连续/点动运行开关，I0.2 为停止按钮，I0.3 为热继电器常闭触点，Q0.0 为电动机运行控制。当需要点动时，断开连续运行开关，按下启动按钮，输出 Q0.0 为 1 状态，电动机运行，松开按钮，输出 Q0.0 为 0 状态，电动机停止运行；当需要连续运行时，闭合连续运行开关，按下启动按钮，Q0.0 为 1 状态，其常开触点闭合，实现自锁，电动机连续运行，直到按下停止按钮（I0.2）。当电动机过热时，为保护电动机断开输出 Q0.0，电动机停止运行。

2.6　数据类型与系统存储区

　　数据类型用于指定数据元素的大小以及如何解释数据。每个指令参数至少支持一种数据类型，而有些参数支持多种数据类型。PLC 在运行时需要处理各种各样的数据和功能。这些不同类型的数据被存放在不同的存储空间，从而形成不同的数据区，所以需要掌握 S7-1200 PLC 的存储器区域的编排方法。

2.6.1　CPU 的存储器

　　CPU 提供了 3 种用于存储用户程序、数据和组态的存储区。

　　（1）装载存储器：用于非易失性地存储用户程序、数据和组态。将项目下载到 CPU 后，CPU 会先将程序存储在装载存储区中。该存储区位于存储卡（如存在）或 CPU 中。CPU 能够在断电后继续保持该非易失性存储区。存储卡支持的存储空间比 CPU 内置的存储空间更大。

（2）工作存储器：是易失性存储器，用于在执行用户程序时存储用户项目的某些内容。CPU 会将一些项目内容从装载存储器复制到工作存储器中。该易失性存储区将在断电后丢失，而在恢复供电时由 CPU 恢复。

（3）保持性存储器：用于非易失性地存储限量的工作存储器值。在断电过程中，CPU 使用保持性存储区存储所选用户存储单元的值。如果发生断电或掉电，CPU 将在上电时恢复这些保持性值。

要显示编译程序块的存储器使用情况，请右键单击 STEP 7 项目树中"程序块"（Program blocks）文件夹中的块，然后从上下文菜单中选择"资源"（Resources）。"编译属性"（Compilation properties）显示了编译块的装载存储器和工作存储器。要显示在线 CPU 的存储器使用情况，请双击 STEP 7 中的"在线和诊断"（Online and Diagnostics），展开"诊断"（Diagnostics），然后选择"存储器"（Memory）。

CPU 仅支持预格式化的 SIMATIC 存储卡，将存储卡用作传送卡或程序卡。复制到存储卡中的任何程序均包括所有代码块和数据块、所有工艺对象和设备配置。复制的程序不包含强制值。强制值不是程序的一部分，但强制值可存储在装载存储器，即 CPU 的内部装载存储器或外部装载存储器（程序卡）中。如果在 CPU 中插入程序卡，则 STEP 7 仅会将强制值应用到程序卡上的外部装载存储器上。

2.6.2　数制与数据类型

下面讲述数据的数制分类和数据类型。

1．数制

1）二进制数

二进制数只能取 0 和 1 这两个不同的值，可以用来表示开关量的两个不同状态。如果该位为 1，则表示梯形图中对应的位编程元件（如位存储器 M 和过程映像输出位 Q）的线圈"通电"，其常开触点接通，常闭触点断开，以后称编程元件为 TRUE 或 1 状态。如果该位为 0，则对应的编程元件的线圈和触点的状态与上述状态相反，称编程元件为 FALSE 或 0 状态。

2）多位二进制整数

计算机和 PLC 用多位二进制数来表示数字。如表 2-5 所示为不同进制数的表示方法。

表 2-5　不同进制数的表示方法

十进制数	十六进制数	二进制数	BCD 码	十进制数	十六进制数	二进制数	BCD 码
0	0	00000	0000 0000	9	9	01001	0001 0001
1	1	00001	0000 0001	10	A	01010	0001 0000
2	2	00010	0000 0010	11	B	01011	0001 0001
3	3	00011	0000 0011	12	C	01100	0001 0010
4	4	00100	0000 0100	13	D	01101	0001 0011
5	5	00101	0000 0101	14	E	01110	0001 0100
6	6	00110	0000 0110	15	F	01111	0001 0101
7	7	00111	0000 0111	16	10	10000	0001 0110
8	8	01000	0000 1000	17	11	10001	0001 0111

3）十六进制数

多位二进制数的书写和阅读很不方便，可以用十六进制数来代替二进制数。每个二进制数对应于 4 位二进制数。在数字后面加 H 表示十六进制，PLC 常用在十六进制数前面加 16# 来表示十六进制数。

2. 数据类型

数据类型用于指定数据元素的大小以及如何解释数据。每个指令参数至少支持一种数据类型，而有些参数支持多种数据类型。将光标停在指令的参数域上方，便可看到给定参数所支持的数据类型。

如表 2-6 所示为基本数据类型的属性，其他数据类型将在后面介绍。

表 2-6　基本数据类型

数据类型	位大小	数 值 范 围	常量输入实例
Bool	1	0～1	TRUE, FALSE, 0,1
Byte	8	16#00～16#FF	16#12,16#AB
Word	16	16#0000～16#FFFF	16#ABCD,16#0001
DWord	32	16#00000000～16#FFFFFFFF	16#02468ACE
Char	8	16#00～16#FF	'A', 't', '@'
Sint	8	−128～127	123, −123
Int	16	−32,768～32,767	123, −123
Dint	32	−2,147,483,648～2,147,483,647	123, −123
USInt	8	0～255	123
UInt	16	0～65,535	123
UDInt	32	0～4,294,967,295	123
Real	32	+/−1.18×10−38～+/−3.40×1038	123.456、−3.4、−1.2E12、3.4E～3
LReal	64	+/−2.23×10−308～+/−1.79×10308	12345.123456789～1.2E40
Time	32	T#−24d_20h_31m_23s_648ms～T#24d_20h_31m_23s_647ms 存储形式：−2,147,483,648ms～+2,147,483,647 ms	T#5m_30s T#1d_2h_15m_30x_45ms
String	可变	0～254字节字符	'ABC'
DTL	12字节	最小：DTL#1970−01−01−00:00:00.0 最大：DTL#2554-12-31-23:59:59.999 999999	DTL#2008-12-16-20:30:20.250

3. 位

数字系统内的最小信息单位为"位"（对于"二进制数"）。一位只可以存储一种状态，即 0（假或非真）或 1（真）。灯开关是只有两种状态的"二进制"系统示例。灯开关决定是"点亮"还是"熄灭"状态，并且该"值"可存储为一位。灯开关的数字值回答了以下问题："灯是点亮的吗？"如果灯点亮（"真"），则该值为 1；如果灯熄灭（"假"），则该值为 0。

如图 2-13 所示，CPU 将数据位编成组。8 位为一组，称为一个字节（如图中②）。组中的每一位（如图中①）都通过具有自身地址的单独位置来精确定义。每位都具有一个字节地址以及 0～7 的位地址。

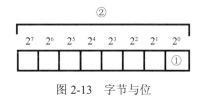

图 2-13 字节与位

4．Bool、Byte、Word和DWord数据类型

位和位序列的数据类型如表 2-7 所示。

表 2-7 位和位序列数据类型

数据类型	位大小	数值类型	数值范围	常数示例	地址示例
Bool	1	布尔运算	FALSE或TRUE	TRUE	I1.0
		二进制	2#0或2#1	2#0	Q0.1
		无符号整数	0或1	1	M50.7
		八进制	8#0或8#1	8#1	DB1.DBX2.3
		十六进制	16#0或16#1	16#1	Tag_name
Byte	8	二进制	2#0到2#1111_1111	2#1000_1001	IB2
		无符号整数	0～255	15	MB10
		有符号整数	−128～127	−63	DB1.DBB4
		八进制	8#0～8#377	8#17	Tag_name
		十六进制	B#16#0～B#16#FF，16#0～16#FF	B#16#F、16#F	
Word	16	二进制	2#0～2#1111_1111_1111_1111	2#1101_0010_1001_0110	MW10
		无符号整数	0～65535	61680	DB1.DBW2
		有符号整数	−32768～32767	72	Tag_name
		八进制	8#0～8#177_777	8#170_362	
		十六进制	W#16#0～W#16#FFFF、16#0～16#FFFF	W#16#F1C0、16#A67B	
DWord	32	二进制	2#0～2#1111_1111_1111_1111_1111_1111_1111_1111	2#1101_0100_1111_1110_1000_1100	MD10
		无符号整数*	0～4_294_967_295	15_793_935	DB1.DBD8
		有符号整数*	−2_147_483_648～2_147_483_647	−400000	Tag_name
		八进制	8#0～8#37_777_777_777	8#74_177_417	
		十六进制	DW#16#0000_0000～DW#16#FFFF_FFFF 16#0000_0000～16#FFFF_FFFF	DW#16#20_F30A、16#B_01F6	

5．整数

整数数据类型共有 6 种，即有符号短整数类型（SInt）、无符号短整数类型（USInt）、有符号整数类型（Int）、无符号整数类型（UInt）、有符号双整数类型（DInt）、无符号双整数类型（UDInt），如表 2-8 所示。

表 2-8　整型数据类型（U=无符号，S=短，D=双）

数据类型	位大小	数 值 范 围	常 数 示 例	地 址 示 例
USInt	8	0～255	78, 2#01001110	MB0、DB1.DBB4、
SInt	8	−128～127	+50,16#50	Tag_name
UInt	16	0～65,535	65295,0	MW2、DB1.DBW2、
Int	16	−32,768～32,767	30000,+30000	Tag_name
UDInt	32	0～4,294,967,295	4042322160	MD6、DB1.DBD8、
DInt	32	−2,147,483,648～2,147,483,647	−2131754992	Tag_name

6．浮点数

如 ANSI/IEEE 754-1985 标准所述，实（或浮点）数以 32 位单精度数（Real）或 64 位双精度数（LReal）表示。单精度浮点数的精度最高为 6 位有效数字，而双精度浮点数的精度最高为 15 位有效数字。在输入浮点常数时，最多可以指定 6 位（Real）或 15 位（LReal）有效数字来保持精度。

7．时间与日期

TIME 数据作为有符号双整数存储，被解释为毫秒。编辑器格式可以使用日期（d）、小时（h）、分钟（m）、秒（s）和毫秒（ms）信息。不需要指定全部时间单位。例如，T#5h10s 和 500h 均有效。所有指定单位值的组合值不能超过以毫秒表示的时间日期类型的上限或下限（−2,147,483,648 ms 到 +2,147,483,647 ms）。

DATE 数据作为无符号整数值存储，被解释为添加到基础日期 1990 年 1 月 1 日的天数，用以获取指定日期。编辑器格式必须指定年、月和日。

8．字符

每个字符（Char）占一个字节，Char 数据类型以 ASCII 格式存储。WChar（宽字符）占两个字节，可以存储汉字和中文的标点符号。字符常量用英文的单引号来表示，如'A'。

2.6.3　全局数据块与其他数据类型

1．生成全局数据块

在项目"新建项目"中，单击项目树 PLC 的"程序块"文件夹中的"添加新块"，在打开的对话框中（如图 2-14 所示）单击"数据块（DB）"图标，生成一个数据块，可以修改其名称或采用默认的名称，其类型为默认的"全局 DB"，生成数据块编号的方式为默认的"自动"。如果选中"手动"单选框，可以修改块的编号。

单击"确定"按钮后自动生成数据块。勾选"新增并打开"复选框，生成新的块后，将自动打开它。右键单击项目树中新生成的"数据块 1"，执行快捷菜单命令"属性"，选中打开的对话框左边列表中的"属性"（如图 2-15 所示），如果勾选右边的"优化的块访问"复选框，只能用符号地址访问生成的块中变量，不能使用绝对地址。这种访问方式可以提高存储器的利用率。

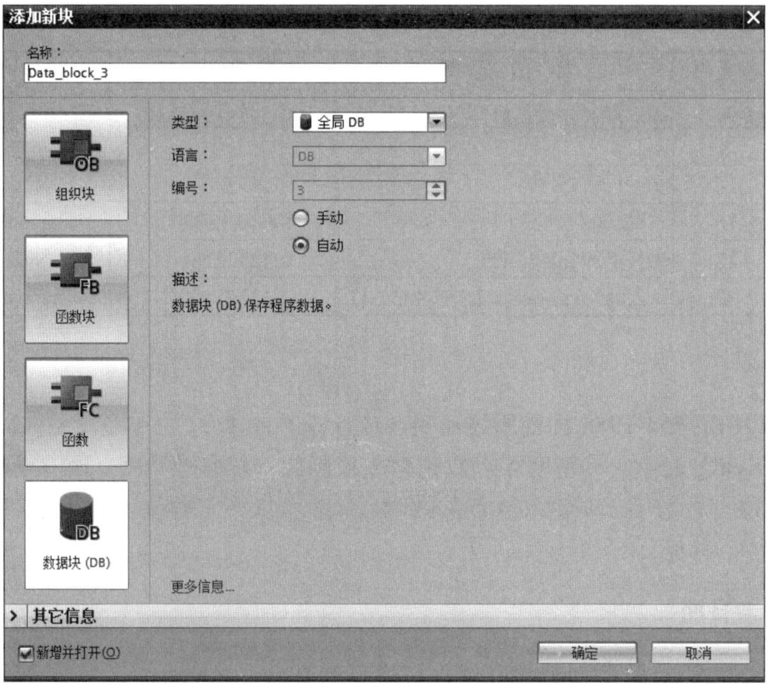

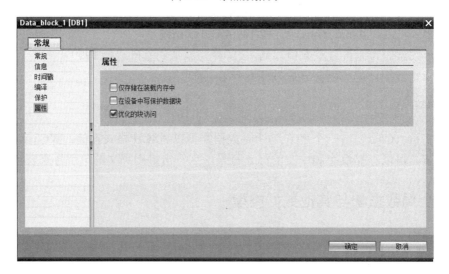

图 2-14　添加数据块

图 2-15　设置数据块的属性

只有在未勾选复选框"优化的块访问"时，才能使用绝对地址访问数据块中的变量，数据块才会显示"偏移量"列中的偏移量。

2. 字符串

数据类型 String（字符串）是字符组成的一维数组，每个字节存放 1 个字符。第一个字节是字符串的最大字符长度，第二个字是当前有效字符的个数，字符从第三个字节开始存放。一个字符串最多 254 个字符。

数据类型 WSting（宽字符串）存储多个数据类型为 WChar 的 Unicode 字符（长度为

16 位的宽字符，包括汉字）。第一个字是最大字符个数，默认的长度为 254 个宽字符，最多 16382 个 WChar 字符，第二个字是当前的总字符个数。

可以在代码块的接口区和全局数据块中创建字符串、数组和结构。

在“数据块 1”的第二行的“名称”列（如图 2-16 所示）输入字符串的名称“电动机运行状态”，单击“数据类型”列中的▤按钮，选中下拉列表中的数据类型String，其启动值（初始字符）为“运行”。

Data_block_1

	名称	数据类型	启动值	保持性	可从 HMI ...	在 HMI ...	设置值
1	▼ Static			☐	☐	☐	☐
2	电动机运行状态	String	'运行'	☐	☑	☑	☐
3	▶ 水池液位	Array[0..5] of Int		☐	☑	☑	☐
4	▼ 电动机	Struct		☐	☑	☑	☐
5	▶ 电流	Array[1..2, 1..3] of ...		☐	☑	☑	☐
6	转速	Int	0	☐	☑	☑	☐
7	过流	Bool	false	☐	☑	☑	☐
8	<新增>			☐	☐	☐	☐
9	<新增>			☐	☐	☐	☐

图 2-16　生成数据块中的变量

3．数组

数组（Array）是由固定数目的同一种数据类型元素组成的数据结构，允许使用除了 Array 之外的所有数据类型作为数组的元素，数组的维数最多为 6 维。如图 2-17 所示为一个名为“电流”的二维数组 Array（1..2,1..3）of Byte 的内部结构，它共有 6 个字节型元素。

▼ 电流	Array[1..2, 1..3]...		☐	☑	☑	☐
电流[1,1]	Byte	16#0	☐	☑	☑	☐
电流[1,2]	Byte	16#0	☐	☑	☑	☐
电流[1,3]	Byte	16#0	☐	☑	☑	☐
电流[2,1]	Byte	16#0	☐	☑	☑	☐
电流[2,2]	Byte	16#0	☐	☑	☑	☐
电流[2,3]	Byte	16#0	☐	☑	☑	☐

图 2-17　二维数组的结构

第一维的下标 1、2 是电动机的编号，第二维的下标 1-3 是三相电流的序号。数组元素“电流（1,2）”是一号电动机的第 B 相电流。

在数据块的第二行的“名称”列输入数组的名称“水池液位”，单击数据类型列中的按钮，选中下拉列表中的数据类型 Array[lo..hi}of type。其中的 lo（low）和 hi（high）分别是数组元素的编号（下标）的下限值和上限值，它们用两个小数点隔开，可以是任意整数（–32768～32767），下限值应小于等于上限值。方括号中各维的参数用逗号隔开，type 是数组元素的数据类型。

将 Array[lo..hi}of type 修改为 Array[0..5}of lnt，其元素的数据类型为 lnt，元素的下标为 0～5。

在用户程序中可以用符号地址“数据块 1”、水池液位{2}或绝对地址 DBI.DBW36 访问数组“水池液位”中下标为 2 的元素。

单击“水池液位”左侧的▶按钮，它变为▼，将会显示数组的各个元素，可以监控它们的启动值和监控值。单击"功率"左侧的 ▼ 按钮，它变为 ▶，数组的元素被隐藏起来。

4．结构

可以用数据类型 Struct 来定义包含其他数据类型的数据结构。Struct 数据类型可用来以单个数据单元方式处理一组相关过程数据。在数据块编辑器或块接口编辑器中命名 Struct 数据类型并声明内部数据结构。数组和结构还可以集中到更大的结构中。一套结构可嵌套 8 层。例如，可以创建包含数组的多个结构组成的结构。

5．Pointer指针

数据类型 Pointer 指向特殊变量，其结构如图 2-18 所示。它会在存储器中占用 6 个字节（48 位），可能包含以下信息：

❑ DB 编号或 0（如果该数据未存储在 DB 中）。

❑ CPU 中的存储区。

❑ 变量地址。

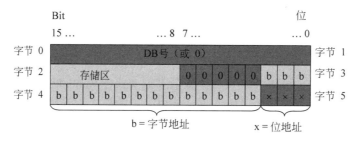

图 2-18　Pointer 指针的结构

可以使用指令声明 3 种类型的指针。

❑ 区域内部的指针：包含变量的地址数据。

❑ 跨区域指针：包含存储区中数据以及变量地址数据。

❑ DB 指针：包含数据块编号以及变量地址。

可以输入没有前缀（P#）的 Pointer 类型的参数，将自动转换为指针格式。存储区的编码如表 2-9 所示。

表 2-9　Pointer指针中存储区编码

十六进制代码	存　储　区	说　　明
b#16#81	I	输入存储区
b#16#82	Q	输出存储区
b#16#83	M	标记存储区
b#16#84	DBX	数据块
b#16#85	DIX	背景数据块
b#16#86	L	本地数据
b#16#87	V	上一本地数据

6．ANY指针

指针数据类型 ANY 指向数据区的起始位置，并指定其长度。其结构如图 2-19 所示，如表 2-10 所示为具体格式和实例。ANY 指针的数据类型编码如表 2-11 所示，存储区编码如表 2-12 所示。ANY 指针使用存储器中的 10 个字节，可能包含下面所列的信息。

- 数据类型：数据元素的数据类型。
- 重复因子：数据元素数目。
- DB 号：存储数据元素的数据块。
- 存储区：CPU 中存储数据元素的存储区。
- 起始地址：数据的 Byte.Bit 起始地址。

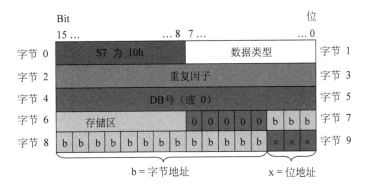

图 2-19　ANY 指针的结构

指针无法检测 ANY 指针的结构，只能将其分配给局部变量。

表 2-10　ANY指针的格式和示例

格　式	条 目 示 例	说　明
P#Data_block.Memory_area Data_address类型号	P#DB11.DBX20.0 INT 10	全局DB11中从DBB20.0开始的10个字
P#Memory_area Data_address类型号	P#M 20.0 BYTE 10	从MB20.0开始的10个字节
	P#I 1.0 BOOL 1	输入I1.0

表 2-11　ANY指针中的数据类型编码

十六进制代码	数 据 类 型	说　明
b#16#00	Null Null	指针
b#16#01	Bool	位
b#16#02	Byte	字节，8位
b#16#03	Char	8位字符
b#16#04	Word	16位字
b#16#05	Int	16位整数
b#16#37	SInt	8位整数
b#16#35	UInt	16位无符号整数
b#16#34	USInt	8位无符号整数
b#16#06	DWord	32位双字
b#16#07	DInt	32位双整数
b#16#36	UDInt	32位无符号双整数
b#16#08	Real	32位浮点数
b#16#0B	Time	Time
b#16#13	String	字符串

表 2-12　ANY 指针中的存储区编码

十六进制代码	存　储　区	说　　明
b#16#81	I	输入存储区
b#16#82	Q	输出存储区
b#16#83	M	标记存储区
b#16#84	DBX	数据块
b#16#85	DIX	背景数据块
b#16#86	L	本地数据
b#16#87	V	上一本地数据

7. Variant 指针

Variant 数据类型可以指向不同数据类型的变量或参数。Variant 指针可以指向结构和单独的结构元素。Variant 指针不会占用存储器的任何空间，其属性如表 2-13 所示。

表 2-13　Variant 指针的属性

长度（字节）	表示方式	格　　式	示　例　输　入
0	符号	操作数	MyTag
		DB_name.Struct_name.element_name	MyDB.Struct1.pressure1
	绝对	操作数	%MW10
		DB_number.Operand Type Length	P#DB10.DBX10.0 INT12

8. PLC 数据类型

PLC 数据类型可用来定义可以在程序中多次使用的数据结构。可以通过打开项目树的"PLC 数据类型"分支并双击"添加新数据类型"项来创建 PLC 数据类型。在新创建的 PLC 数据类型项上，两次单击可重新命名（修改默认名称），双击则会打开 PLC 数据类型编辑器。可使用与数据块编辑器中相同的编辑方法创建自定义 PLC 数据类型结构。为任何必要的数据类型添加新的行，以创建所需数据结构。

如果创建新的 PLC 数据类型，则该新 PLC 类型名称将出现在 DB 编辑器和代码块接口编辑器的数据类型选择器下拉列表中。下面列举 PLC 数据类型的可能应用。

❏ 可将 PLC 数据类型直接用作代码块接口或数据块中的数据类型。

❏ PLC 数据类型可用作模板，以创建多个使用相同数据结构的全局数据块。

例如，PLC 数据类型可能是混合颜色的配方。用户可以将该 PLC 数据类型分配给多个数据块。之后，每个数据块都会调节变量，以创建特定颜色。

9. 使用符号方式访问非结构数据类型变量的"片段"

可以根据大小，按位、字节或字级别访问 PLC 变量和数据块变量。访问此类数据片段的语法如下所示。

❏ "<PLC 变量名称>".xn（按位访问）

❏ "<PLC 变量名称>".bn（按字节访问）

❏ "<PLC 变量名称>".wn（按字访问）

❑　"<数据块名称>".<变量名称>.xn（按位访问）

❑　"<数据块名称>".<变量名称>.bn（按字节访问）

❑　"<数据块名称>".<变量名称>.wn（按字访问）

双字大小的变量可按位 0~31、字节 0~3 或字 0~1 访问。一个字大小的变量可按位 0~15、字节 0~1 或字 0 访问。字节大小的变量则可按位 0~7 或字节 0 访问。当预期操作数为位、字节或字时，可使用位、字节和字片段访问方式。双字节中的位、字节和字的结构如图 2-20 所示。

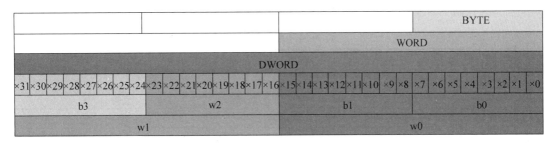

图 2-20　双字节中的位、字节和字

10．访问带有一个AT覆盖的变量

借助 AT 变量覆盖，可通过一个不同数据类型的覆盖声明访问标准访问块中已声明的变量。例如，可以通过 Array of Bool 寻址数据类型为 Byte、Word 或 DWord 变量的各个位。

要覆盖一个参数，可以在待覆盖的参数后直接声明一个附加参数，然后选择数据类型 AT。编辑器随即创建该覆盖，然后选择将用于该覆盖的数据类型、结构或数组。如图 2-21 所示，显示一个标准访问 FB 的输入参数。字节变量 B1 将由一个布尔型数组覆盖。

		B1		Byte	0.0
	▼	OV	AT"B1"	Array[0..7] of Bool	0.0
	■	OV[0]		Bool	0.0
	■	OV[1]		Bool	0.1
	■	OV[2]		Bool	0.2
	■	OV[3]		Bool	0.3
	■	OV[4]		Bool	0.4
	■	OV[5]		Bool	0.5
	■	OV[6]		Bool	0.6
	■	OV[7]		Bool	0.7

图 2-21　字节变量 B1 将由一个布尔型数组覆盖

❑　只能覆盖可标准（未优化）访问的 FB 和 FC 块中的变量。

❑　可以覆盖所有类型和所有声明部分的变量。

❑　可以像使用其他块参数一样使用覆盖后的参数。

❑　不能覆盖 VARIANT 类型的参数。

❑ 覆盖参数的大小必须小于等于被覆盖的参数。

❑ 必须在覆盖变量并选择关键字 AT 作为初始数据类型后立即声明覆盖变量。

2.6.4 系统存储区

STEP 7 简化了符号编程。用户为数据地址创建符号名称或"变量"，作为与存储器地址和输入/输出点相关的 PLC 变量或在代码块中使用的局部变量。要在用户程序中使用这些变量，只需输入指令参数的变量名称，系统的存储区如表 2-14 所示。

表 2-14　系统存储区

存　储　区	说　　明	强制	保　持　性
I 过程映像输入	在扫描周期开始时从物理输入复制	无	无
I_:P1（物理输入）	立即读取 CPU、SB 和 SM 上的物理输入点	支持	无
Q 过程映像输出	在扫描周期开始时复制到物理输出	无	无
Q_:P1（物理输出）	立即写入 CPU、SB 和 SM 上的物理输出点	支持	无
M 位存储器	控制和数据存储器	无	支持（可选）
L 临时存储器	存储块的临时数据，这些数据仅在该块的本地范围内有效	无	无
DB 数据块	数据存储器，同时也是 FB 的参数存储器	无	是（可选）

为了更好地理解 CPU 的存储区结构及其寻址方式，将对 PLC 变量所引用的"绝对"寻址进行说明。CPU 提供了以下几个选项，用于在执行用户程序期间存储数据。

（1）全局储存器：CPU 提供了各种专用存储区，其中包括输入（I）、输出（Q）和位存储器（M）。所有代码块可以无限制地访问该储存器。

（2）PLC 变量表：在 STEP 7 PLC 变量表中，可以输入特定存储单元的符号名称。这些变量在 STEP 7 程序中为全局变量，并允许用户使用应用程序中有具体含义的名称进行命名。

（3）数据块（DB）：可在用户程序中加入 DB 以存储代码块的数据。从相关代码块开始执行一直到结束，存储的数据始终存在。"全局"DB 存储所有代码块均可使用的数据，而背景 DB 存储特定 FB 的数据，并且由 FB 的参数进行构造。

（4）临时存储器：只要调用代码块，CPU 的操作系统就会分配要在执行块期间使用的临时或本地存储器（L）。代码块执行完成后，CPU 将重新分配本地存储器，以用于执行其他代码块。

每个存储单元都有唯一的地址。用户程序利用这些地址访问存储单元中的信息。对输入（I）或输出（Q）存储区（如 I0.3 或 Q1.7）的引用会访问过程映像。要立即访问物理输入或输出，请在引用后面添加:P（如 I0.3:P、Q1.7:P 或"Stop:P"）。

绝对地址由以下元素组成：

❑ 存储区标识符（如 I、Q 或 M）。

❑ 要访问的数据的大小（B 表示 Byte、W 表示 Word 或 D 表示 DWord）。

❑ 数据的起始地址（如字节 3 或字 3）。

访问布尔值地址中的位时，不需要输入大小的助记符号，仅需输入数据的存储区、字节位置和位位置（如 I0.0、Q0.1 或 M3.4）。

图 2-22 中，存储区和字节地址（M 代表位存储区，3 代表 Byte3）通过后面的句点（"."）与位地址（位 4）分隔。

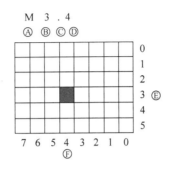

图 2-22　位寻址图

1. 过程映像输入/输出

CPU 仅在每个扫描周期的循环 OB 执行之前对外围（物理）输入点进行采样，并将这些值写入到输入过程映像。可以按位、字节、字或双字访问输入过程映像。允许对过程映像输入进行读写访问，但过程映像输入通常为只读。

通过在地址后面添加:P，可以立即读取 CPU、SB、SM 或分布式模块的数字量和模拟量输入。使用 I_:P 访问与使用 I 访问的区别是，前者直接从被访问点而非输入过程映像获得数据。这种 I_:P 访问称为"立即读"访问，因为数据是直接从源而非副本获取的，这里的副本是指在上次更新输入过程映像时建立的副本。因为物理输入点直接从与其连接的现场设备接收值，所以不允许对这些点进行写访问。与可读或可写的 I 访问不同的是，I_:P 访问为只读访问。I_:P 访问也仅限于单个 CPU、SB 或 SM 所支持的输入大小（向上取整到最接近的字节）。例如，如果 2 DI/2 DQ SB 的输入被组态为从 I4.0 开始，则可按 I4.0:P 和 I4.1:P 形式或者按 IB4:P 形式访问输入点。不会拒绝 I4.2:P 到 I4.7:P 的访问形式，但没有任何意义，因为这些点未使用。但不允许 IW4:P 和 ID4:P 的访问形式，因为它们超出了与该 SB 相关的字节偏移量。使用 I_:P 访问不会影响存储在输入过程映像中的相应值。

CPU 将存储在输出过程映像中的值复制到物理输出点。可以按位、字节、字或双字访问输出过程映像。过程映像输出允许读访问和写访问。

通过在地址后面添加":P"，可以立即写入 CPU、SB、SM 或分布式模块的物理数字量和模拟量输出。使用 Q_:P 访问与使用 Q 访问的区别是，前者除了将数据写入输出过程映像外还直接将数据写入被访问点（写入两个位置）。这种 Q_:P 访问有时称为"立即写"访问，因为数据是被直接发送到目标点；而目标点不必等待输出过程映像的下一次更新。因为物理输出点直接控制与其连接的现场设备，所以不允许对这些点进行读访问。与可读或可写的 Q 访问不同的是，Q_:P 访问为只写访问。Q_:P 访问也仅限于单个 CPU、SB 或 SM。

所支持的输出大小（向上取整到最接近的字节）。例如，如果 2 DI/2 DQ SB 的输出被组态为从 Q4.0 开始，则可按 Q4.0:P 和 Q4.1:P 形式或者按 QB4:P 形式访问输出点。不会拒绝 Q4.2:P 到 Q4.7:P 的访问形式，但没有任何意义，因为这些点未使用。但不允许 QW4:P 和 QD4:P 的访问形式，因为它们超出了与该 SB 相关的字节偏移量。

使用 Q_:P 访问既影响物理输出，也影响存储在输出过程映像中的相应值。

2．位存储器区

针对控制继电器及数据的位存储区（M 存储器）用于存储操作的中间状态或其他控制信息。可以按位、字节、字或双字访问位存储区。M 存储器允许读访问和写访问。

3．数据块

数据块（Data Block）简称 DB，用来存储代码块使用的各种类型的数据，包括中间操作状态或 FB 的其他控制信息参数，以及某些指令（如定时器、计数器指令）需要的数据结构。

数据块可以按位（如 DB1.DBX3.5）、字节（如 DBB）、字（如 DBW）、双字（如 DBD）来访问。在访问数据块中的数据时，应指明数据块的名称，如 DB1.DBW20。

如果启用了块属性"优化的块访问"，不能用绝对地址访问数据块和代码块的接口区中的临时局部数据。

4．临时存储器

CPU 根据需要分配临时存储器。启动代码块（对于 OB）或调用代码块（对于 FC 或 FB）时，CPU 将为代码块分配临时存储器并将存储单元初始化为 0。

临时存储器与 M 存储器类似，但有一个主要的区别：M 存储器在"全局"范围内有效，而临时存储器在"局部"范围内有效。

（1）M 存储器：任何 OB、FC 或 FB 都可以访问 M 存储器中的数据，也就是说这些数据可以全局性地用于用户程序中的所有元素。

（2）临时存储器：CPU 限定只有创建或声明了临时存储单元的 OB、FC 或 FB 才可以访问临时存储器中的数据。临时存储单元是局部有效的，并且其他代码块不会共享临时存储器，即使在代码块调用其他代码块时也是如此。例如，当 OB 调用 FC 时，FC 无法访问对其进行调用的 OB 的临时存储器。

2.7　习　　题

1）PLC 有什么特点？

2）PLC 与继电接触式控制系统相比有哪些异同？

3）PLC 有哪些性能指标？

4）CPU 1214C 最多可以扩展多少个信号模块？多少个通信模块。信号模块、通信模块都安装在 CPU 的哪侧？

　　5）S7-1200 的硬件主要由哪些部件组成？

　　6）信号模块是哪些模块的总称？

　　7）S7-1200 有哪些数据类型？

　　8）S7-1200 可以使用哪些编程语言？

　　9）数组元素的下标的下限值和上限值分别为 0 和 10，数组元素的数据类型为 Word，试写出其数据类型表达式。

第 3 章 TIA 博途软件的使用

西门子公司的 TIA（Totally Integrated Automation）博途软件是业内首个全集成自动化概念下的自动化软件。西门子新型 PLC 的不断推出以及博途软件的问世标志着全集成自动化概念的成熟，代表了自动化技术的发展方向。TIA 博途软件可以将所有西门子 SIMATIC S7 产品统一集成起来，进行相应的配置、编程和调试。它使得各个设备的组态、配置和编程工作高度集成，使得各部分的数据集成并统一管理，使得所有部件间的通信集成配置和管理。

3.1 TIA 博途软件基本操作

TIA 博途软件可对西门子全集成自动化中涉及的所有自动化和驱动产品进行组态、编程和调试，如用于 SIMATIC 控制器的新型 SIMATIC STEP7 V11 自动化软件以及用于 SIMATIC 人机界面和过程可视化应用的 SIMATIC WinCCV11。作为西门子所有软件工程组态包的一个集成组件，TIA 博途平台在所有组态界面间提供高级共享服务，向用户提供统一的导航并确保系统操作的一致性。例如，自动化系统中的所有设备和网络可在一个共享编辑器内进行组态。在此共享软件平台中，项目导航、库概念、数据管理、项目存储、诊断和在线功能等作为标准配置提供给用户。统一的软件开发环境由可编程控制器、人机界面和驱动装置组成，有利于提高整个自动化项目的效率。此外，TIA 博途在控制参数、程序块、变量、消息等数据管理方面，所有数据只需输入一次，大大减少了自动化项目的软件工程组态时间，降低了成本。TIA 博途的设计基于面向对象和集中数据管理，避免了数据输入错误，实现了无缝的数据一致性。使用项目范围的交叉索引系统可在整个自动化项目内轻松查找数据和程序块，极大地缩短了软件项目的故障诊断和调试时间。

TIA 博途软件采用新型、统一软件框架，可在同一开发环境中组态西门子的所有可编程控制器、人机界面和驱动装置。在控制器、驱动装置和人机界面之间建立通信时的共享任务，可大大降低连接和组态成本。例如，用户可方便地将变量从可编程控制器拖放到人机界面设备的画面中，然后在人机界面内即时分配变量，并在后台自动建立控制器与人机界面的连接，无须手动组态。

STEP 7 是 TIA Portal 中的编程和组态软件。STEP 7 软件提供了一个用户友好的环境，供用户开发、编辑和监视控制应用所需的逻辑，其中包括用于管理和组态项目中所有设备（如控制器和 HMI 等设备）的工具。为了帮助用户查找需要的信息，STEP 7 提供了内容丰富的在线帮助系统。

S7-1200 用 TIA 博途中的 STEP 7 Basic（基本版）或 STEP 7 Professional（专业版）编程。

STEP 7 提供了标准编程语言，用于方便高效地开发适合用户具体应用的控制程序。

❑ LAD（梯形图逻辑）：是一种图形编程语言。它使用基于电路图的表示法。

❑ FBD（函数块图）：是基于布尔代数中使用的图形逻辑符号的编程语言。

❑ SCL（结构化控制语言）：是一种基于文本的高级编程语言。

创建代码块时，应选择该块要使用的编程语言。用户程序可以使用由任意或所有编程语言创建的代码块。

为帮助用户提高效率，STEP 7 博途软件提供了两种不同的项目视图：一是根据工具功能组织的面向任务的视图（Portal 视图），二是项目中各元素组成的面向项目的视图（项目视图）。请选择能让工作最高效的视图。只需通过单击就可以切换博途视图和项目视图。

3.1.1　TIA 博途软件常用操作

下面讲述 TIA 博途软件的一些常用操作。

1．项目的操作

1）软件视图

在 TIA 博途软件安装完毕后，双击图标，打开 TIA 博途软件，进入 Portal 视图，如图 3-1 所示。

图 3-1　Portal 视图

在软件界面的左下角有"项目视图"按钮，单击该按钮，进入项目视图，如图 3-2 所示。

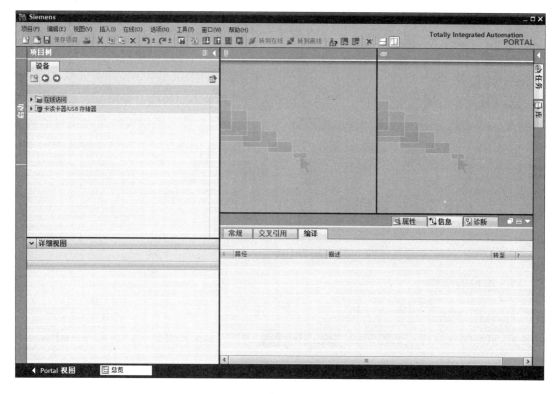

图 3-2　项目视图

在项目视图中，单击左下角的"Portal 视图"按钮，可以切换回Portal 视图。这两个视图都可以完成很多功能，但通常的操作都是在项目视图中完成的。

2）项目操作

在项目视图中，不仅可以完成项目的创建、打开、关闭、移植、归档、恢复等操作，还有帮助系统、撤销功能以及软件的升级功能。

在项目视图中，单击工具栏中的"新建项目"命令按钮，弹出"创建新项目"对话框，如图 3-3 所示，在其中填写项目名称、路径、作者和注释，然后单击"创建"按钮即可完成项目的创建。

同样在项目视图中，单击工具栏中的"打开项目"命令按钮，弹出"打开项目"对话框，如图 3-4 所示。在这个对话框中，会列出最近打开过的项目。选中要打开的项目，单击"打开"按钮即可打开。如果要删除项目，选中后单击"移除"按钮即可。单击"浏览"按钮可以查看其他目录下的项目。

在项目视图中执行"项目 ▶ 关闭"命令，可以关闭当前打开的项目，如图 3-5 所示。

项目的移植是指将经典 STEP 7 的项目自动转换为 TIA 博途软件中的项目。在项目视图中执行"项目 ▶ 移植项目"命令，如图 3-6 所示，弹出"项目移植"对话框，如图 3-7 所示。

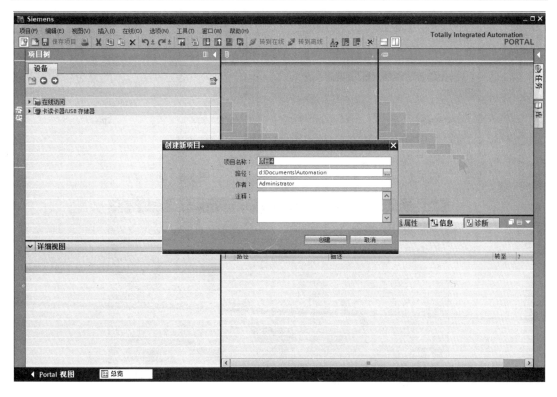

图 3-3　新建项目

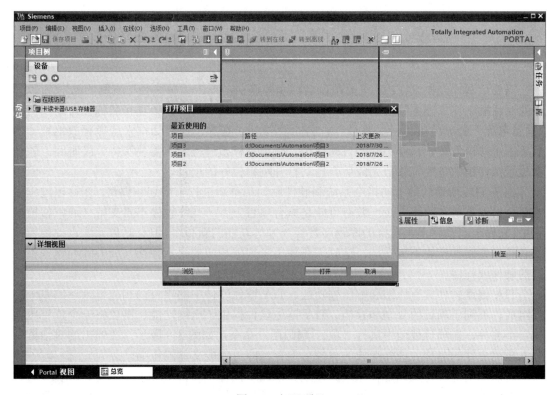

图 3-4　打开项目

图 3-5　关闭项目

图 3-6　项目移植

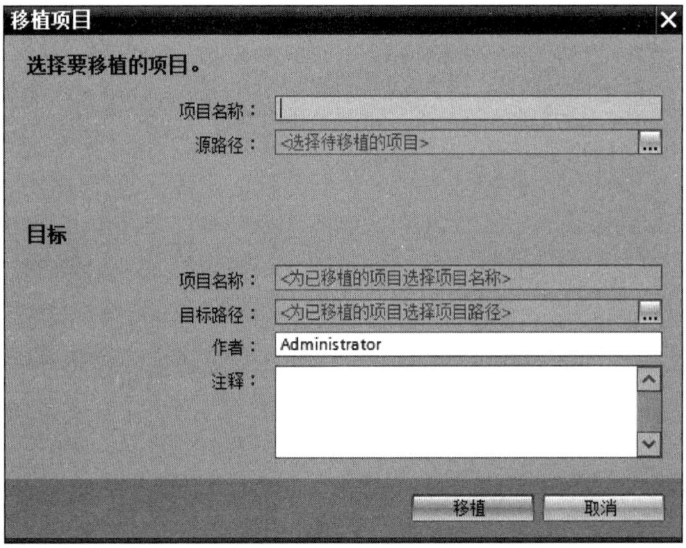

图 3-7　"移植项目"对话框

　　需要填写原经典 STEP 7 下的项目名称和源路径，单击"源路径"右侧的 ... 按钮，弹出的对话框中显示准备移植的原始项目，选择欲移植的项目后，该项目名称会自动填写在"项目名称"处。单击"目标路径"右侧的 ... 按钮，在弹出的对话框中选择存放地址，然后单击"移植"按钮，程序开始自动移植。在项目移植过程中，需要等待一段时间，软件会显示出移植的进度。移植完成后会自动打开刚移植好的项目。

　　由于 TIA 博途软件下的指令系统和硬件驱动都重新进行了规划和调整，在移植过程中难免会出现不兼容的地方。一般有可能是原有项目下有一些库程序不再支持（通常移植过程中，软件会自动将不再支持的库程序替换为同等功能的新指令，但有时也无法自动替换），或者有一些硬件模块不再支持，这时需要使用者根据相应的提示替换（或去除）这些不支持的硬件或程序。

　　TIA 博途软件具有压缩和解压缩功能。TIA 博途软件中的项目由相应目录下的多个文件组成，不利于项目的复制和存档。TIA 博途软件提供了压缩功能，可以将一个项目压缩为一个文件。在项目视图中执行"项目 ▶ 归档"命令，如图 3-8 所示，在弹出的对话框中输入压缩文件的名称并选择存放的路径后保存，即可完成文件的压缩。

　　解压缩的过程与压缩过程相反。在项目视图中执行"项目 ▶ 恢复"命令，如图 3-9 所示，在弹出的对话框中选择一个已经压缩好的项目文件，单击"打开"按钮后，即可完成文件的解压缩。

图 3-8　项目的归档　　　　　　　　　　　　图 3-9　项目的恢复

这种解压缩的功能除了便于项目的复制和存档以外，还起到了项目重组的作用。这是一个更为实用的功能。项目中的错误和一些与当前软件安装包不匹配的信息会通过这种方式得到清楚的提示。

2．系统帮助和软件升级

在 TIA 博途软件中，对按钮、选项、指令、控件、配置参数等元素都可以自由方便地调出帮助信息。

当需要调出帮助信息时，将光标悬停在相应的元素上，软件会弹出简要信息，该信息会用一句话解释该元素的功能。如果光标继续静止或者单击这句简要信息，会有更加详细的解释。在这个解释中，单击其中的超链接，软件将打开帮助系统窗口，给予完整的解释。用户也可以在"帮助"菜单中，选择需要的帮助信息，如图 3-10 所示。

在 TIA 博途软件运行后，任务栏右侧常驻图标中可以找到 TIA 博途软件的自动更新程序，或者执行"帮助 > 已安装的产品"命令，在弹出的对话框中单击"检查更新"按钮，如图 3-11 所示。

图 3-10　帮助系统　　　　　　　　　　　　图 3-11　软件更新

3.1.2 TIA 博途软件的窗口

博途软件的项目视图提供访问项目中任意组件的途径。有菜单、工具栏、项目树、工作区、任务卡、巡视窗口、切换到门户视图、编辑器栏等。

这些组件在一个视图中，用户可以方便地访问项目的各个方面，例如，巡视窗口显示了用户在工作区中所选对象的属性和信息。当用户选择不同的对象时，巡视窗口会显示用户可组态的属性。巡视窗口包含用户查看诊断信息和其他消息的选项卡。

编辑器栏会显示所有打开的编辑器，从而帮助用户更快速和高效地工作。要在打开的编辑器之间进行切换，只需单击不同的编辑器。

1．窗口界面

在项目视图中，打开一个测试项目，并且打开主程序块 OB1，打开后的界面如图 3-12 所示。

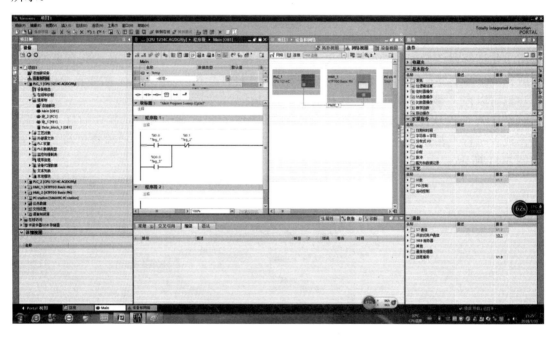

图 3-12　Portal 软件的界面

在项目视图中，最上方是标题栏和菜单栏。在软件界面的左侧是项目树，如图 3-13 所示。项目树分为上下两部分，上方显示设备，下方显示细节。项目中所有需要编辑、组态的东西和已经编辑组态的东西都可在项目导航栏中找到。当需要对某一项进行进行编辑时，如要编辑硬件组态，直接在项目导航栏中找到相应的项"设备组态"或者直接在导航栏里选择"添加新设备"。软件将自动在工作区打开相应的编辑窗口。当在项目导航栏中选择的某个选项（如 DB 块）可以显示细节时，将会在下面的详细视图中显示其中的细节。

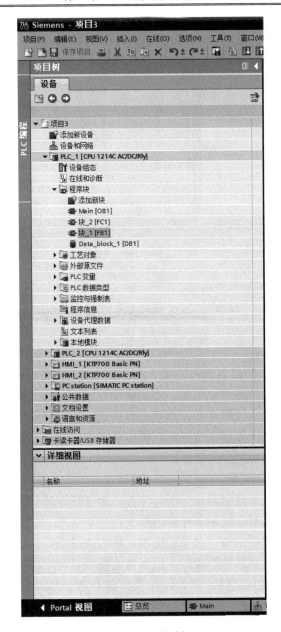

图 3-13　项目树

项目树是以树状逻辑的编排方式展示所有当前项目中的资源，在编辑项目时起到资源管理和导航的作用。当需要编辑和创建任何本项目下的资源时，都需要从项目树中开启编辑窗口；当需要查找本项目的资源时，也需要从项目树中查找。

如图 3-14 所示中间显示梯形图的地方为工作区，用于打开编辑窗口。软件允许在工作区打开多个编辑窗口。状态栏显示已经打开的编辑窗口，可以在工作区切换显示相应的窗口。

如图 3-14 所示，下方为巡视窗口。在巡视窗口中包括"属性""信息""诊断"3 个选项卡。在项目编辑过程中，选中任何一个元件时，都可以在巡视窗口中查看和修改这个元件的属性。同时，在不同的选项卡中还显示交叉检索、编译信息和语法检查信息等。

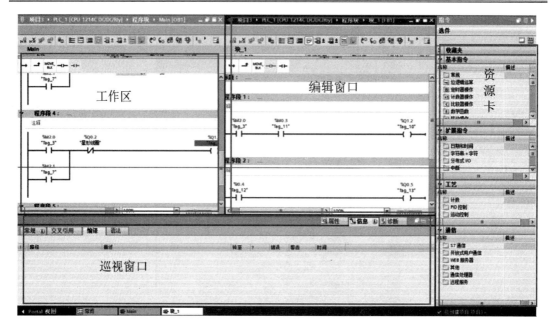

图 3-14　多个窗口的切换

如图 3-14 所示，页面的最右侧为资源卡，这里可以选择与当前操作有关的资源。软件会自动选择当前可能需要的资源。例如，在编辑硬件组态时（工作区显示的是硬件组态编辑界面），这里会自动显示硬件资源，供组态时挑选；在编辑程序时（工作区显示的是程序编辑界面），这里会自动显示指令资源，供编辑指令时挑选。

2．项目树中的操作

项目树的功能是收集管理项目中的所有文件。为了便于项目文件的管理，可以将项目文件拓展到工作区，以大页面展示和操作这些文件。

在项目视图的编辑器栏中有"总览"选项，单击该选项后，进入"总览"窗口的最大化状态，会在工作区打开"总览"窗口。根据当前在项目树中所选中的文件级别，在这个窗口中展示该级别下的项目文件。例如，在项目树中选中 PLC 程序块文件夹，然后选择"总览"选项，那么在项目总览窗口中会显示 PLC 程序文件夹下面的文件，即所有的程序块。

在"总览"窗口最大化后，在项目树中只会显示文件夹和子文件夹，子文件夹下的内容则显示在"总览"窗口中。在项目树中选择相应的文件夹，在"总览"窗口中会显示该文件夹下相应的内容。这种操作类似于打开了目录树的 Windows 资源管理器。

图标为"总览"窗口"最大化"按钮，单击后直接在工作区打开"总览"窗口；图标为"总览"窗口"最小化"按钮，单击后工作区中的"总览"窗口不再显示，目录树中显示所有内容。单击任意编辑窗口将直接退出"总览"窗口最大化的状态。

在"总览"窗口上方有 4 个按钮，如图 3-15 所示，它们的功能如下所述。

图 3-15　图标示意

最左侧的按钮 为"进入上一级目录"按钮。

第 2 个按钮 为"左同步"按钮。单击该按钮后，"总览"窗口被分为两部分，每部分均显示当前所选文件夹内的文件。在项目树中选择了其他文件时，左边部分将同步更新显示新选择的文件夹内的内容，右侧部分内容不变。再次单击该按钮后，窗口恢复为一个整体。

第 3 个按钮 为"右同步"按钮。功能与"左同步"按钮类似，只是右边部分同步更新显示，左侧部分内容不变，这个功能便于针对两个文件夹之间的操作。

最右侧的按钮 为"显示全部内容"按钮。例如，一个项目有多个程序块，为了便于管理，在 PLC 程序块下面又建立了几个子文件夹（又称为"组"），每个组中放入了若干程序块。当"总览"窗口显示 PLC 程序块目录时，通常会显示这一级目录下的子目录。如果单击"显示全部内容"按钮，会打破各个子目录的限制，直接显示分布在各个子目录中的全部程序块。再次单击该按钮，恢复正常的显示。这是一个很实用的功能。当一个程序块很多，分组也很多时，想要打开一个固定的程序块，如 FB10，那么没有必要一个组一个组地去找这个程序块，而是以这种方式显示全部，轻松打开该块。

3. 窗口操作

在 TIA 博途软件中，"总览"窗口、巡视窗口、项目树、资源卡是无法关闭的。"总览"窗口可以最大化和最小化。对于巡视窗口、项目树和资源卡来说，可以游离、固定、收起和展开。

如图 3-16 左图所示，右上角图标 的左侧是自动折叠按钮，右侧是收起按钮；如图 3-16 右图所示，右上角图标 的左侧是展开按钮，右侧是收起按钮。显示折叠按钮时，说明当前窗口（项目树）处于"持续展开"状态，若单击自动收起按钮，该窗口进入"自动收起"的状态。单击展开按钮，恢复为持续展开状态。当该窗口处在自动收起状态时，在其他窗口中单击（说明当前操作与本窗口无关），本窗口将自动向左侧收起。无论何种状态下，单击收起按钮，可将这个窗口向左收起，收回后在左侧边缘单击反方向箭头图标的按钮，可以再展开该窗口。

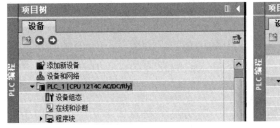

图 3-16　窗口操作按钮

其他窗口的操作和显示与之相似，仅仅是方向不同（包括按钮图标中的箭头方向）。巡视窗口为向下收起，资源卡为向右收起。

在工作区中可以同时打开若干个编辑窗口，每个窗口都可以选择最小化、最大化、嵌入和游离的状态。

窗口处于嵌入状态时，右上角有 4 个按钮 ，左起第一个是"最小化"按钮，第二个是"游离"按钮，第三个是"最大化"按钮，最右边的是"关闭"按钮。窗口处于游离状态时，右上角有 4 个按钮，左起第一个是"最小化"按钮，第二个是"嵌入"按钮，第三个是"最大化"按钮，最右边的是"关闭"按钮。

单击"最小化"按钮，无论是处于游离状态，还是嵌入状态，该窗口都最小化到 TIA 博途软件编辑器栏中。

"游离"按钮可用时，说明这个窗口处在嵌入状态，只能位于 TIA 博途软件界面的工作区。单击"游离"按钮后，该窗口游离到 TIA 博途软件界面之外，成为与 TIA 博途软件窗口相对独立的一个窗口。拖曳该窗口的标题栏，可以将窗口移动到显示器（包括分屏的显示器）的任意位置。此功能有益于分屏设计，可以在设计项目时将不同的设计窗口分别显示在不同的显示屏上。

"嵌入"按钮可用时，说明这个窗口处于游离状态。单击"嵌入"按钮，窗口回到嵌入状态，即只能显示在 TIA 博途软件界面的工作区。

窗口处于嵌入状态时，单击"最大化"按钮，窗口在工作区内最大化；窗口处于游离状态时，单击"最大化"按钮，在整个显示屏上最大化。

分屏显示按钮有两个，如图 3-17 所示，位于工具栏的最右侧，其中左侧的 按钮用于水平拆分编辑器空间；同样，其中右侧的 按钮用于垂直拆分编辑器空间。

图 3-17 分屏显示按钮

在开启工作区横向分屏功能后，工作区横向划分为两个区域，可以同时显示两个编辑器窗口，如图 3-18 所示。在该工作区中打开了"Main"和"块-1"两个程序块。在工作区同时显示这两个程序块的编辑窗口。这样的打开方式极大地方便了编程过程中变量到程序的拖曳。

在分屏的情况下，如果在工作区只打开了一个编辑窗口，那么该窗口会显示在分屏后工作区的某一半，另一半为空白。此时，再打开一个编辑窗口，会占据原来空白的另一半。此时的情景如图 3-18 所示。如果此时打开第 3 个编辑窗口，会覆盖一个已经显示的编辑窗口，然后优先显示后者。至于会覆盖哪一个已经显示的编辑窗口，取决于当前显示窗口左上角的图标，即图标 或者 。

图标 表示窗口已经被锁住，打开新的窗口（或切换至新窗口）后，新窗口不会覆盖这个窗口。图标 表示窗口未被锁住，随时可以被新打开的窗口覆盖。在分屏后，图标 和图标 只会在两个显示窗口中各占一个，可以通过单击进行切换。

工作区纵向分屏显示的功能和操作与横向分屏类似，区别在于分屏的方向不同。

在博途软件中，可以单击相应界面右上角的"关闭"按钮关闭当前的界面，或者在任务栏上右击，用右键菜单中的命令关闭。通过这种方式关闭相应界面时，并没有保存对界面所做的任何修改（仅仅储存在计算机的内存中），只有单击工具栏中的"保存"按钮 ，对界面所做的所有修改才会一并保存至硬盘。

图 3-18　横向分屏后的工作区

4. 软件的使用方法

使用这款软件的总体思路和方法是：从项目树中建立文件，如添加设备、添加程序块、添加 HMI 画面等；进行编辑时，也从项目树中查找相应的文件并开启相应的编辑窗口，如打开硬件组态、打开某个程序块、打开某个 HMI 画面等；编辑窗口会显示在工作区，在工作区可进行编辑。在编辑过程中，需要查看或更改属性时，在巡视窗口中更改；需要调用外部资源时，从右侧资源卡里拖曳；需要项目中的资源时，从项目导航栏里拖曳，然后编译保存即可。

例如，正在编辑 HMI 中的某个画面，画面中需要显示某个 DB 块中的某个变量，那么可以直接在项目树中单击那个 DB 块，这时候在导航栏下面"详细视图"中就会显示这个 DB 块的变量。找到要使用的变量，直接拖曳到工作区中就可以了。在工作区中的窗口之间也可以实现变量资源的自由拖曳。可以同时打开两个程序块，然后让这两个窗口处于游离状态，并让它们分屏显示在两个显示器上，这两个程序中的变量、指令可以自由地相互拖曳。

3.2　STEP 7 博途软件轻松使用

STEP 7 提供了一个友好的环境，供用户开发控制器逻辑、组态 HMI 可视化和设置网络通信。为帮助用户提高生产率，STEP 7 博途软件提供了不同的项目视图：一是根据工具功能组织的面向任务的视图（博途视图），二是项目中各元素组成的面向项目的视图（项目视图）。请选择能让工作最高效的视图。只需通过单击就可以切换博途视图和项目视图。

这些组件组织在一个视图中，所以用户可以方便地访问项目的各个方面。例如，巡视窗口显示了用户在工作区中所选对象的属性和信息。当用户选择不同的对象时，巡视窗口会显示用户可组态的属性。巡视窗口包含用户可用于查看诊断信息和其他消息的选项卡。

编辑器栏会显示所有打开的编辑器，从而帮助用户更快速和高效地工作。要在打开的编辑器之间切换，只需单击不同的编辑器。还可以将两个编辑器垂直或水平排列在一起显示。通过该功能可以在编辑器之间进行拖放操作。

1. 轻松向用户程序中插入指令

STEP 7 提供了包含各种程序指令的任务卡。这些指令按功能分组。要创建程序，可将指令从任务卡拖动到程序段中。如图 3-19 所示为梯形图程序，其指令是从任务卡的基本指令中拖曳过来的。任务卡的基本指令如图 3-20 所示。

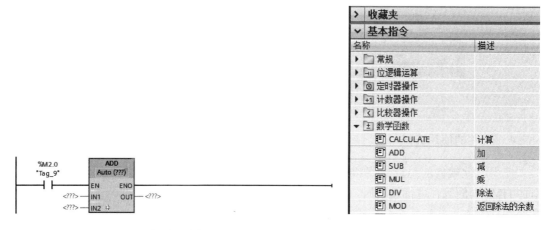

图 3-19　加法指令梯形图程序　　　　图 3-20　任务卡的指令

2. 从工具栏轻松访问收藏的指令

STEP 7 提供了"收藏夹"（Favorites）工具栏，可供用户快速访问常用的指令，如图 3-21 所示。只需单击指令的图标即可将其插入程序段。要访问指令树中的"收藏夹"，请单击该图标。通过添加新指令可以方便地自定义"收藏夹"。只需将指令拖放到"收藏夹"中即可，如图 3-22 所示。

图 3-21　收藏夹工具栏

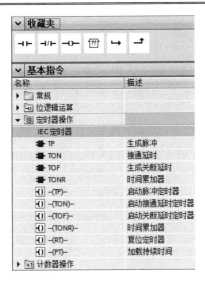

图 3-22　指令树中的收藏夹

3．将输入或输出轻松地添加到LAD和FBD指令中

有些指令允许另外创建输入或输出。

要添加输入或输出，请单击"创建"（Create）图标，或在其中一个现有 IN 或 OUT 参数的输入短线处单击右键，并在弹出的快捷菜单中执行"插入输入"（Insert input）命令。

要删除输入或输出，请在其中一个现有 IN 参数或 OUT 参数（原始输入多于两个时）的短线处单击右键，然后在弹出的快捷菜单中执行"删除"（Delete）命令。

4．可扩展指令

一些更为复杂的指令是可扩展的，只显示主要输入和输出。要显示这些输入和输出，请单击指令底部的箭头。展开前的 PID 指令如图 3-23 所示，展开后的 PID 指令如图 3-24 所示。

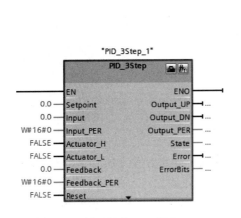

图 3-23　展开前的 PID 指令

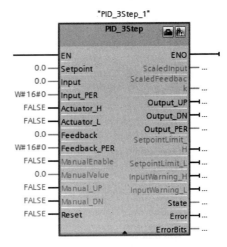

图 3-24　展开后的 PID 指令

5. 轻松更改CPU的工作模式

ST-1200PLC 的 CPU 没有用于更改工作模式（STOP 或 RUN）的物理开关。

使用"启动 CPU"（Start CPU）和"停止 CPU"（Stop CPU）工具栏按钮可以更改 CPU 的工作模式。

在设备配置中组态 CPU 时，应组态 CPU 属性中的启动行为。"在线和诊断"（Online and Diagnostics）界面还提供了用于更改在线 CPU 工作模式的操作面板。要使用 CPU 操作面板，必须在线连接到 CPU。"在线工具"（Online tools）任务卡显示的操作面板显示了在线 CPU 的工作模式。也可以通过该操作面板更改在线 CPU 的工作模式。使用操作面板上的按钮更改工作模式（STOP 或 RUN）。操作面板还提供了用于复位存储器的 MRES 按钮。RUN/STOP 指示器的颜色指示 CPU 当前的工作模式。黄色表示 STOP 模式，绿色表示 RUN 模式。

6. 轻松修改STEP 7的外观和组态

用户可以选择不同的设置，如界面的外观、语言或项目的保存目录。在"选项"（Options）菜单中执行"设置"（Settings）命令，在弹出的界面中可以更改这些设置，如图 3-25 所示。

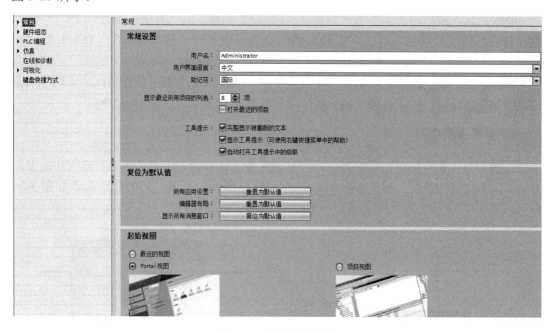

图 3-25　软件设置界面

7. 便于访问的项目库和全局库

通过全局库和项目库，可以在整个项目中或者在项目间重复使用所存储的对象。例如，可以创建块模板以便在不同项目中使用，并根据自动化任务的特定要求对其进行修改。可以在这些库中存储各种对象，如 FC、FB、DB、设备配置、数据类型、监视表格、过程画面和面板。还可以将 HMI 设备的组件保存在项目中。

每个项目都有一个项目库，用于存储要在项目中多次使用的对象。该项目库是项目的一部分。打开或关闭项目时，会相应地打开或关闭项目库；而保存项目时，也会相应地保存项目库中所做的任何更改。

用户可以创建自己的全局库，用于存储供其他项目使用的对象。创建新的全局库后，可将该库保存在计算机或网络中的某个位置。如图 3-26 所示的库视图包括项目库和视图库。

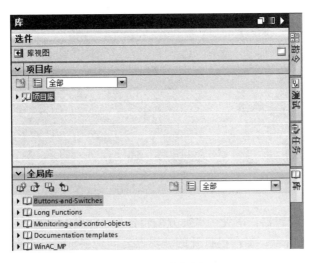

图 3-26　库视图

8. 便于选择指令版本

某些指令集（如 Modbus、PID 和运动指令集）经过多个开发和发布周期后形成了多种发布版本。为了有助于确保与较早项目的兼容性以及对这些项目进行移植，STEP 7 允许选择要插入用户程序中的指令版本。单击指令树任务卡上的图标可启用指令树的标题和列，如图 3-27 所示。要更改指令版本，需从下拉列表中选择合适的版本，如图 3-28 所示，如选择 MODBUS 通信的版本。

图 3-27　指令树

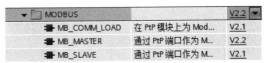

图 3-28　选择 MODBUS 通信版本

9. 在编辑器之间轻松拖放

为帮助用户快速方便地执行任务，STEP 7 允许用户将元素从一个编辑器拖放到另一个编辑器中。

例如，可以将 CPU 的输入（如 DI0.0）拖动到用户程序中指令的地址上。必须放大至少 200%才能选中 CPU 的输入或输出。请注意，变量名称不仅会在 PLC 变量表中显示，还会在 CPU 上显示。如图 3-29 所示，在 PLC 主程序编辑窗口与设备和网络窗口之间进行变量的拖曳操作。

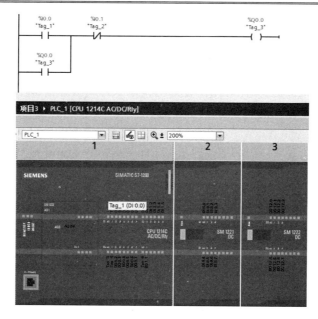

图 3-29　编辑器之间的拖曳操作

要一次显示两个编辑器，请使用"拆分编辑器"（Split editor）菜单命令或工具栏中的相应按钮，如图 3-30 所示。要在已打开的编辑器之间切换，请单击编辑器栏中的图标，如图 3-31 所示。

图 3-30　拆分编辑器命令

图 3-31　编辑器栏中显示的窗口

10．更改DB的调用类型

STEP 7 允许创建或更改指令或 FB 的 DB 关联。可以在不同 DB 之间切换关联。可以在单背景数据块与多背景数据块之间切换关联。可以创建背景数据块（如果背景数据块丢失或不可用）。在程序编辑器中右键单击相关指令或FB，或者执行"选项"（Options）菜单中的"块调用"（Block call）命令，都可以启用"更改调用类型"（Change call type）命令。通过"调用选项"（Call options）对话框可选择单背景数据块或多背景数据块。还可以从可用 DB 的下拉列表中选择具体 DB。

11. 暂时从网络中断开设备

可以从子网断开网络设备。由于不会从项目中删除相关设备的组态，因此可轻松恢复与设备的连接。右键单击网络设备接口，然后从右键快捷菜单中执行"从子网断开"（Disconnect from subnet）命令，如图 3-32 所示。STEP 7 会重新组态网络连接，但不会从项目中删除断开的设备。删除该网络连接时，接口地址不会发生变化。下载新的网络连接时，CPU 必须设置为 STOP 模式。要重新连接设备，只需创建到设备端口的新网络连接。

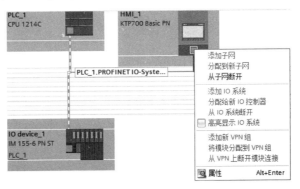

图 3-32　从网络断开设备的操作

12. 轻松实现实际"拔出"模块而不会丢失组态数据

STEP 7 为"拔出的"模块提供了一个存储区域。用户可以从机架中拖出模块以保存该模块的组态。这些拔出的模块会随项目一同保存，将来不必重新组态参数即可再次插入相应模块。此功能可用于临时维护。例如，正在等待一个替换模块，并计划临时使用一个不同的模块来短期替换相应模块，可以将组态的模块从机架拖动到"拔出的模块"（Unplugged modules）区域，然后插入临时模块。如图 3-33 所示为没有拔出模块前的组态，如图 3-34 所示为拔出模块后的组态。

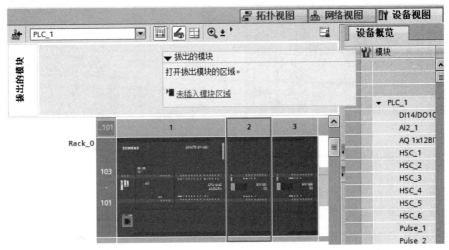

图 3-33　拔出模块前的组态

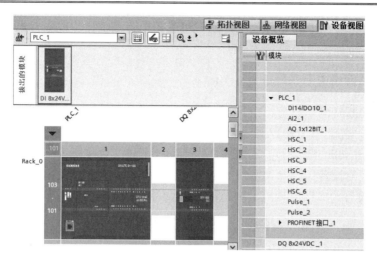

图 3-34　拔出模块后的组态

3.3　TIA 博途软件编程入门

本节介绍如何使用博途软件创建项目和输入/输出变量，如何编写程序，如何使用功能指令及复杂数学运算指令，如何在项目中添加人机界面 HMI，如何构建 PLC 与 HMI 通信网络，如何创建 HMI 画面及其与 PLC 变量的连接。

3.3.1　创建项目

在"启动"栏目中，单击"创建新项目"任务。输入项目名称并单击"创建"按钮，就完成了项目的创建，如图 3-35 所示。

图 3-35　创建项目界面

创建项目后，要添加新建项目需要的设备。如图 3-36 所示，选择"设备与网络"，单击"添加新设备"，选择要添加到项目中的 CPU。

[1] 在"添加新设备"对话框中，单击 SIMATIC PLC 图标。

[2] 从列表中选择一个 CPU。

[3] 单击"添加"按钮，将所选 CPU 添加到项目中。

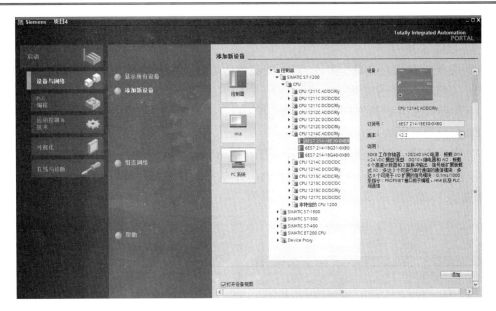

图 3-36　添加 CPU 界面

请注意,"打开设备视图"复选框已被选中。在该复选框被选中的情况下单击"添加"按钮将打开项目视图的"设备配置"。设备视图显示所添加的 CPU,如图 3-37 所示。

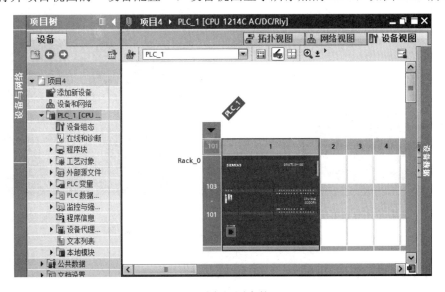

图 3-37　设备视图中的 CPU

3.3.2　为 CPU 的输入/输出创建变量

"PLC 变量"是输入/输出和地址的符号名称。创建 PLC 变量后,STEP 7 会将变量存储在变量表中。项目中的所有编辑器(如程序编辑器、设备编辑器、可视化编辑器和监视表格编辑器)均可访问该变量表。若设备编辑器已打开,请打开变量表。可在编辑器栏中看到已打开的编辑器。

在工具栏中,单击"水平拆分编辑器空间"按钮 。STEP 7 将同时显示变量表和设备编辑器,如图 3-38 所示。

将设备配置放大至 200%以上,以便能清楚地查看并选择 CPU 的输入/输出点。将输入和输出从 CPU 拖动到变量表。

[1] 选择 I0.0 并将其拖动到变量表的第一行。

[2] 将变量名称从 I0.0 更改为 Start。

[3] 将 I0.1 拖动到变量表,并将名称更改为 Stop。

[4] 将 CPU 底部的 Q0.0 拖动到变量表,并将名称更改为 Running。

如图 3-39 所示,将变量输入 PLC 变量表之后,即可在用户程序中使用这些变量。

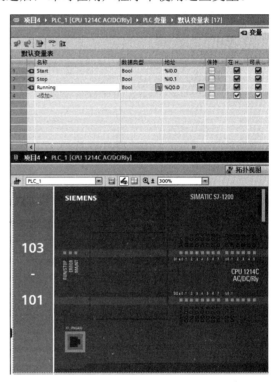

图 3-38　变量表和设备编辑器　　　　图 3-39　定义后的变量表和设备视图

3.3.3　在用户程序中创建一个简单程序段

程序代码由 CPU 依次执行的指令组成。下面使用梯形图(LAD)创建程序代码。LAD 程序是一系列类似梯级的程序段。

打开程序编辑器。

[1] 在项目树中展开"程序块"文件夹以显示 Main[OB1]块。

[2] 双击 Main[OB1]块。程序编辑器将打开程序块(OB1),如图 3-40 所示。

使用"收藏夹"上的按钮将触点和线圈插入程序段中,如图 3-41 和图 3-42 所示。

[1] 单击"收藏夹"上的"常开触点"按钮 ,向程序段添加一个触点。

[2] 这里添加了第二个常开触点。

[3] 单击"输出线圈"按钮 ─o─ 插入一个线圈。

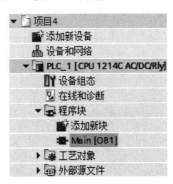

图 3-40　打开程序块（OB1）界面

图 3-41　收藏夹中的指令

图 3-42　程序段编程 1

"收藏夹"还提供了用于创建分支的按钮，如图 3-43 所示为程序段编程。

[1] 选择左侧的能流线 ├，以指定分支的能流线。

[2] 单击"打开分支"图标 →，向程序段的母线添加分支。

[3] 在打开的分支中插入另一个常开触点。

[4] 将双向箭头拖动到第一梯级上 2 个触点之间的一个连接点位置。

图 3-43　程序段编程 2

要保存项目，请单击工具栏中的"保存项目"按钮 ▯。请注意，在保存前不必对变量进行编辑，之后将变量名称与这些指令进行关联。

3.3.4　使用变量表中的 PLC 变量对指令进行寻址

使用变量表可以快速输入对应触点和线圈地址的 PLC 变量。

[1] 双击第一个常开触点 ─┤├ 上方的默认地址 ＜??.?＞。

[2] 单击地址右侧的选择器图标 ▦，打开变量表中的变量。

[3] 从下拉列表中为第一个触点选择 Start。

[4] 对于第二个触点，重复上述步骤并选择变量 Stop。

[5] 对于线圈和锁存触点，选择变量 Running。

单击选择器图标后显示的变量如图 3-44 所示，如图 3-45 所示为定义变量后的程序段。

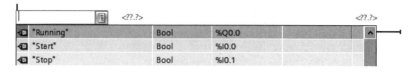

图 3-44   变量表中变量

图 3-45   定义变量后的程序段

还可以直接从 CPU 中拖曳输入/输出地址。为此，只需拆分项目视图的工作区。必须将 CPU 放大至 200%以上，才能选择输入/输出点。

可以将"设备组态"（Device configuration）中 CPU 上的输入/输出拖到程序编辑器的 LAD 指令上，这样不仅会创建指令的地址，还会在 PLC 变量表中创建相应条目。

3.3.5   添加"功能框"指令

程序编辑器提供了一个通用"功能框"指令。插入此功能框指令之后，可从下拉列表中选择指令类型，如 ADD 指令。

如图 3-46 所示为"收藏夹"（Favorites）工具栏，单击通用"功能框"指令 [??]，显示的程序段如图 3-47 所示。

图 3-46   收藏夹工具栏

图 3-47   插入功能框指令的程序段

通用"功能框"指令 [??] 支持多种指令。下面创建一个 ADD 指令。

[1] 单击功能框指令黄色角以显示指令的下拉列表。

[2] 向下滚动列表，并选择 ADD 指令。

[3] 单击"?"旁边的黄色角，为输入和输出选择数据类型。

如图 3-48 所示，选择 ADD 指令。如图 3-49 所示为插入的 ADD 功能框指令后的程序段。

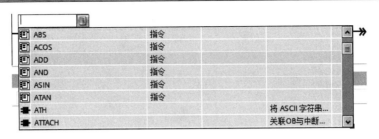

图 3-48　选择 ADD 功能框指令

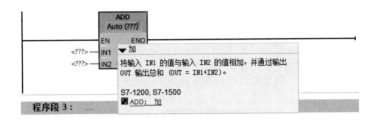

图 3-49　插入的 ADD 功能框指令

现在可为 ADD 指令所用的值输入变量（或存储器地址）。

还可以为某些指令创建更多输入。

[1] 单击框中的其中一个输入。

[2] 单击右键，在弹出的快捷菜单中执行"插入输入"（Insert input）命令。

如图 3-50 所示，执行"插入输入"（Insert input）命令。如图 3-51 所示的是又插入一个输入变量的 ADD 功能框指令。ADD 指令现在使用 3 个输入变量。

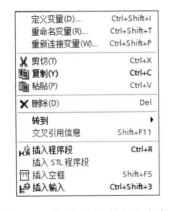

图 3-50　执行"插入输入"命令

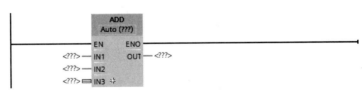

图 3-51　具有 3 个输入变量的 ADD 功能框指令

3.3.6　为复杂数学等式使用 CALCULATE 指令

CALCULATE 指令可以根据定义的等式生成作用于多个输入参数的数学函数，从而生成结果。

在基本指令树中，展开"数学函数"文件夹，选择"计算"指令，如图 3-52 所示。

双击 CALCULATE 指令以将该指令插入用户程序中，如图 3-53 所示。

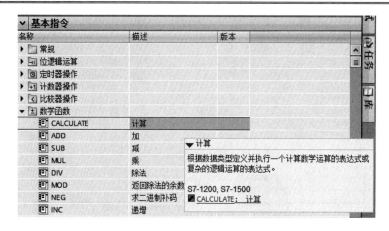

图 3-52　选择数学函数中的计算指令

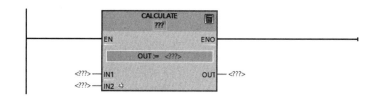

图 3-53　计算指令

未组态的 CALCULATE 指令提供了两个输入参数和一个输出参数。

单击 "???" 并为输入参数和输出参数选择数据类型（所有输入参数和输出参数的数据类型必须相同）。这里选择的是 Real 数据类型，如图 3-54 所示。

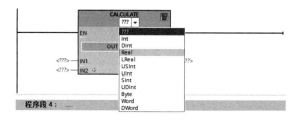

图 3-54　计算指令数据类型选择

单击 "编辑等式" 图标 以输入等式，如图 3-55 所示。

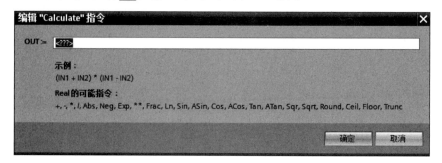

图 3-55　编辑等式对话框

这里，输入以下等式来标定原有模拟值（In 和 Out 标识对应于 CALCULATE 指令的参数）。Out value =((Out high − Out low)/(In high − In low))*(In value − In low)+ Out low；

$$Out =((in4–in5)/(in2 – in3))*(in1–in3)+in5。$$

其中：Out value(Out)——标定的输出值；

In value(in1)——模拟量输入值；

In high(in2)——标定输入值的上限；

In low(in3)——标定输入值的下限；

Out high(in4)——标定输出值的上限；

Out low(in5)——标定输出值的下限。

如图 3-56 所示，在"编辑 CALCULATE"框中，输入带有参数名称的等式：

$$OUT =((in4–in5)/(in2–in3))*(in1–in3)+ in5$$

单击"确定"按钮后，CALCULATE 指令就会生成指令所需的输入。

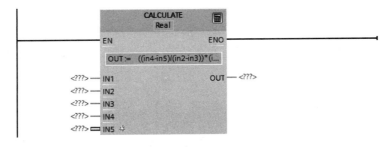

图 3-56　生成的计算功能框

输入与参数对应的值的变量名称，如图 3-57 所示。

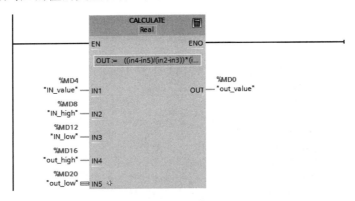

图 3-57　定义变量名称后的计算功能框

3.3.7　在项目中添加 HMI 设备

在项目中添加 HMI 设备非常容易，具体步骤如下：

[1] 双击"添加新设备"图标。

[2] 在"添加新设备"对话框中单击 SIMATIC HMI 按钮。

[3] 从列表中选择特定的 HMI 设备，如图 3-58 所示。可以运行 HMI 向导来组态 HMI 设备的画面。

图 3-58　添加 HMI 设备画面窗口

[4] 单击"确定"按钮将 HMI 设备添加到项目中。

如图 3-59 所示，HMI 设备已添加到项目中。

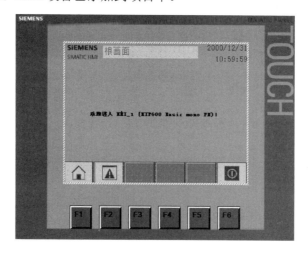

图 3-59　创建的 HMI 画面

STEP 7 提供了一个 HMI 向导，可以帮助用户组态 HMI 设备的所有画面和结构。如果未运行 HMI 向导，则 STEP 7 将创建一个简单的默认 HMI 画面。

3.3.8　在 CPU 和 HMI 设备之间创建网络连接

创建网络非常简单，转到"设备和网络"并选择网络视图来显示CPU和HMI设备即可完成创建工作。

要创建 PROFINET 网络，只需从一个设备的绿色框拖出一条线，再连接到另一个设备的绿色框（以太网端口）。随即会为这两个设备创建一个网络连接，如图 3-60 所示。

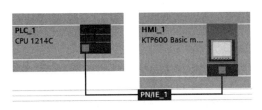

图 3-60　CPU 和 HMI 网络连接

3.3.9　创建 HMI 连接以共享变量

通过在 2 个设备之间创建 HMI 连接，可以轻松地在两个设备之间共享变量。选择相应的网络连接，单击"连接"按钮并从下拉列表中选择"HMI 连接"。HMI 连接会将相关的两个设备变为蓝色。选择 CPU 设备，并拖出一条线连接到 HMI 设备。该 HMI 连接允许用户通过选择 PLC 变量列表对 HMI 变量进行组态，如图 3-61 所示。

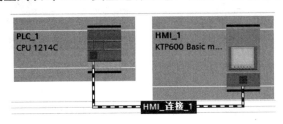

图 3-61　共享变量的 CPU 和 HMI 连接

用户可以采用下述两种方法创建 HMI 连接：
- ❑ 从 PLC 变量表、程序编辑器或设备配置编辑器中，将 PLC 变量拖动至 HMI 画面编辑器，自动创建 HMI 连接。
- ❑ 使用 HMI 向导找到相应 PLC，自动创建 HMI 连接。

3.3.10　创建 HMI 画面

利用STEP 7提供的HMI向导，可以组态HMI设备的所有画面和结构。即使不利用HMI向导，组态HMI画面也很容易。STEP 7提供了一个标准库集合，用于插入基本形状、交互元素，甚至是标准图形，如图 3-62 所示。

要添加元素，只需将其中一个元素拖放到画面中即可。使用元素的属性（在巡视窗口中）组态该元素的外观和特性，如图 3-63 所示。

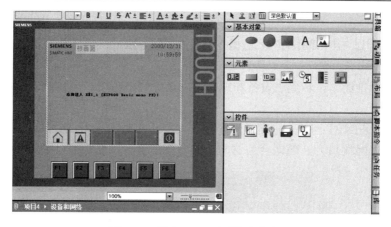

图 3-62　组态 HMI 画面的库集合

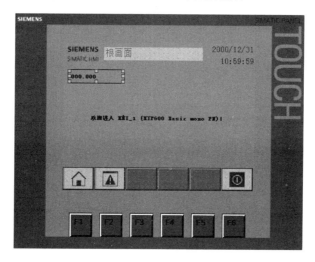

图 3-63　创建的 HMI 画面

通过从项目树或程序编辑器中将 PLC 变量拖放到 HMI 画面也可以创建画面上的元素。PLC 变量即成为画面上的元素，然后可以使用属性来更改该元素的参数，如图 3-64 所示。

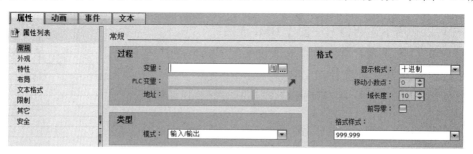

图 3-64　创建 HMI 画面元素

3.3.11　为 HMI 元素选择 PLC 变量

在画面上创建元素后，可使用元素的属性将 PLC 变量分配给该元素。单击变量字段旁的选择按钮,可以显示CPU的PLC变量,也可以在项目树中将PLC变量拖放到HMI画面中。在项目树的"详细信息"视图中显示 PLC 变量,然后将其拖放到 HMI 画面中,如图 3-65 所示。

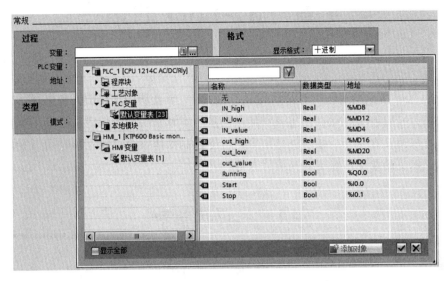

图 3-65　PLC 变量信息

3.4　习　　题

1)如何创建一个新项目?

2)如何创建 PLC 的输入/输出变量?

3)如何建立 PLC 与 HMI 的网络连接?

4)如何创建 HMI 画面?

5)如何为 HMI 元素选择 PLC 变量?

6)如何使用变量表中的 PLC 变量对指令进行寻址?

7)如何插入指令框?

第4章 S7-1200 的指令

PLC 可采用梯形图（LAD）、语句表（STL）、功能块图（FBD）和高级语言等编程语言。使用 LAD 和 FBD 处理布尔逻辑非常高效。本章主要介绍位逻辑指令、定时器与计数器指令、数据处理指令、数学运算指令、程序控制操作指令、日期和时间指令、字符串与字符指令以及高速脉冲输出与高速计数器。

4.1 位逻辑指令

位逻辑指令的运算结果用两个二进制数字 1 和 0 来表示，可以对布尔操作数的信号状态进行扫描并完成逻辑操作，逻辑操作结果称为 RLO（Result of Logic Operation）。

1. LAD触点

常开触点的位值为 1 时，常开触点将闭合（ON）；位值为 0 时，常开触点将闭合（OFF）。
常闭触点的位值为 1 时，常闭触点将闭合（OFF）；位值为 0 时，常闭触点将闭合（ON）。
以串联方式连接的触点创建与（AND）逻辑程序段。以并联方式连接的触点创建或（OR）逻辑程序段。常用的位逻辑指令如表 4-1 所示。

表 4-1 位逻辑指令

指 令	描 述	指 令	描 述
—┤ ├—	常开触点	RS	复位/置位触发器
—┤/├—	常闭触点	SR	置位/复位触发器
—┤NOT├—	取反 RLO	—┤P├—	扫描操作数的信号上升沿
—( )—	线圈	—┤N├—	扫描操作数的信号下降沿
—(/)—	取反线圈	—(P)—	在信号上升沿置位操作数
—(S)—	置位输出	—(N)—	在信号下降沿置位操作数
—(R)—	复位输出	P_TRIG	扫描 RLO 的信号上升沿
—(SET_BF)—	置位位域	N_TRIG	扫描 RLO 的信号下降沿
—(RESET_BF)—	复位位域	R_TRIG	检测信号上升沿
		F_TRIG	检测信号下降沿

可将触点相互连接并创建用户自己的组合逻辑。如果用户指定的输入位使用存储器标识符 I（输入）或 Q（输出），则从过程映像寄存器中读取位值。

控制过程中的物理触点信号会连接到 PLC 上的 I 端子。CPU 扫描已连接的输入信号，并持续更新过程映像输入寄存器中的相应状态值。

通过在 I 偏移量后加入:P，可指定立即读取物理输入（如"%I3.4:P"）。对于立即读取，直接从物理输入读取位数据值，而非从过程映像中读取。立即读取不更新过程映像输入寄存器。

2．NOT逻辑反相器

LAD NOT 触点取反能流输入的逻辑状态。

❑ 如果没有能流流入 NOT 触点，则会有能流流出。

❑ 如果有能流流入 NOT 触点，则没有能流流出。

如图 4-1 所示，当 I0.0 的值为 1 时，没有能流流入 NOT 触点，则 Q0.0 有能流流出，其值为 1。

图 4-1　NOT 逻辑反相器

3．线圈

线圈将输入的逻辑运算结果的信号状态写入指定的输出位，即信号的状态为 1，线圈通电写入 1；信号的状态为 0，线圈断电写入 0。如果用户指定的输出位使用存储器标识符 Q，则 CPU 接通或断开过程映像寄存器中的输出位，控制输出信号连接到 S7-1200 的 Q 端子。

通过在 Q 偏移量后加入:P，可指定立即写入物理输出。对于立即写入，将位数据值写入过程映像输出寄存器并直接写入物理输出。如图 4-2 所示，当 I0.0 常开触点闭合，Q0.4 立即写入物理输出。

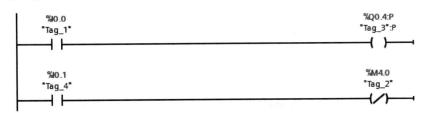

图 4-2　立即输出与取反线圈

如果输出线圈中间有"/"符号，则表示取反线圈。当有能流流过取反线圈，则线圈为 0 状态，其常开触点断开，反之线圈为 1 状态，其常开触点闭合。如图 4-2 所示，当 I0.1 常开触点闭合，线圈 M4.0 为 0 状态。

4．置位和复位指令

这些指令可放置在程序段的任何位置，最主要的特点是有记忆和保持功能，如图 4-3

所示。

S（置位输出）指令：S（置位）激活时，OUT 地址处的数据值设置为 1；S 不激活时，OUT 不变。

R（复位输出）指令：R（复位）激活时，OUT 地址处的数据值设置为 0；R 不激活时，OUT 不变。

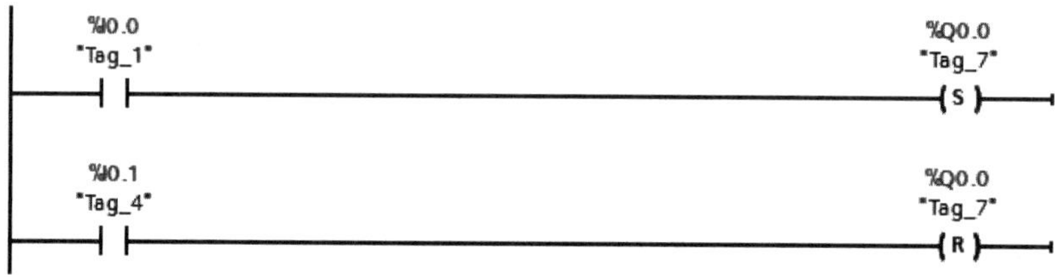

图 4-3 S 和 R 指令

当 I0.0 的常开触点闭合时，Q0.0 变为 1 状态并保持该状态。即使 I0.0 的常开触点断开，Q0.0 也保持 1 状态。当 I0.1 的常开触点闭合时，Q0.0 变为 0 状态并保持该状态。即使 I0.1 的常开触点断开，Q0.0 也保持 0 状态。

5. 置位和复位位域

这些指令必须是分支中最右端的指令，如图 4-4 所示。

置位位域：SET_BF 激活时，为从地址 OUT 处开始的 n 位写入数据值 1；SET_BF 不激活时，OUT 不变。

复位位域：RESET_BF 为从地址 OUT 处开始的 n 位写入数据值 0；RESET_BF 不激活时，OUT 不变。

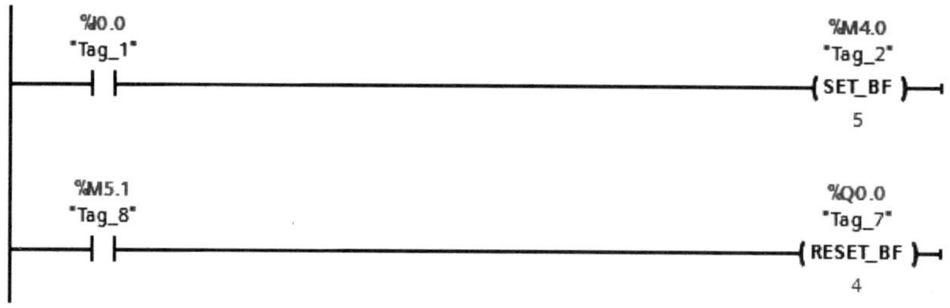

图 4-4 SET_BF 和 RESET_BF 指令

当 I0.0 的常开触点闭合，从 M4.0 开始的 5 个连续的位被置位为 1 状态（M4.0-M4.4），并保持该状态不变。当 M5.1 的常开触点闭合，从 Q0.0 开始的 4 个连续的位被复位为 0 状态（Q0.0-Q0.3），并保持该状态不变。

6. 置位优先和复位优先位锁存

RS 是置位优先锁存，其中置位优先，即置位（S1）和复位（R）信号都为真，则输出地址 OUT 将为 1。

SR 是复位优先锁存，其中复位优先，即置位（S）和复位（R1）信号都为真，则输出地址 OUT 将为 0。

如图 4-5 所示，当 I0.0 和 I0.1 信号状态不同时，M4.0 的状态取决于 I0.0 的状态。当都为 0 状态时，M4.0 保持不变；当都为 1 状态时，M4.0 被复位为 0 状态。其真值表如表 4-2 所示。SR 复位优先锁存与 RS 置位优先锁存的区别就在于 M5.0 和 M5.1 都为 1 状态时，Q0.0 被置位为 1 状态。

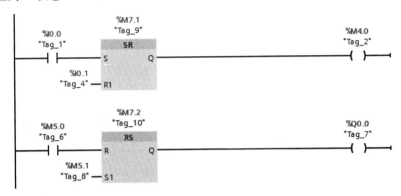

图 4-5　RS 和 SR 指令

表 4-2　RS和SR指令真值表

指令	S1	R	INOUT 位
RS	0	0	先前状态
	0	1	0
	1	0	1
	1	1	1
指令	S	R1	INOUT 位
SR	0	0	先前状态
	0	1	0
	1	0	1
	1	1	0

7. 上升沿和下降沿指令

P 触点：LAD 在分配的"IN"位上检测到上升沿即正跳变（关到开）时，该触点的状态为 TRUE。该触点逻辑状态随后与能流输入状态组合以设置能流输出状态。P 触点可以放置在程序段中除分支结尾外的任何位置。

N 触点：LAD 在分配的输入位上检测到下降沿即负跳变（开到关）时，该触点的状态为 TRUE。该触点逻辑状态随后与能流输入状态组合以设置能流输出状态。N 触点可以放置在程序段中除分支结尾外的任何位置。

如图 4-6 所示，当输入 I0.0 由 0 状态变为 1 状态，M4.0 接通一个扫描周期，M5.0 监视 I0.0 的前一个状态。当输入 I0.1 由 1 状态变为 0 状态，Q0.0 接通一个扫描周期，M5.1 监视 I0.1 的前一个状态。

P 线圈：在进入线圈的能流中检测到正跳变（关到开）时，分配的位 OUT 为 TRUE，能流输入状态通过线圈后不改变能流输出状态。P 线圈可以放置在程序段中的任何位置。

N 线圈：在进入线圈的能流中检测到负跳变（开到关）时，分配的位 OUT 为 TRUE，能流输入状态通过线圈后不改变能流输出状态。N 线圈可以放置在程序段中的任何位置。

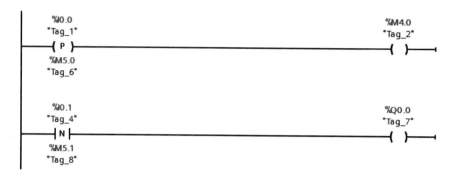

图 4-6　信号边沿指令

如图 4-7 所示，当输入 I0.0 由 0 状态变为 1 状态，M5.0 接通一个扫描周期，M5.3 监视 P 线圈输入的前一个状态。线圈 M6.0 的状态取决于 I0.0，与 P 线圈的能流状态无关。当输入 I0.1 由 1 状态变为 0 状态，M5.1 接通一个扫描周期，M5.4 监视 N 线圈输入的前一个状态。M6.0 的状态取决于 I0.0 的状态，M6.1 的状态取决于 I0.1 的状态。

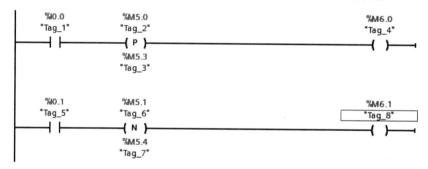

图 4-7　信号边沿置位操作数指令

8. 扫描逻辑运算结果的信号边沿指令

P_TRIG 和 N_TRIG 指令的输入端 CLK 的输入状态是其前面逻辑运算的结果，这两条指令可以扫描该逻辑运算结果的信号边沿。

P_TRIG：LAD/FBD 在 CLK 输入状态（FBD）或 CLK 能流输入（LAD）中检测到正跳变（关到开）时，Q 输出能流或逻辑状态为 TRUE。在 LAD 中，P_TRIG 指令不能放置在程序段的开头或结尾。在 FBD 中，P_TRIG 指令可以放置在除分支结尾外的任何位置。

N_TRIG：（LAD/FBD）在 CLK 输入状态（FBD）或 CLK 能流输入（LAD）中检测到负跳变（开到关）时，Q 输出能流或逻辑状态为 TRUE。在 LAD 中，N_TRIG 指令不能放置在程序段的开头或结尾。在 FBD 中，P_TRIG 指令可以放置在除分支结尾外的任何位置。

【例 4-1】　设计故障显示电路。

当故障信号接通（I0.0），故障指示灯（Q0.0）以 1Hz 频率闪烁，同时蜂鸣器（Q0.1）报警。当故障信号消失，故障指示灯熄灭，蜂鸣器停止报警。如果故障信号没有消失，此时操作人员按下复位按钮（I0.1），故障指示灯常亮，蜂鸣器停止报警，直到故障信息消失，故障指示灯熄灭。

如图 4-8 所示的电路可以实现上述功能。

当出现故障，I0.0 上升沿将故障信号用 M2.1 锁存起来；当故障消失，I0.0 下降沿将故障信号 M2.1 复位，或按下复位按钮（I0.1）将故障信号 M2.1 复位；M2.1 常开触点带动蜂鸣器报警（Q0.1），直到复位 M2.1；M2.1 常开触点与 M0.5（设置为秒脉冲）串联，使故障指示灯以 1Hz 频率闪烁，故障信号 M2.1 常闭触点与 I0.0 常开触点串联控制故障指示灯。当故障消失，熄灭指示灯，或当按下复位按钮。如果故障存在，指示灯常亮；如果故障消失，熄灭指示灯。

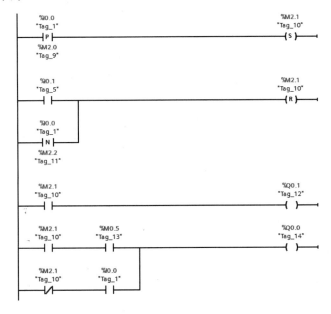

图 4-8　故障显示电路

4.2　定时器与计数器指令

S7-1200 使用符合 IEC 标准的定时器和计数器指令。使用定时器指令可创建编程的时间延时。用户程序中可以使用的定时器数仅受 CPU 存储器容量限制。使用计数器指令可以对内部程序事件和外部过程事件进行计数。

4.2.1　定时器指令

每个定时器均使用 16 字节的 IEC_Timer 数据类型的 DB 结构来存储功能框或线圈指令顶部指定的定时器数据。STEP 7 会在插入指令时自动创建该 DB。

下面介绍定时器的指令。

❑　TP 脉冲定时器可生成具有预设宽度时间的脉冲。

- ❑ TON 定时器在预设的延时过后将输出 Q 设置为 ON。
- ❑ TOF 定时器在预设的延时过后将输出 Q 重置为 OFF。
- ❑ TONR 定时器在预设的延时过后将输出 Q 设置为 ON。在使用 R 输入重置经过的时间之前，会跨越多个定时时段且一直累加经过的时间。
- ❑ PT（预设定时器）线圈会在指定的 IEC_Timer 中装载新的 PRESET 时间值。
- ❑ RT（复位定时器）线圈会复位指定的 IEC_Timer。

每个定时器都使用一个存储在数据块中的结构来保存定时器数据。在编辑器中放置定时器指令时即可分配该数据块。定时器参数如表 4-3 所示。

表 4-3　定时器参数

参　　数	数 据 类 型	说　　明
IN	Bool	启用定时器输入
R	Bool	将 TONR 经过的时间重置为零
PT	Time	预设的时间值输入
Q	Bool	定时器输出
ET	Time	经过的时间值输出
定时器数据块	DB	指定要使用 RT 指令复位的定时器

1．脉冲定时器

脉冲定时器在输入端 IN 从 0 跳变为 1 时，启动定时器 TP。Q 输出变为 1 状态，开始输出脉冲。定时开始后，当前时间 ET 从 0ms 开始不断增大，达到 PT 预设的时间时，Q 变为 0 状态。如果 IN 输入信号为 1 状态，则当前时间保持不变。如果 IN 输入信号为 0 状态，则当前时间变为 0ms。定时器运行期间，更改 PT 没有任何影响。其脉冲时序图如图 4-9 所示。

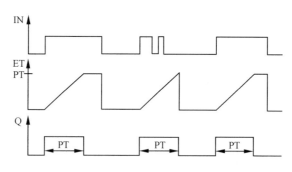

图 4-9　脉冲定时器脉冲时序图

2．TON定时器（接通延时定时器）

TON 定时器在输入端 IN 从 0 跳变为 1 时，启动该定时器。定时时间大于等于 PT 预设的延时过后，将输出 Q 设置为 ON，ET（当前时间）保持不变。当输入端 IN 断开时，定时器被复位，当前时间清零，输出 Q 变为 0 状态。如果 IN 输入信号在未达到PT 设定的时间变为 0 状态，输出 Q 保持 0 状态。其脉冲时序图如图 4-10 所示。

3．TOF定时器（关断延时定时器）

TOF 定时器在输入端 IN 接通时，输出 Q 为 1 状态，当前时间被清零。当输入端 IN 从 1 跳变为 0 时，开始定时。当前时间由 0ms 逐渐增大，当前时间大于等于 PT 预设的延时时间后，输出 Q 变为 0 状态，ET（当前时间）保持不变。直到输入端 IN 接通时，定时器被复位，当前时间清零，输出 Q 变为 1 状态。如果 IN 输入信号在未达到 PT 设定的时间变为 1 状态，输出 Q 保持 1 状态，当前时间被清零。其脉冲时序图如图 4-11 所示。

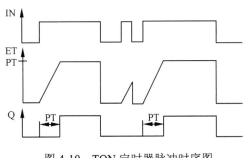
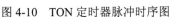
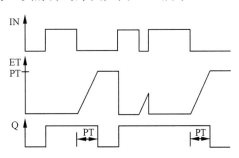

图 4-10　TON 定时器脉冲时序图　　　　图 4-11　TOF 定时器脉冲时序图

4．TONR定时器

TONR 定时器在输入端 IN 接通时，开始定时。当前时间逐渐增大，输入端断开时，累计的当前时间值保持不变。当输入端再次接通，当前时间值继续增大，当前时间大于等于 PT 预设的延时时间后，输出 Q 变为 1 状态，ET（当前时间）保持不变。直到复位端 R 接通时，定时器被复位，当前时间清零，输出 Q 变为 0 状态。其脉冲时序图如图 4-12 所示。

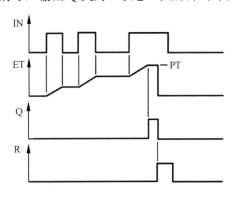

图 4-12　TONR 定时器脉冲时序图

5．PT（预设定时器）线圈和RT（复位定时器）线圈

该线圈通电时，将 PT 线圈下面指定的时间预设值写入定时器的背景数据块中的静态变量，将它作为定时器输入参数 PT 的实参。

当 RT（复位定时器）线圈接通时，会复位指定的 IEC_Timer。

PT（预设时间）和 ET（经过的时间）值以表示毫秒时间的有符号双精度整数形式存储在存储器中。TIME 数据使用 T#标识符，可以简单时间单元 T#200ms 或复合时间单元 T#2s_200ms 的形式输入。

🔔说明：在定时器指令中，负的 PT（预设时间）值在定时器指令执行时被设置为 0。ET（经过的时间）始终为正值。

【例 4-2】 固定间隔的脉冲输出电路。

当输入信号 I0.0 为 1 时，要求产生固定时间间隔的脉冲输出电路，如图 4-13 所示。

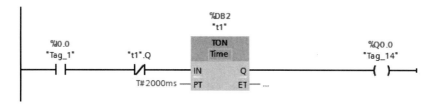

图 4-13 脉冲输出电路

当输入信号 I0.0 为 1 时，开始定时。2s 后定时时间到，Q0.0 线圈通电，下一个扫描周期因为 "t1".Q 的常闭触点断开，定时器重新开始定时，Q0.0 线圈断电，周而复始可以得到固定时间间隔的脉冲输出（脉冲宽度为一个扫描周期，时间间隔为 PT）。

【例 4-3】 水泵延时控制。

如图 4-14 所示，当压力低于下限，I0.0 闭合，延时 2s 后启泵（Q0.0）。当压力不低于下限，再经 PT 延时运行 10s。

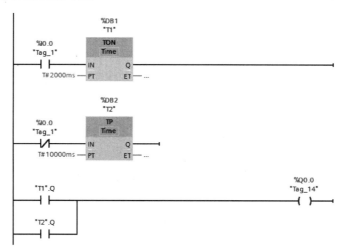

图 4-14 水泵延时控制

当压力低于下限，I0.0 常开触点闭合启动 TON 定时器 T1，延时时间到，"T1".Q 常开触点闭合，接通 Q0.0 启动水泵。当压力不低于下限，I0.0 常开触点断开，复位 "T1".Q，同时 I0.0 常闭触点闭合，启动 TP 脉冲定时器，闭合 "T2".Q 保持水泵运行，10s 后，断开 "T2".Q，停止水泵运行。

4.2.2　计数器指令

可使用计数器指令对内部程序事件和外部过程事件进行计数。S7-1200 PLC 有 3 种 IEC 计数器，即 CTU 加计数器、CTD 减计数器、CTUD 加减计数器。

每个计数器都使用数据块中存储的结构来保存计数器数据。在编辑器中放置计数器指令时分配相应的数据块。这些指令使用软件计数器,软件计数器的最大计数速率受其所在的 OB 的执行速率限制。指令所在的 OB 的执行频率必须足够高,以检测 CU 或 CD 输入的所有跳变。

从功能框名称下的下拉列表中选择计数值数据类型。可创建自己的"计数器名称"以命名计数器数据块,还可以描述该计数器在过程中的用途。

表 4-4　计数器参数

参　　数	数据类型	说　　明
CU、CD	Bool	加计数或减计数,按加或减一计数
R（CTU、CTUD）	Bool	将计数值重置为零
LOAD（CTD、CTUD）	Bool	预设值的装载控制
PV	SInt、Int、DInt、USInt、UInt、UDInt	预设计数值
Q、QU	Bool	CV >= PV 时为真
QD	Bool	CV <= 0 时为真
CV	SInt、Int、DInt、USInt、UInt、UDInt	当前计数值

计数值的数值范围取决于所选的数据类型。如果计数值是无符号整型数,则可以减计数到零或加计数到范围限值。如果计数值是有符号整数,则可以减计数到负整数限值或加计数到正整数限值。

1. 加计数器CTU

当加计数器 CTU 的参数 CU 的值从 0 变为 1 时,CTU 使计数值加 1。如果参数 CV(当前计数值)的值大于或等于参数 PV(预设计数值)的值,则计数器输出参数 Q = 1。如果复位参数 R 的值从 0 变为 1,则当前计数值复位为 0。如图 4-15 所示为计数值是无符号整数时的 CTU 时序图(其中,PV = 3)。

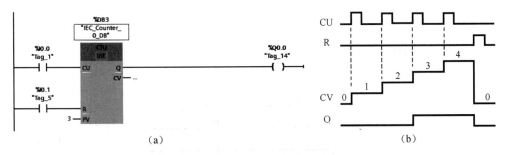

图 4-15　加计数器 CTU 指令及时序图
(a) CTU 指令;　(b) 时序图

2. 减计数器CTD

当减计数器 CTD 的参数 CD 的值从 0 变为 1 时,CTD 使计数值减 1。如果参数 CV(当前计数值)的值等于或小于 0,则计数器输出参数 Q=1。如果参数 LOAD 的值从 0 变为 1,则参数 PV(预设值)的值将作为新的 CV(当前计数值)装载到计数器。如图 4-16 所示为计数值是无符号整数时的 CTD 时序图(其中,PV = 3)。

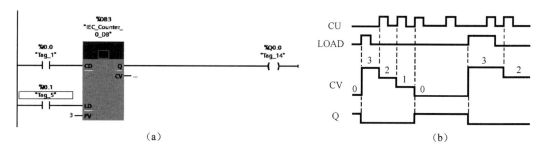

图 4-16 减计数器 CTD 指令及时序图
（a）CTD 指令；（b）时序图

3. 加减计数器CTUD

当加减计数器 CTUD 的加计数（CU, Count Up）或减计数（CD, Count Down）输入的值从 0 跳变为 1 时，CTUD 会使计数值加 1 或减 1。如果参数 CV（当前计数值）的值大于或等于参数 PV（预设值）的值，则计数器输出参数 QU = 1。如果参数 CV 的值小于或等于零，则计数器输出参数 QD = 1。如果参数 LOAD 的值从 0 变为 1，则参数 PV（预设值）的值将作为新的 CV（当前计数值）装载到计数器。如果复位参数 R 的值从 0 变为 1，则当前计数值复位为 0。如图 4-17 所示为计数值是无符号整数时的 CTUD 时序图（其中，PV =4）。

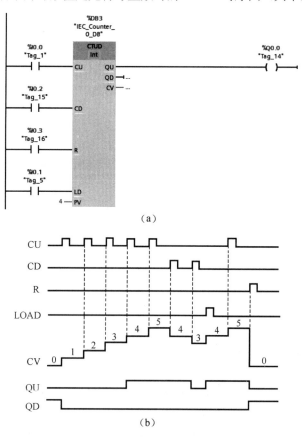

图 4-17 加减计数器 CTUD 指令及时序图
（a）CTUD 指令；（b）时序图

4.3　数据处理指令

S7-1200 PLC 具有丰富灵活的数据处理指令。本节主要介绍比较指令、使能输入与使能输出指令、转换操作指令、移动操作指令、移位与循环移位指令。

4.3.1　比较指令

1. 指令定义

使用比较指令可比较两个数据类型相同（IN1 与 IN2）的值。LAD 触点比较结果为 TRUE 时，该触点会被激活。如果 FBD 功能框比较结果为 TRUE，则功能框输出为 TRUE。

在程序编辑器中单击该指令后，可以从下拉菜单中选择比较类型和数据类型。

IN1 与 IN2 可以是 I、Q、M、L、D 存储区中的变量或常数。数据类型可以是 SInt、Int、DInt、USInt、UInt、UDInt、Real、LReal、String、Char、Time、DTL、Constant。

比较类型有=（IN1 等于 IN2）、<>（IN1 不等于 IN2）、>=（IN1 大于或等于 IN2）、<=（IN1 小于或等于 IN2）、>（IN1 大于 IN2）、<（IN1 小于 IN2）。

如图 4-18 所示，当 MW0=MW2 时，Q0.0 线圈带电；当 MD12 大于或等于 MD8，Q0.1 线圈带电。

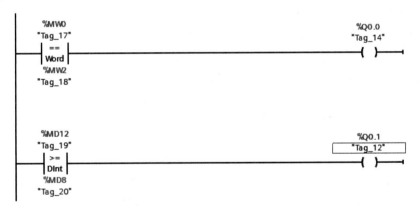

图 4-18　LAD 与 FBD 指令

2. 范围内和范围外指令

使用 IN_RANGE 和 OUT_RANGE 指令可测试输入值是否在指定的值范围内。当有能流流入指令功能框，执行比较，如果比较结果为 TRUE，则功能框输出为 TRUE。输入参数 MIN、VAL 和 MAX 的数据类型必须相同。

在程序编辑器中单击该指令后，可以从下拉菜单中选择数据类型。

IN_RANGE 指令的参数 VAL 满足 MIN<=VAL<=MAX 或 OUT_RANGE 指令的参数 VAL 满足 VAL<MIN 或 VAL > MAX 时，功能框输出为 TRUE。

如图 4-19 所示，当 I0.0 闭合，MW22 在区间（6000,27000）之外，Q0.1 线圈带电；不在区间（6400,27000）之内，Q0.0 线圈带电。

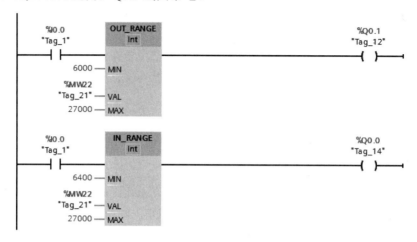

图 4-19　IN_RANGE 和 OUT_RANGE 指令

3. OK（检查有效性）和NOT_OK（检查无效性）指令

使用 OK 和 NOT_OK 指令可测试输入的参考数据是否为符合 IEEE 规范 754 的有效实数。

对于 LAD 和 FBD，如果该 LAD 触点为 TRUE，则激活该触点并传递能流；如果该 FBD 功能框为 TRUE，则功能框输出为 TRUE。

指令 IN 参数的数据类型为 Real, LReal。如果 Real 或 LReal 类型的值为+/-INF（无穷大）、NaN（不是数字）或者非标准化的值，则其无效。非标准化的值是非常接近于 0 的数字。CPU 在计算中用 0 替换非标准化的值。

4.3.2　使能输入与使能输出指令

在梯形图中，用方框表示某些指令、函数和函数块，输入信号和输入/输出信号均在方框的左边，输出信号均在方框的右边。梯形图中有一条提供"能流"的左侧垂直母线，如图 4-20 所示，I0.0 常开触点闭合时，能流流到方框指令的使能输入端 EN，方框指令才能执行。"使能"可以理解为允许。

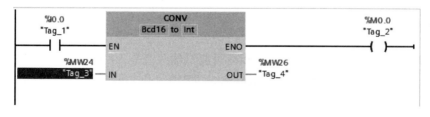

图 4-20　EN 与 ENO 指令

如果方框指令的 EN 端有能流流入，而且执行无错误，则使能输出 ENO 端将能流传递给下一个元件。如果执行过程中有错误，能流在出现错误的方框指令处终止。

如图 4-20 所示，CONVERT 是数据转换指令，将 16 位 BCD 码转换为有符号整数。当 I0.0 常开触点闭合时，MW24 转换前的值是合法数值（如 16#F234），指令 EN 端有能流流入，程序成功执行，将数值转换为十进制数（–234），同时，有能流从 ENO 输出端流出，M0.0 线圈带电。如果 MW24 转换前的值是非法数值（如 16#234F），则程序无法成功执行，ENO 输出端没有能流流出，M0.0 线圈无法带电。

4.3.3　转换操作指令

常用转换操作指令有 CONVERT 指令、ROUND（取整）和 TRUNC（截尾取整）指令、CEIL 和 FLOOR（浮点数向上和向下取整）指令、SCALE_X（标定）和 NORM_X（标准化）指令。

1. CONVERT指令

CONVERT 指令用于将数据元素从一种数据类型转换为另一种数据类型。在功能框名称下方单击，然后从下拉菜单中选择 IN 数据类型和 OUT 数据类型。

选择（转换源）数据类型之后，（转换目标）下拉列表中将显示可能的转换项列表。与 BCD16 进行相互转换仅限于 Int 数据类型。与 BCD32 进行转换仅限于 DInt 数据类型。指令参数的数据类型如表 4-5 所示。

表 4-5　CONVERT指令参数的数据类型

参数	数 据 类 型	说　　明
IN	SInt、Int、DInt、USInt、UInt、UDInt、Byte、Word、DWord、Real、LReal、Bcd16、Bcd32	IN 值
OUT	SInt、Int、DInt、USInt、UInt、UDInt、Byte、Word、DWord、Real、LReal、Bcd16、Bcd32	转换为新数据类型的 IN 值

如图 4-21 所示，当 I0.0 常开触点接通时，执行 CONVERT 指令，将 MD40 中的 32 位 BCD 码转换为双整数后送 MD44。

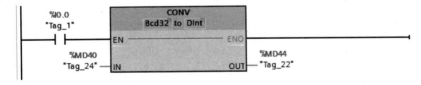

图 4-21　CONVERT 指令

2. ROUND（取整）和TRUNC（截尾取整）指令

ROUND 指令和 TRUNC 指令都用于将实数转换为整数。ROUND 指令将实数的小数部分取整为 0，TRUNC 指令则将小数部分去掉。

可以单击指令框内"???"（按指令名称）并从下拉菜单中选择数据类型。指令参数的数据类型如表 4-6 所示。

表 4-6　ROUND和TRUNC指令参数的数据类型

参　数	数　据　类　型	说　明
IN	Real、LReal	浮点型输入
OUT	SInt、Int、DInt、USInt、UInt、UDInt、Real、LReal	取整或截取后的输出

3. CEIL（浮点数向上）和FLOOR（向下取整）指令

CEIL 指令将实数（Real 或 LReal）转换为大于或等于所选实数的最小整数。FLOOR 指令将实数（Real 或 LReal）转换为小于或等于所选实数的最大整数。

可以单击指令框内"???"（按指令名称）并从下拉菜单中选择数据类型。指令参数的数据类型如表 4-7 所示。

表 4-7　CEIL和FLOOR指令参数的数据类型

参　数	数　据　类　型	说　明
IN	Real、LReal	浮点型输入
OUT	SInt、Int、DInt、USInt、UInt、UDInt、Real、LReal	转换后的输出

4. SCALE_X（标定）和NORM_X（标准化）指令

SCALE_X 指令按参数 MIN 和 MAX 指定的数据类型和值范围对标准化的实参数 VALUE（其中，$0.0 <= VALUE <= 1.0$）进行标定，即 OUT=VALUE(MAX−MIN)+MIN。NORM_X 指令按参数 MIN 和 MAX 指定的值范围对参数 VALUE（其中，$0.0 <= OUT <= 1.0$），即 OUT=(VALUE−MIN)/(MAX−MIN)。

可以单击指令框内"???"并从下拉菜单中选择数据类型。指令参数的数据类型如表 4-8 所示。

表 4-8　SCALE_X和NORM_X指令参数的数据类型

参　数	数　据　类　型	说　明
MIN	SInt、Int、DInt、USInt、UInt、UDInt、Real、LReal	输入范围的最小值
VALUE	SCALE_X:Real、LReal NORM_X:SInt、Int、DInt、USInt、UInt、UDInt、Real、LReal	要标定或标准化的输入值
MAX	SInt、Int、DInt、USInt、UInt、UDInt、Real、LReal	输入范围的最大值
OUT	SCALE_X:SInt、Int、DInt、USInt、UInt、UDInt、Real、LReal NORM_X: Real、LReal	标定或标准化后的输出值

对于 SCALE_X 及 NORM_X 指令，参数 MIN、MAX 和 OUT 的数据类型必须相同。

❑ SCALE_X 参数 VALUE 应限制为（$0.0 <= VALUE <= 1.0$）。如果参数 VALUE 小于 0.0 或大于 1.0，线性标定运算会生成一些小于 MIN 参数值或大于 MAX 参数值的 OUT 值。作为 OUT 值，这些数值在 OUT 数据类型值范围内。此时，SCALE_X 执行会设置 ENO =TRUE，还可能会生成一些不在 OUT 数据类型值范围内的标定数值。此时，OUT 参数值会被设置为一个中间值，该中间值等于被标定实数在最终转换为 OUT 数据类型之前的最低有效部分。在这种情况下，SCALE_X 执行会

设置 ENO =FALSE。

❑ NORM_X 参数 VALUE 应限制为（MIN <= VALUE <= MAX）。如果参数 VALUE 小于 MIN 或大于 MAX，线性标定运算会生成小于 0.0 或大于 1.0 的标准化 OUT 值。在这种情况下，NORM_X 执行会设置 ENO = TRUE。

【例 4-4】（LAD）标准化和标定模拟量输入值。

来自电流输入型模拟量信号模块或信号板的模拟量输入的有效值为 0～27648。假设模拟量输入代表温度，其中模拟量输入值 0 表示-30.0℃，27648 表示 70.0℃。

要将模拟值转换为对应的工程单位，应将输入标准化为 0.0～1.0，然后将其标定为-30.0～70.0。结果值是用模拟量输入（以℃为单位）表示的温度，如图 4-22 所示。

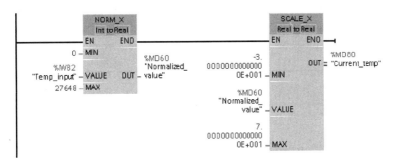

图 4-22 标准化和标定模拟量输入值

注意：如果模拟量输入来自电压型模拟量信号模块或信号板，则 NORM_X 指令的 MIN 值是-27648，而不是 0。

【例 4-5】（LAD）标准化和标定模拟量输出值。

要在电流输出型模拟量信号模块或信号板中设置的模拟量输出的有效值必须在0～27648。假设模拟量输出表示温度设置，其中模拟量输入值 0 表示-30.0℃，27648 表示 70.0℃。要将存储器中的温度值（范围是-30.0～70.0）转换为 0～27648 范围内的模拟量输出值，必须将以工程单位表示的值标准化为 0.0～1.0 的值，然后将其标定为 0～27648 范围内的模拟量输出值，如图 4-23 所示。

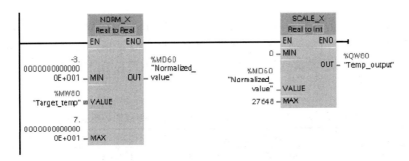

图 4-23 标准化和标定模拟量输出值

注意：如果模拟量输出应用到电压型模拟量信号模块或信号板，则 SCALE_X 指令的 MIN 值是-27648，而不是 0。

4.3.4 移动操作指令

1．移动值指令

移动值指令 MOVE 用于将单个数据元素从参数 IN 指定的源地址复制到参数 OUT 指定的目标地址，并将数据类型转换为 OUT 允许的数据类型。移动过程不会更改源数据。MOVE 指令参数的数据类型如表 4-9 所示。

表 4-9　MOVE 指令参数的数据类型

参数	数据类型	说　明
IN	SInt、Int、DInt、USInt、UInt、UDInt、Real、LReal、Byte、Word、DWord、Char、WChar、Array、Struct、DTL、Time、Date、TOD、IEC 数据类型、PLC 数据类型	源地址
OUT	SInt、Int、DInt、USInt、UInt、UDInt、Real、LReal、Byte、Word、DWord、Char、WChar、Array、Struct、DTL、Time、Date、TOD、IEC 数据类型、PLC 数据类型	目标地址

如图 4-24 所示，当 I0.0 的常开触点闭合，执行 MOVE 指令，将 MW20 中的数据复制到 MW22 中，并将数据转换为 MW22 允许的数据类型。

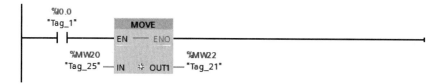

图 4-24　MOVE 指令

2．交换指令

IN 和 OUT 为数据类型 Word 时，交换指令 SWAP 交换输入 IN 的高、低字节，交换后保存到 OUT 指定的地址。IN 和 OUT 为数据类型 Dword 时，交换 4 个字节中数据的顺序，交换后保存到 OUT 指定的地址。

3．存储区移动指令

MOVE_BLK 指令用于将原数据区的数据移动到目标存储区。COUNT 指定要复制的数据元素个数，IN 和 OUT 是待复制区域中的首个元素。每个被复制元素的字节数取决于 PLC 变量表中分配给 IN 和 OUT 参数变量名称的数据类型。MOVE_BLK 和 UMOVE_BLK 指令参数的数据类型如表 4-10 所示。

表 4-10　MOVE_BLK 和 UMOVE_BLK 指令参数的数据类型

参数	数据类型	说　明
IN	SInt、Int、DInt、USInt、UInt、UDInt、Real、LReal Byte、Word、DWord、Time、Date、TOD、WChar	源起始地址
COUNT	UInt	要复制的数据元素数
OUT	SIn、Int、DInt、USInt、UInt、UDInt、Real、LReal、Byte、Word、DWord、Time、Date、TOD、WChar	目标起始地址

如图 4-25 所示，当 I0.0 的常开触点闭合，执行 MOVE_BLK 指令，将数据块 1 中的数组 Static 的 0 号元素开始的 10 个 Int 元素的值，复制到数据块 2 中的数组 Static 的 0 号元素开始的 10 个元素。

图 4-25　MOVE_BLK 指令

4.3.5　移位与循环移位指令

1．SHR（右移）和SHL（左移）指令

使用移位指令（SHR 和 SHL）可以移动参数 IN 的位序列，结果将分配给参数 OUT。参数 N 指定移位的位数：SHR 指令是右移位序列，SHL 指令是左移位序列。其参数的数据类型如表 4-11 所示。

可以单击指令框内"???"并从下拉菜单中选择数据类型。

表 4-11　SHR和SHL指令参数的数据类型

参　　数	数据类型	说　　明
IN	整数	要移位的位序列
N	USInt、UDint	要移位的位数
OUT	整数	移位操作后的位序列

若参数 N=0，则不移位，将 IN 值分配给 OUT。移位操作清空的位用 0 填充。如果要移位的位数（N）超过目标值中的位数（Byte 为 8 位、Word 为 16 位、DWord 为 32 位），则所有原始位值将被移出并用 0 代替（将 0 分配给 OUT）。对于移位操作，ENO 总是为 TRUE。

【例 4-6】　Word 数据的 SHL。

IN 为 1110 0010 1010 1101，首次移位前的 OUT 值为 1110 0010 1010 1101。首次左移后 OUT 值为 1100 0101 0101 1010，第二次左移后 OUT 值为 1000 1010 1011 0100，第三次左移后 OUT 值为 0001 0101 0110 1000。

2．ROR（循环右移）和ROL（循环左移）指令

循环指令（ROR 和 ROL）用于将参数 IN 的位序列循环移位，结果分配给参数 OUT。参数N定义循环移位的位数。ROR指令是循环右移位序列，ROL指令是循环左移位序列。其参数的数据类型如表 4-12 所示。

可以单击程序块内"???"并从下拉菜单中选择数据类型。

表 4-12　ROR和ROL指令参数的数据类型

参　　数	数 据 类 型	说　　明
IN	整数	要移位的位序列
N	USInt、UDint	要移位的位数
OUT	整数	移位操作后的位序列

若 N=0，则不循环移位，将 IN 值分配给 OUT。从目标值一侧循环移出的位数据将循环移位到目标值的另一侧，因此原始位值不会丢失。如果要循环移位的位数（N）超过目标值中的位数（Byte 为 8 位、Word 为 16 位、DWord 为 32 位），仍将执行循环移位。执行循环指令之后，ENO 始终为 TRUE。

【例 4-7】　Word 数据的 ROR。

IN 为 1110 0010 1010 1101 首次移位前的 OUT 值为 1110 0010 1010 1101。首次左移后 OUT 值为 1100 0101 0101 1010，第二次左移后 OUT 值为 1000 1010 1011 0100，第三次左移后 OUT 值为 0001 0101 0110 1000。

4.4　数学运算指令

S7-1200 PLC 数学运算指令包括数学函数指令和字逻辑运算指令。

4.4.1　数学函数指令

1. CALCULATE（计算）指令

CALCULATE 指令用于创建作用于多个输入上的数学函数（IN1，IN2，…，INn），并根据定义的等式在 OUT 处生成结果。

在 Basic 指令树中，展开"数学函数"（Math functions）文件夹。双击 Calculate 指令，可将该指令插入用户程序中，如图 4-26 所示。

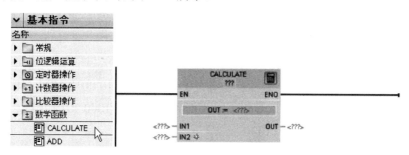

图 4-26　插入 CALCULATE 指令

单击指令框内"???"并为输入参数和输出参数选择数据类型如图 4-27 所示。所有输入和输出的数据类型必须相同。要添加其他输入，请单击最后一个输入处的图标。

IN 和 OUT 参数的数据类型可以选择 SInt、Int、DInt、USInt、UInt、UDInt、Real、LReal、Byte、Word、DWord。IN 和 OUT 参数必须具有相同的数据类型（通过对输入参数进行隐

式转换）。

🔔提醒：如果 OUT 是 INT 或 REAL，则 SINT 输入值将转换为 INT 或 REAL 值。

单击计算器图标可打开对话框，在其中定义数学函数。输入等式作为输入（如 IN1 和 IN2）和操作数，如图 4-28 所示。单击"确定"按钮保存函数，对话框会自动生成 CALCULATE 指令的输入。

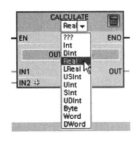

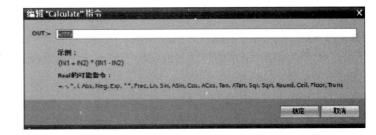

图 4-27　选择数据类型　　　　　　　　图 4-28　输入等式

如果要实现 Out value = ((Out high–Out low) / (In high–In low)) * (In value–In low) + Out low 的计算，应输入 Out = ((in4–in5) / (in2–in3)) * (in1–in3) + in5。

其中：Out value (Out) 标定输出值，In value (in1)标定模拟量输入值，In high (in2) 标定输入值的上限，In low (in3) 标定输入值的下限，Out high (in4) 标定输出值的上限，Out low (in5) 标定输出值的下限。

🔔说明：必须为函数中的任何常量生成输入，然后在指令 CALCULATE 的相关输入中输入该常量值。

通过输入常量作为输入，可将 CALCULATE 指令复制到用户程序的其他位置，从而无须更改函数。之后，不需要修改函数，就可以更改指令输入的值或变量。

当执行 CALCULATE 指令并成功完成计算中的所有单个运算时，ENO=1，否则 ENO=0。

2．加法、减法、乘法和除法指令

❑ ADD：加法（IN1+IN2=OUT）。
❑ SUB：减法（IN1–IN2=OUT）。
❑ MUL：乘法（IN1*IN2=OUT）。
❑ DIV：除法（IN1/IN2=OUT），整数除法运算会截去商的小数部分以生成整数。

对于 LAD 和 FBD，单击指令框内"???"并从下拉菜单中选择数据类型，参数的数据类型如表 4-13 所示。

表 4-13　加法、减法、乘法和除法指令参数的数据类型

参　　数	数　据　类　型	说　　明
IN1 和 IN2	SInt、Int、DInt、USInt、UInt、UDInt、Real、LReal、常数	数学运算输入
OUT	SInt、Int、DInt、USInt、UInt、UDInt、Real、LReal	数学运算输出

参数 IN1、IN2 和 OUT 的数据类型必须相同。

要添加 ADD 或 MUL 输入，请单击"创建"（Create）图标，或在其中一个现有 IN 参数的输入短线处单击右键，并执行"插入输入"（Insert input）命令。

要删除输入，请在其中一个现有 IN 参数（多于两个原始输入时）的输入短线处单击右键，并执行"删除"（Delete）命令。

启用数学指令（EN=1）后，指令会对输入值（IN1 和 IN2）执行指定的运算，并将结果存储在通过输出参数（OUT）指定的存储器地址中。运算成功完成后，指令会设置 ENO=1。

【例 4-8】 计算温度值的计算程序。

请计算如图 4-29 所示的程序对应的温度值，其中温度变送器量程为 0～100℃，信号为 4～20mA。转换后的数值存于 IW64。

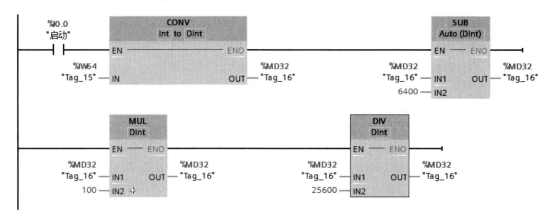

图 4-29　温度计算程序

温度值为 T=(IW64-6400)/(32000-6400)*100℃

3．MOD（返回除法的余数）指令

可以使用 MOD 指令返回整数除法运算的余数。用输入 IN1 的值除以输入 IN2 的值，在输出 OUT 中返回余数。

可以单击指令框内"???"，并从下拉菜单中选择数据类型，参数的数据类型如表 4-14 所示。

表 4-14　MOD指令参数的数据类型

参　数	数　据　类　型	说　明
IN1 和 IN2	SInt、Int、DInt、USInt、UInt、UDInt、常数	求模输入
OUT	SInt、Int、DInt、USInt、UInt、UDInt	求模输出

参数 IN1、IN2 和 OUT 的数据类型必须相同。

4．NEG（求二进制补码）指令

使用 NEG 指令可将参数 IN 的值的算术符号取反，并将结果存储在参数 OUT 中。

可以单击"???"并从下拉菜单中选择数据类型，参数的数据类型如表 4-15 所示。

表 4-15　NEG指令参数的数据类型

参　　数	数 据 类 型	说　　明
IN	SInt、Int、DInt、Real、LReal、Constant	数学运算输入
OUT	SInt、Int、DInt、Real、LReal	数学运算输出

参数 IN 和 OUT 的数据类型必须相同。

5. INC（递增）和DEC（递减）指令

INC 指令是递增有符号或无符号整数值，IN_OUT 值+1 = IN_OUT 值。

DEC 指令是递减有符号或无符号整数值，IN_OUT 值−1 = IN_OUT 值。

可以单击"???"并从下拉菜单中选择数据类型。数字运算输入和输出的参数类型可以是 SInt、Int、DInt、USInt、UInt、UDInt。

6. ABS（计算绝对值）指令

ABS（绝对值）指令是计算参数 IN 的有符号整数或实数的绝对值，并将结果存储在参数 OUT 中。

可以单击指令框内"???"并从下拉菜单中选择数据类型。数字运算输入和输出的参数类型可以是 SInt、Int、DInt、Real、LReal，参数 IN 和 OUT 的数据类型必须相同。

7. MIN（获取最小值）和MAX（获取最大值）指令

MIN 指令用于比较两个参数 IN1 和 IN2 的值，并将最小（较小）值分配给参数 OUT。

MAX 指令用于比较两个参数 IN1 和 IN2 的值，并将最大（较大）值分配给参数 OUT。

可以单击指令框内"???"并从下拉菜单中选择数，参数的数据类型如表 4-16 所示。

表 4-16　MIN指令和MAX指令参数的数据类型

参　　数	数 据 类 型	说　　明
IN1 和 IN2[...IN32]	SInt、Int、DInt、USInt、UInt、UDInt、Real、LReal、Time、Date、TOD、常数	数学运算输入（最多 32 个输入）
OUT	SInt、Int、DInt、USInt、UInt、UDInt、Real、LReal、Time、Date、TOD	数学运算输出

IN1、IN2 和 OUT 参数的数据类型必须相同。

要添加输入，请单击"创建"（Create）图标，或在其中一个现有 IN 参数的输入短线处单击右键，并执行"插入输入"（Insert input）命令。要删除输入，请在其中一个现有 IN 参数（多于两个原始输入时）的输入短线处单击右键，并执行"删除"（Delete）命令。

8. LIMIT（设置限值）指令

LIMIT 指令用于将参数 IN 的值限制在参数 MIN 和 MAX 指定的值范围内。

可以单击"???"并从下拉菜单中选择数据类型，参数的数据类型如表 4-17 所示。

表 4-17　LIMIT指令参数的数据类型

参　　数	数 据 类 型	说　　明
MN、IN 和 MAX	SInt、Int、DInt、USInt、UInt、UDInt、Real、LReal、Time、Date、TOD、常数	数学运算输入
OUT	SInt、Int、DInt、USInt、UInt、UDInt、Real、LReal、Time、Date、TOD	数学运算输出

参数 MN、IN、MAX 和 OUT 的数据类型必须相同。如果参数 IN 的值在指定的范围内，则 IN 的值将存储在参数 OUT 中。如果参数 IN 的值超出指定的范围，则 OUT 值为参数 MIN 的值（如果 IN 值小于 MIN 值）或参数 MAX 的值（如果 IN 值大于 MAX 值）。

如图 4-30 所示，当 I0.0 闭合，执行 MIN 指令，将 MB20 和 MB21 中较小的数值送给 MB22。如果指令正确执行，能流将传递给 LIMIT 指令的 EN 端，执行该指令。当 MW30 的数值在 900～30000 范围内，将 MW30 的数值传送给 MW32。当 MW30 的数值不大于 900，则将 900 传送给 MW32。当 MW30 的数值不小于 30000，则将 30000 传送给 MW32。

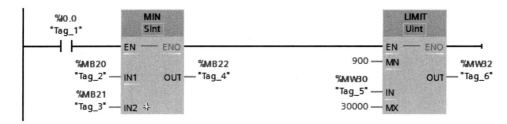

图 4-30   MIN 指令和 LIMIT 指令

4.4.2   字逻辑运算指令

1. AND、OR和XOR逻辑运算指令

字逻辑运算指令对两个输入 IN1 和 IN2 逐位进行逻辑运算，运算结果在 OUT 制定的地址中，如图 4-31 所示。

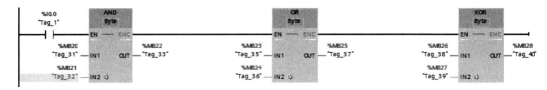

图 4-31   AND、OR 和 XOR 指令

- ❑ AND：逻辑与运算指令。两个操作数的同一位均为 1，运算结果的对应位为 1，否则为 0。
- ❑ OR：逻辑或运算指令。两个操作数的同一位均为 0，运算结果的对应位为 0，否则为 1。
- ❑ XOR：逻辑异或运算指令。两个操作数的同一位不相同，运算结果的对应位为 1，否则为 0。

对于 LAD 和 FBD，单击指令框内 "???" 并从下拉菜单中选择数据类型。逻辑输入/输出的数据类型可以选择 Byte、Word、DWord。

要添加输入，请单击 "创建"（Create）图标，或在其中一个现有 IN 参数的输入短线处单击右键，并执行 "插入输入"（Insert input）命令。要删除输入，请在其中一个现有 IN 参数（多于两个原始输入时）的输入短线处单击右键，并执行 "删除"（Delete）命令。

2. INV（求反码）指令

INV 指令计算参数 IN 的二进制反码。通过对参数 IN 各位的值取反来计算反码（将每个 0 变为 1，每个 1 变为 0）。执行该指令后，ENO 总是为 TRUE。

可以单击指令框内"???"并从下拉菜单中选择数据类型。取反的数据输入/输出的数据类型可以选择 SInt、Int、DInt、USInt、UInt、UDInt、Byte、Word、DWord。

3. DECO（解码）和ENCO（编码）指令

ENCO 指令将位序列编码成二进制数。ENCO 指令将参数 IN 转换为与参数 IN 的最低有效设置位的位位置对应的二进制数，并将结果返回给参数 OUT。如果参数 IN 为 0000 0001 或 0000 0000，则将值 0 返回给参数 OUT。如果参数 IN 的值为 0000 0000，则 ENO 设置为 FALSE。

DECO 指令将二进制数解码成位序列。DECO 指令通过将参数 OUT 中的相应位位置设置为 1（其他所有位设置为 0）解码参数 IN 中的二进制数。执行 DECO 指令之后，ENO 始终为 TRUE。

可以单击指令框内"???"并从下拉菜单中选择数据类型，参数的数据类型如表 4-18 所示。DECO 指令的默认数据类型为 DWORD。在 SCL 中，将指令名称更改为 DECO_BYTE 或 DECO_WORD 可解码字节或字值，并分配到字节或字变量或地址。

表 4-18　DECO指令参数的数据类型

参数	数 据 类 型	说　　明
IN	ENCO：Byte、Word、DWord、DECO：UInt	ENCO：要编码的位序列；DECO：要解码的值
OUT	ENCO：Int；DECO：Byte、Word、DWord	ENCO：编码后的值；DECO：解码后的位序列

DECO 参数 OUT 的数据类型选项（Byte、Word 或 DWord）限制参数 IN 的可用范围。如果参数 IN 的值超出可用范围，将执行求模运算。

下面列举 DECO 参数 IN 的范围。

❑ 3 位（值 0～7）IN 用于设置 Byte OUT 中 1 的位位置。

❑ 4 位（值 0～15）IN 用于设置 Word OUT 中 1 的位位置。

❑ 5 位（值 0～31）IN 用于设置 DWord OUT 中 1 的位位置。

4.5　程序控制操作指令

程序控制操作指令也称转移指令。执行程序时，有时机器执行到某条指令时，出现了几种不同结果，这时机器必须执行一条转移指令来根据不同结果进行转移，从而改变程序原来执行的顺序。这种转移指令称为条件转移指令。除各种条件转移指令外，还有返回指令、重新触发扫描时间监视狗指令、退出程序指令、获取错误指令、结构化控制语言等。

1．JMP（RLO=1时跳转）、JMPN（RLO=0时跳转）和LABEL（跳转标签）指令

JMP 跳转指令（如图 4-32 所示），当 RLO（逻辑运算结果）=1 时跳转。如果有能流通过 JMP 线圈（LAD），或者 JMP 功能框的输入为真（FBD），则程序将终止程序的顺序执行，从指定标签后的第一条指令继续执行。

JMPN 指令，当 RLO=0 时跳转。如果没有能流通过 JMPN 线圈（LAD），或者 JMPN 功能框的输入为假（FBD），则程序将终止程序的顺序执行，从指定标签后的第一条指令继续执行。

LABEL 指令是 JMP 或 JMPN 跳转指令的目标标签。在 LABEL 指令中可直接输入标签名称。可以使用参数助手图标选择 JMP 和 JMPN 标签名称字段可用的标签名称，也可在 JMP 或 JMPN 指令中直接输入标签名称。

参数 Label_name 的数据类型为标签标识符，是跳转指令以及相应跳转目标程序标签的标识符。各标签在代码块内必须唯一。可以在代码块中进行跳转，但不能从一个代码块跳转到另一个代码块。可以向前或向后跳转。可以在同一代码块中从多个位置跳转到同一标签。

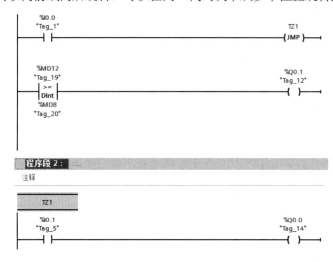

图 4-32　JMP 指令

2．JMP_LIST（定义跳转列表）指令

JMP_LIST 指令用作程序跳转分配器，控制程序段的执行，参数的数据类型如表 4-19 所示。根据 K 输入的值跳转到相应的程序标签。程序从目标跳转标签后面的程序指令继续执行。

表 4-19　JMP_LIST指令参数的数据类型

参　　数	数据类型	说　　明
K	UInt	跳转分配器控制值
DEST0, DEST1, .., DESTn	程序标签	与特定 K 参数值对应的跳转目标标签。如果 K 的值等于 0，则跳转到分配给 DEST0 输出的程序标签。如果 K 的值等于 1，则跳转到分配给 DEST1 输出的程序标签，以此类推。如果 K 输入的值超过（标签数-1），则不进行跳转，继续处理下一程序段

在程序中第 1 次放置 JMP_LIST 功能框时，该功能框有 2 个跳转标签输出。可以添加或删除跳转目标。

单击功能框内的创建图标（位于最后一个 DEST 参数的左侧），可添加新的跳转标签输出。右键单击输出短线，并执行"插入输出"（Insert output）命令。右键单击输出短线，并执行"删除"（Delete）命令。

3. SWITCH（跳转分配器）指令

SWITCH 指令用作程序跳转分配器，控制程序段的执行。根据 K 输入的值与分配给指定比较输入的值的比较结果，跳转到与第一个为"真"的比较测试相对应的程序标签。如果比较结果都不为 TRUE，则跳转到分配给 ELSE 的标签。程序从目标跳转标签后面的程序指令继续执行。

可以在功能框名称下方"???"处单击，并从下拉菜单中选择数据类型。参数 K 的数据类型为 UInt。K 输入和比较输入（==，<>，<，<=，>，>=）的数据类型必须相同。对于 K 与特定比较对应的跳转目标标签，首先处理 K 输入下面的第一个比较输入。如果 K 值与该输入的比较结果为"真"，则跳转到分配给 DEST0 的标签。下一比较测试使用接下来的下一个输入，如果比较结果"真"，则跳转到分配给 DEST1 的标签。依次对其他比较进行类似的处理，如果比较结果都不为"真"，则跳转到分配给 ELSE 输出的标签。

如图 4-33 所示，当 M2.0 常开触点闭合，执行 SWITCH 指令。当 MB0 的值等于 100，则程序跳转至 LOOP0。当 MB0 的值大于 50，则程序跳转至 LOOP1。当 MB0 的值不大于 50 且不等于 100，则程序跳转至 LOOP2。

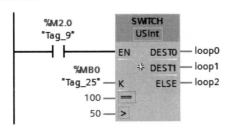

图 4-33　SWITCH 指令

4. RE_TRIGR（重新启动周期监视时间）指令

RE_TRIGR 指令用于延长扫描循环监视狗定时器生成错误前允许的最大时间。

RE_TRIGR 指令可在单个扫描循环期间重新启动扫描循环监视定时器。结果是从最后一次执行 RE_TRIGR 功能开始，使允许的最大扫描周期延长一个最大循环时间段。

🖢说明：对于 S7-1200 CPU 硬件版本 2.2 之前的版本，RE_TRIGR 限制为从程序循环 OB 执行，并可能用于无限期地延长 PLC 扫描时间。如果从启动 OB、中断 OB 或错误 OB 执行 RE_TRIGR，则不会复位监视狗定时器且 ENO = FALSE。

对于硬件版本 2.2 及以上版本，可从任何 OB（包括启动、中断和错误 OB）执行 RE_TRIGR。但是，PLC 扫描时间最长只能延长到已组态最大循环时间的 10 倍。

可以在设备配置的"循环时间"（Cycle time）下组态最大扫描循环时间值。最大循环时间默认值为 150ms，最大可设置为 6000 ms，最小可设置为 1ms。

如果最大扫描循环定时器在扫描循环完成前达到预置时间，则会生成错误。如果用户程序中包含时间错误中断 OB（OB 80），则 CPU 将执行时间错误中断 OB，该中断可包含程序逻辑以创建具体响应。如果用户程序不包含时间错误中断 OB，则忽略第一个超时条件，并且 CPU 保持在 RUN 模式。如果在同一程序扫描中第二次发生最大扫描时间超时（2 倍的最大循环时间值），则触发错误会导致切换到 STOP 模式。

在 STOP 模式下，用户程序停止执行，而 CPU 系统通信和系统诊断仍继续执行。

5．STP（退出程序）与指令

STP 可将 CPU 置于 STOP 模式。CPU 处于 STOP 模式时，将停止程序执行并停止过程映像的物理更新。

如果 EN = TRUE，CPU 将进入 STOP 模式，程序执行停止，并且 ENO 状态无意义。否则，EN = ENO = 0。

6．RET（返回）指令

可选的 RET 指令用于终止当前块的执行。当且仅当有能流通过 RET 线圈（LAD），或者当 RET 功能框的输入为真（FBD）时，则当前块的程序执行将在该点终止，并且不执行 RE 指令以后的指令。如果当前块为 OB，则参数"Return_Value"将被忽略。如果当前块为 FC 或 FB，则将参数 Return_Value 的值作为被调用功能框的 ENO 值传回到调用例程。

不要求用户将 RET 指令用作块中的最后一个指令，该操作是自动完成的。1 个块中可以有多个 RET 指令。

RET 指令的 Return_value 参数的数据类型为 Bool，被分配给调用块中块调用功能框的 ENO 输出。

以下是在 FC 代码块中使用 RET 指令的步骤。

[1]　创建新项目并添加 FC。

[2]　编辑该 FC，从指令树添加指令。添加一个 RET 指令，包括参数 Return_Value 的值（TRUE、FALSE）之一，或用于指定所需返回值的存储位置。添加更多的指令。

[3]　从 MAIN [OB1]调用 FC。

MAIN 代码块中 FC 功能框的 EN 输入必须为真，才能开始执行 FC。

执行了有能流通过 RET 指令的 FC 后，该 FC 的 RET 指令所指定的值将出现在 MAIN 代码块中 FC 功能框的 ENO 输出上。

7．GET_ERROR和GET_ERROR_ID指令

获取错误指令提供有关程序块执行错误的信息。如果在代码块中添加了 GET_ERROR 或 GET_ERROR_ID 指令，便可在程序块中处理程序错误。

GET_ERROR（获得本地错误信息）指令指示发生本地程序块执行错误，并用详细错误信息填充预定义的错误数据结构。

GET_ERROR 指令用输出参数 ERROR 显示程序块内发生的错误，该错误通常为访问错误。#ERROR1 是在 OB1 的接口区定义的数据类型为 ErrorStruct（错误结构）的临时局部变量。

GET_ERROR_ID（获取本地错误信息和获取本地错误 ID）指令用来报告错误的标识符 ID。当指令的 EN 输入为 1 状态时，块执行时出现错误，出现的第一个错误的标识符保存在指令的输出参数 ID 中，ID 的数据类型为 Word。第一个错误消失时，指令输出下一个错误的 ID。

8．结构化控制语言(Structured Control Language, SCL)

它提供 3 类用于结构化用户程序的程序控制语句。

❑ 选择语句：可将程序执行转移到备选语句序列。

❑ 循环：可以使用迭代语句控制循环执行。迭代语句指定应根据某些条件重复执行的程序部分。

❑ 程序跳转：指立刻跳转到特定的跳转目标，因而跳转到同一块内的其他语句。

这些程序控制语句都使用 PASCAL 编程语言的语法，SCL 程序控制语句的类型及说明如表 4-20 所示。

表 4-20　SCL程序控制语句的类型

程序控制语句		说　　　明
选择	IF-THEN 语句	用将程序执行转移到 2 个备选分支之一（取决于条件为 TRUE 还是 FALSE）
	CASE 语句	用于选择执行 n 个备选分支之一（取决于变量值）
循环	FOR 语句	只要控制变量在指定值范围内，就重复执行某一语句序列
	WHILE-DO 语句	只要仍满足执行条件，就重复执行某一语句序列
	REPEAT-UNTIL 语句	重复执行某一语句序列，直到满足终止条件为止
程序跳转	CONTINUE 语句	停止执行当前循环，迭代 EXIT 语句无论是否满足终止条件，都会随时退出循环
	GOTO 语句	使程序立即跳转到指定标签
	RETURN 语句	使程序立刻退出正在执行的块，返回到调用块

4.6　日期和时间指令

日期和时间指令用于日历和时间计算，包括转换提取指令、时间加减指令、时差指令和系统时间指令等。

1．日期和时间数据类型

日期和时间指令用于日历和时间计算。日期和时间数据类型如表 4-21 所示。

表 4-21　日期和时间数据类型

数据类型	大　小	范　　围	常量输入示例
Time	32 位	−2,147,483,648～+2,147,483,647 ms	T#1d_2h_15m_30s_45ms 500h10000ms 10d20h30m20s630ms
日期	16 位	D#1990-1-1～D#2168-12-31	D#2009-12-31 DATE#2009-12-31 2009-12-31

数据类型	大　小	范　　围	常量输入示例
Time_of_Day	32 位	TOD#0:0:0.0～TOD#23:59:59.999	TOD#10:20:30.400 TIME_OF_DAY#10:20:30.400 23:10:1
DTL（长格式日期和时间）	12 个字节	最小：DTL#1970-01-01-00:00:00.0 最大：DTL#2262-04-11:23:47:16.854775807	DTL#2008-12-16-20:30:20.250

（1）TIME 数据作为有符号双整数存储，单位为毫秒（ms）。编辑器格式可以使用日期（d）、小时（h）、分钟（m）、秒（s）和毫秒（ms）信息。

不需要指定全部时间单位。例如，T#5h10s 和 500h 均有效。所有指定单位值的组合值不能超过以毫秒表示的时间日期类型的上限或下限（−2,147,483,648～+2,147,483,647 ms）。

（2）DATE 数据作为无符号整数值存储，为添加到基础日期 1990 年 1 月 1 日的天数，用以获取指定日期。编辑器格式必须指定年、月和日。

（3）TOD（TIME_OF_DAY）数据作为无符号双整数值存储，为自指定日期的凌晨算起的毫秒数（凌晨= 0ms）。必须指定小时（24 小时/天）、分钟和秒。可以选择指定小数秒格式。

（4）DTL（日期和时间长型）数据类型使用 12 个字节的结构保存日期和时间信息。

2．T_CONV（转换时间并提取）指令

T_CONV 将值在（日期和时间数据类型）以及（字节、字和双字大小数据类型）之间进行转换。

可以单击"???"并从下拉菜单中选择源/目标数据类型，其数据类型如表 4-22 所示。

表 4-22　T_CONV指令的有效数据类型

数据类型 IN（或 OUT）	数据类型 OUT（或 IN）
TIME（毫秒）	DInt、Int、SInt、UDInt、UInt、USInt、TOD 仅 SCL：Byte、Word、Dword
DATE（自 1990 年 1 月 1 日起的天数）	DInt、Int、SInt、UDInt、UInt、USInt、DTL 仅 SCL：Byte、Word、Dword
TOD（自午夜起至 24:00:00.000 的毫秒）	DInt、Int、SInt、UDInt、UInt、USInt、TIME、DTL 仅 SCL：Byte、Word、Dword

3．T_ADD（时间相加）和T_SUB（时间相减）指令

T_ADD 将输入 IN1 的值（DTL 或 Time 数据类型）与输入 IN2 的 Time 值相加。参数 OUT 提供 DTL 或 Time 值结果。允许两种数据类型的运算，即 Time+Time=Time 和 DTL+Time=DTL。

T_SUB 从 IN1（DTL 或 Time 值）中减去 IN2 的 Time 值。参数 OUT 以 DTL 或 Time 数据类型提供差值。允许以下两种数据类型的运算，即 Time-Time=Time 和 DTL-Time=

DTL。

可以单击指令框内"???"并从下拉菜单中选择数据类型，其数据类型如表 4-23 所示。

表 4-23　T_ADD和T_SUB指令参数的数据类型

参数和类型		数据类型	说明
IN1	IN	DTL、Time	DTL 或 Time 值
IN2	IN	Time	要加上或减去的 Time 值
OUT	OUT	DTL、Time	DTL 或 Time 的和值或差值

从指令名称下方提供的下拉菜单中选择 IN1 的数据类型。所选的 IN1 数据类型同时会设置参数 OUT 的数据类型。

4．T_DIFF（时差）指令

T_DIFF 从 DTL 值（IN1）中减去 DTL 值（IN2）。参数 OUT 以 Time 数据类型提供差值，即 IN1 - IN2 = Time。IN1 及 IN2 的数据类型为 DTL，而 OUT 的数据类型为 Time。

如图 4-34 所示，当 M2.0 常开触点闭合，执行 T_CONV 指令，将存储于 MD12 中的时间数据转换为双整数类型数据并传送给 MD16。指令正确执行后，执行 T_ADD 指令，将 DT1 的值与 MD20 中的 Time 值相加，结果存储于 DT2。指令正确执行后，执行 T_SUB 指令，将 DT3 与 DT4 的 DTL 值相减，得到的 Time 值，传送给 MD24。

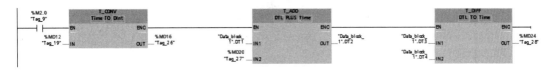

图 4-34　时间处理指令

5．系统时间指令

有 4 种系统时间指令。

（1）WR_SYS_T（设置时钟）使用参数 IN 中的 DTL 值设置 CPU 时钟。该时间值为格林尼治标准时间。

（2）RD_SYS_T（读取时间）从 CPU 中读取当前系统时间。该时间值为格林尼治标准时间。

（3）RD_LOC_T（读取本地时间）以 DTL 数据类型提供 CPU 的当前本地时间。该时间值反映了就夏令时（如果已经组态）进行过适当调整的本地时区。

（4）WR_LOC_T（写入本地时间）设置 CPU 时钟的日期与时间。将输入参数 LOCTIME 输入的日期和时间信息指定为本地时间。该指令使用 Time Transformation Rule 数据块结构计算系统时间。如果 LOCTIME 参数的输入值小于 CPU 支持的输入值，则这些值在系统时间计算期间将进位。

系统时间指令参数的数据类型如表 4-24 所示。

表 4-24　系统时间指令参数的数据类型

参数和类型		数据类型	说　　明
IN	IN	DTL	要在 CPU 系统时钟内设置的时间
OUT	OUT	DTL	RD_SYS_T：当前 CPU 系统时间 RD_LOC_T：当前本地时间，包括对夏令时的任何调整（如果已经组态）
LOCTIME	IN	DTL	WR_LOC_T：本地时间
DST	IN	BOOL	WR_LOC_T：时钟更改为夏令时时，仅在"双重小时"期间对 Daylight Saving Time 进行评估。TRUE =夏令时（第一个小时）；FALSE = 标准时间（第二个小时）
RET_VAL	OUT	Int	执行条件代码

注意：必须使用 CPU 设备组态设置"时钟"属性（时区、DST 激活、DST 启动和 DST 停止）。否则，WR_LOC_T 不能执行 DST 时间更改。

如图 4-35 所示，当"写时间"信号有效时，指令 WR_LOC_T 将输入参数 LOCTIME 输入的日期和时间信息指定为本地时间；当"读时间"信号有效时，指令 RD_SYS_T 将系统当前的日期和时间存储于 DT1 中，指令正确执行后，执行 RD_LOC_T 指令，将系统时间 DT1 转换为当地时间 DT2。

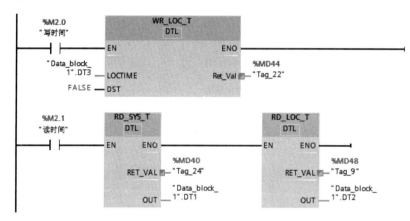

图 4-35　读写时间指令

4.7　字符串与字符指令

S7-1200 PLC 可以对字符串（String）数据类型进行转换和操作。本节主要介绍字符串转换指令和字符串操作指令。

4.7.1　String 数据

String 数据被存储成 2 个字节的标头的后跟最多 254 个 ASCII 码字符组成的字符字节。String 标头包含两个长度。第一个字节是初始化字符串时方括号中给出的最大长度，默认值为 254。第二个标头字节是当前长度，即字符串中的有效字符数。

当前长度必须小于或等于最大长度。String 格式占用的存储字节数比最大长度大 2 个字节。

在执行任何字符串指令之前，必须将 String 输入和输出数据初始化为存储器中的有效字符串。

有效字符串的最大长度必须大于 0，但小于 255。当前长度必须小于等于最大长度。字符串无法分配给 I 或 Q 存储区。

4.7.2　字符串转换指令

1. S_MOVE（移动字符串）指令

S_MOVE 指令将源 IN 字符串复制到 OUT 位置。S_MOVE 指令的执行并不影响源字符串的内容。

S_MOVE 指令的输入/输出参数的数据类型为 String。如果输入 IN 中字符串的实际长度超过输出 OUT 存储的字符串最大长度，则会复制 OUT 字符串能容纳的部分 IN 字符串。

2. S_CONV、STRG_VAL和VAL_STRG（字符串与数值转换）指令

下面介绍可以将数字字符串转换为数值或将数值转换为数字字符串的指令。

1）S_CONV（转换字符串）指令

S_CONV 指令用于将字符串转换成相应的值，或将值转换成相应的字符串。S_CONV 指令没有输出格式选项。因此，S_CONV 指令比 STRG_VAL 指令和 VAL_STRG 指令更简单，但灵活性更差。

对于 LAD/FBD，单击指令框内 "???" 并从下拉列表中选择数据类型，参数的数据类型如表 4-25 所示。

表 4-25　S_CONV指令参数的数据类型（字符串到值）

参数和类型		数 据 类 型	说　明
IN	IN	String、WString	输入字符串
OUT	OUT	String、WString、Char、WChar、SInt、Int、DInt、USInt、UInt、UDInt、Real、LReal	输出数值

字符串参数 IN 的转换从首个字符开始，并一直进行到字符串的结尾，或者一直进行到遇到第一个不是 0～9、加号（+）、减号（−）或句点（.）的字符为止。结果值将存储在参数 OUT 中指定的位置。

如果输出数值不在 OUT 数据类型的范围内，则参数 OUT 设置为 0，并且 ENO 设置为 FALSE。

如果在 IN 字符串中使用小数点，则必须使用句点字符（.）；允许使用逗点字符（,）作为小数点左侧的千位分隔符，并且逗点字符会被忽略；忽略前导空格。

2）S_CONV（值到字符串的转换）指令

可以用 S_CONV 指令将参数 IN 指定的整数值、无符号整数值或浮点值转换为输出

OUT 指定的字符串。在执行转换前，参数 OUT 必须引用有效字符串。转换后的字符串将从第一个字符开始替换 OUT 字符串中的字符，并调整 OUT 字符串的当前长度字节。OUT字符串的最大长度字节不变。指令参数的数据类型如表 4-26 所示。

表 4-26　S_CONV指令数据类型（值到字符串）

参数和类型		数 据 类 型	说　　明
IN	IN	String、WString、Char、WChar、SInt、Int、DInt、USInt、UInt、UDInt、Real、LReal	输入数值
OUT	OUT	String、WString	输出字符串

被替换的字符数取决于参数 IN 的数据类型和数值。被替换的字符数必须在参数 OUT的字符串长度范围内。OUT 字符串的最大字符串长度（第一个字节）应大于或等于被转换字符的最大预期数目。

写入到参数 OUT 的值不使用前导加号（+）；使用定点表示法（不可使用指数表示法）；参数 IN 为 Real 数据类型时，使用句点字符（.）表示小数点；输出字符串中的值为右对齐，并且值的前面填有空字符位置的空格字符。

如图 4-36 所示，当 M2.0 的常开触点闭合时，左侧指令将字符串'1234'转换为双整数1234。右边指令将-200 转换为字符串'-200'，替换' Data block 1'.Static 1 原有字符串。

图 4-36　S_CONV 指令

3）STRG_VAL（将字符串转换为数值）指令

STRG_VAL 指令使用格式选项将数字字符串转换为相应的整型或浮点型表示法。

可以单击指令框内"???"并从下拉列表中选择数据类型，指令参数的数据类型如表4-27 所示。

表 4-27　STRG_VAL指令参数的数据类型

参数和类型		数 据 类 型	说　　明
IN	IN	String、WString	要转换的 ASCII 字符串
FORMAT	IN	Word	输出格式选项
P	IN	UInt、Byte、USInt	IN：指向要转换的第一个字符的索引
OUT	OUT	SInt、Int、DInt、USInt、UInt、UDInt、Real、LReal	转换后的数值

转换从字符串 IN 中的字符偏移量 P 位置开始，并一直进行到字符串的结尾，或者一直进行到遇到第 1 个不是加号（+）、减号（-）、句点（.）、逗号（,）、e、E 或 0～9的字符为止。结果放置在参数 OUT 中指定的位置。

必须在执行前将 String 数据初始化为存储器中的有效字符串。

STRG_VAL 指令的 FORMAT 参数如表 4-28 所示。

表 4-28　FORMAT参数的值

FORMAT（W#16#）	表示法格式	小数点表示法
0000（默认）	定点	"."
0001		","
0002	指数	"."
0003		","
0004 到 FFFF	非法值	

如果使用句点字符（.），作为小数点，则小数点左侧的逗点（,）将被解释为千位分隔符字符。允许使用逗点字符并且会将其忽略。如果使用逗点字符（,）作为小数点，则小数点左侧的句点（.）将被解释为千位分隔符字符。允许使用句点字符，并且会将其忽略，忽略前导空格。

4）VAL_STRG（将数值转换为字符串）指令

VAL_STRG 指令使用格式选项将整数值、无符号整数值或浮点值转换为相应的字符串表示法。

可以单击指令框内"???"并从下拉列表中选择数据类型，指令参数的数据类型如表4-29 所示。

表 4-29　VAL_STRG指令参数的数据类型

参数和类型		数 据 类 型	说　　　明
IN	IN	SInt、Int、DInt、USInt、UInt、UDInt、Real、LReal	要转换的值
SIZE	IN	USInt	要写入 OUT 字符串的字符数
PREC	IN	USInt	小数部分的精度或大小，不包括小数点
FORMAT	IN	Word	输出格式选项
P	IN	UInt、Byte、USInt	IN：指向要替换的第 1 个 OUT 字符串字符的索引
OUT	OUT	String、WString	转换后的字符串

此指令用于将参数 IN 表示的值转换为参数 OUT 所引用的字符串。在执行转换前，参数 OUT 必须为有效字符串。转换后的字符串从字符偏移量计数 P 位置开始替换 OUT 字符串中的字符，一直到参数 SIZE 指定的字符数。SIZE 中的字符数必须在 OUT 字符串长度范围内（从字符位置 P 开始计数）。如果 SIZE 参数为 0，则字符将覆盖字符串 OUT 中 P 位置的字符，且没有任何限制。

对于 Real 数据类型，支持的最大精度为 7 位。如果参数 P 大于 OUT 字符串的当前大小，则会添加空格，一直到位置 P，并将该结果附加到字符串末尾。如果达到了最大 OUT 字符串长度，则转换结束。

VAL_STRG 指令的 FORMAT 参数的取值如表 4-30 所示。

表 4-30　FORMAT参数的值

FORMAT（WORD）	数字符号字符	表示法格式	小数点表示法
W#16#0000	仅减号（−）	定点	"."
W#16#0001			","
W#16#0002		指数	"."

续表

FORMAT（WORD）	数字符号字符	表示法格式	小数点表示法
W#16#0003			","
W#16#0004		定点	"."
W#16#0005	加号（+）和减号（-）		","
W#16#0006		指数	"."
W#16#0007			","
W#16#0008 到 W#16#FFFF	非法值		

如果转换后的字符串小于指定的大小，则会在字符串的最左侧添加前导空格字符；如果 FORMAT 参数的符号位为 FALSE，则会将无符号和有符号整型值写入输出缓冲区，且不带前导加号（+），必要时会使用减号（-），即<前导空格><无前导零的数字>'.'<PREC 数字>。如果符号位为 TRUE，则会将无符号和有符号整型值写入输出缓冲区，且总是带前导符号字符，即<前导空格><符号><不带前导零的数字>'.'<PREC 数字>。如果 FORMAT 被设置为指数表示法，则会将 Real 数据类型的值写入输出缓冲区，即<前导空格><符号><数字>'.'<PREC 数字>'E'<符号><无前导零的数字>。如果 FORMAT 被设置为定点表示法，则会将整型、无符号整型和实型值写入输出缓冲区，即<前导空格><符号><不带前导零的数字>'.'<PREC 数字>。小数点左侧的前导零会被隐藏，但与小数点相邻的数字除外；小数点右侧的值被舍入为 PREC 参数所指定的小数点右侧的位数；输出字符串的大小必须比小数点右侧的位数多至少 3 个字节；输出字符串中的值为右对齐。

S_CONV 字符串到值的转换示例如表 4-31 所示。

表 4-31 S_CONV字符串到值的转换示例

IN 字符串	OUT 数据类型	OUT 值	ENO
"123"	Int 或 DInt	123	TRUE
"-00456"	Int 或 DInt	-456	TRUE
"123.45"	Int 或 DInt	123	TRUE
"+2345"	Int 或 DInt	2345	TRUE
"00123AB"	Int 或 DInt	123	TRUE
"123"	Real	123.0	TRUE
"123.45"	Real	123.45	TRUE
"1.23e-4"	Real	1.23	TRUE
"1.23E-4"	Real	1.23	TRUE
"12,345.67"	Real	12345.67	TRUE
"3.4e39"	Real	3.4	TRUE
"-3.4e39"	Real	-3.4	TRUE
"1.17549e-38"	Real	1.17549	TRUE
"12345"	SInt	0	FALSE
"A123"	不适用	0	FALSE
""	不适用	0	FALSE
"++123"	不适用	0	FALSE
"+-123"	不适用	0	FALSE

4.7.3 字符串操作指令

下面介绍控制程序可以使用的为操作显示？过程日志创建消息的字符串和字符

指令。

1. MAX_LEN（字符串的最大长度）指令

MAX_LEN 指令提供了在输出 OUT 中分配给字符串 IN 的最大长度值。输入参数 IN 是输入的字符串，数据类型为 String、WString。输出参数 OUT 是 IN 字符串允许的最大字符数，数据类型为 DInt。

2. LEN（确定字符串的长度）指令

LEN 指令提供输出 OUT 处的字符串 IN 的当前长度。空字符串的长度为 0。输入参数 IN 是输入的字符串，数据类型为 String、WString。输出参数 OUT 是 IN 字符串的有效字符数，数据类型为 Int、Dint、Real、LReal。

3. CONCAT（组合字符串）指令

CONCAT 指令将字符串参数 IN1 和 IN2 连接成 1 个字符串，并在 OUT 输出。连接后，字符串 IN1 是组合字符串的左侧部分，而 IN2 是其右侧部分。参数 IN、1IN2、OUT 的数据类型为 String、WString。

4. LEFT、RIGHT 和 MID（读取字符串中的子串）指令

LEFT 指令提供由字符串参数 IN 的前 L 个字符所组成的子串。如果 L 大于 IN 字符串的当前长度，则在 OUT 中返回整个 IN 字符串。如果输入是空字符串，则在 OUT 中返回空字符串。

MID 指令提供字符串的中间部分。中间子串为从字符位置 P（包括该位置）开始的 L 个字符的长度。如果 L 和 P 的和超出字符串参数 IN 的当前长度，则返回从字符位置 P 开始并一直到 IN 字符串结尾的子串。

RIGHT 指令提供字符串的最后 L 个字符。如果 L 大于 IN 字符串的当前长度，则在参数 OUT 中返回整个 IN 字符串。如果输入是空字符串，则在 OUT 中返回空字符串。

参数 IN、OUT 的数据类型为 String、WString。参数 L、P 的数据类型为 Int。

如图 4-37 所示，当常开触点 M2.0 闭合，开始执行 LEN 指令，将字符串'QWERTY'的长度 6 提供给输出 MW20。指令正确执行后，执行 CONCAT 指令，将字符串参数 IN1'QWE'和 IN2'ASD'连接成一个字符串'QWEASD'，并写入 OUT 输出'Data_block_1'.Static_1。指令正确执行后，执行 LEFT 指令，将字符串参数 IN1'QWERTYUI'的前 5 位组成的字符串'QWEASD'，写入 OUT 输出'Data_block_1'.Static_1。

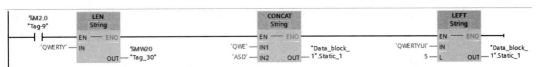

图 4-37　LEFT、PIGHT 和 MID 指令

5．DELETE（删除字符串中的字符）指令

DELETE 用于从字符串 IN 中删除 L 个字符。从字符位置 P（包括该位置）处开始删除字符，剩余字串在参数 OUT 中输出。如果 L 等于 0，则在 OUT 中返回输入字符串。如果 L 与 P 的和大于输入字符串的长度，则一直删除到该字符串的末尾。

参数 IN、OUT 的数据类型为 String、WString。参数 L、P 的数据类型为 Int。

6．INSERT（在字符串中插入字符）指令

INSERT 指令用于将字符串 IN2 插入字符串 IN1。在位置 P 的字符后开始插入。

参数 IN1、IN2、OUT 的数据类型为 String、WString。参数 P 的数据类型为 Int。

7．REPLACE（替换字符串中的字符）指令

REPLACE 指令用于替换字符串参数 IN1 中的 L 个字符。使用字符串参数 IN2 中的替换字符，从字符串 IN1 的字符位置 P（包括该位置）开始替换。

参数 IN1、IN2、OUT 的数据类型为 String、WString。参数 L、P 的数据类型为 Int。

如果参数 L 等于 0，则在字符串 IN1 的位置 P 处插入字符串 IN2，而不删除字符串 IN1 中的任何字符。如果 P 等于 1，则用字符串 IN2 的字符替换字符串 IN1 的前 L 个字符。

如图 4-38 所示，当常开触点 M2.0 闭合，开始执行 RIGHT 指令，将字符串'321ASD'的最后 3 位'ASD'提供给输出'Data_block_1'.Static_1。指令正确执行后，执行 DELETE 指令，将字符串参数'987ABC'从第 3 位开始删除 2 位字符形成字符串'98BC'，并写入 OUT 输出'Data_block_1'.Static_1。指令正确执行后，执行 REPLACE 指令，从字符串参数 IN1'QWERTYUI'的第 2 位开始，使用字符串参数 IN2 中的替换字符'ASD'，开始替换 1 个字符'W'，结果'QASDERTYUI'写入 OUT 输出'Data_block_1'.Static_1。

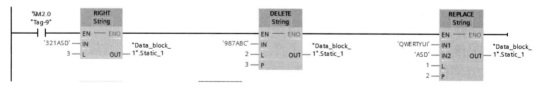

图 4-38　RIGHT/DELEFE 和 REPLACE 指令

8．FIND（在字符串中查找字符）指令

FIND 指令提供由 IN2 指定的子串在字符串 IN1 中的字符位置。从左侧开始搜索。在 OUT 中返回 IN2 字符串第一次出现的字符位置。如果在字符串 IN1 中没有找到字符串 IN2，则返回零。

输入参数 IN1、IN2 的数据类型为 String、WString。输出参数 OUT 的数据类型为 Int。

4.8　高速脉冲输出与高速计数器

CPU 通过脉冲接口为步进电机和伺服电机的运行提供运动控制功能。运动控制功能负责

对驱动器进行监控。高速计数器（HSC）功能提供了发生在高于 PLC 扫描周期速率的计数脉冲。此外，还可以组态 HSC 测量或设置脉冲发生的频率和周期，如运动控制可以通过 HSC 读取电机编码器信号。

4.8.1　高速脉冲输出

1. CTRL_PWM（脉宽调制）指令

CTRL_PWM 指令提供占空比可变的固定循环时间输出。PWM 输出以指定频率（循环时间）启动之后将连续运行。脉冲宽度会根据需要进行变化。

CTRL_PWM 指令将参数信息存储在数据块 DB 中。数据块参数不是由用户单独更改的，而是由 CTRL_PWM 指令进行控制。通过其变量名称用于 PWM 参数，指定要使用的已启用脉冲发生器。

指令参数的数据类型如表 4-32 所示。

表 4-32　CTRL_PWM指令参数的数据类型

参数和类型		数据类型	说　明
PWM	IN	HW_PWM（Word）	PWM 标识符：已启用的脉冲发生器的名称将变为"常量"（constant）变量表中的变量，并可用作 PWM 参数（默认值为 0）
ENABLE	IN	Bool	1=启动脉冲发生器；0=停止脉冲发生器
BUSY	OUT	Bool	功能忙（默认值为 0）
STATUS	OUT	Word	执行条件代码（默认值为 0）

EN 输入为 TRUE 时，PWM_CTRL 指令根据 ENABLE 输入的值启动或停止所标识的 PWM。脉冲宽度由相关 Q 字输出地址中的值指定。

由于 CPU 在 CTRL_PWM 指令执行后处理请求，因此参数 BUSY 总是报告 FALSE。

CPU 第一次进入 RUN 模式时，脉冲宽度将设置为在设备组态中组态的初始值。

根据需要将值写入设备组态中指定的 Q 字位置（"输出地址"/"起始地址："），以更改脉冲宽度。使用指令（如移动、转换、数学）或 PID 功能框将所需脉冲宽度写入相应的 Q 字。必须使用 Q 字值的有效范围（百分数、千分数、万分数或 S7 模拟格式）。

STATUS（执行条件代码）的参数的值为 0 时，表示无错误；当参数值为 80A1 时，表示 PWM 标识符未寻址到有效的 PWM。

2. 脉冲输出的作用

脉冲宽度可表示为循环时间的百分数（0～100）、千分数（0～1000）、万分数（0～10000）或 S7 模拟格式，脉冲宽度可从 0（无脉冲，始终关闭）到满刻度（无脉冲，始终打开）变化，如图 4-39 所示。

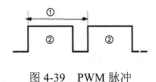

图 4-39　PWM 脉冲

① 循环时间　② 脉冲宽度

由于 PWM 输出可从 0 到满刻度变化，因此可提供在许多方面都与模拟输出相同的数字输出。例如，PWM 输出可用于控制电机的速度，速度范围可以是从停止到全速；也可用于控制阀的位置，位置范围可以是从闭合到完全打开。

有 4 种脉冲发生器可用于控制高速脉冲输出功能，分别为不同的 PWM 和脉冲串输出（Pulse trainoutput，PTO）。PTO 由运动控制指令使用。可将每个脉冲发生器指定为 PWM 或 PTO，但不能指定为既是 PWM，又是 PTO。

可以使用板载 CPU 输出，也可以使用可选的信号板输出。

如表 4-33 所示为输出点编号（假定使用默认输出组态）。

表 4-33　脉冲发生器的默认输出分配

说　明		脉　冲	方　向
PTO1	内置输入/输出	Q0.0	Q0.1
	SB 输入/输出	Q4.0	Q4.1
PWM1	内置输出	Q0.0	
	SB 输出	Q4.0	
PTO2	内置输入/输出	Q0.2	Q0.3
	SB 输入/输出	Q4.2	Q4.3
PWM2	内置输出	Q0.2	
	SB 输出	Q4.2	
PTO3	内置输入/输出	Q0.4	Q0.5
	SB 输入/输出	Q4.0	Q4.1
PWM3	内置输出	Q0.4	
	SB 输出	Q4.1	
PTO4	内置输入/输出	Q0.6	Q0.7
	SB 输入/输出	Q4.2	Q4.3
PWM4	内置输出	Q0.6	
	SB 输出	Q4.3	

如果更改了输出点编号，则输出点编号将为用户指定的编号。请注意，PWM 仅需要一个输出，而 PTO 每个通道可选择使用两个输出。

如果脉冲功能不需要输出，则相应的输出可用于其他用途。

表 4-33 显示了默认的输入/输出分配。但是，可将这 4 种脉冲发生器组态为任意内置 CPU 或 SB 数字量输出。不同的输出点支持不同的电压与速度，因此分配 PWM/PTO 位置时要将该因素考虑在内。

如果用户程序向用作脉冲发生器的输出写入值，则 CPU 不会将该值写入到物理输出。

可以释放 PTO 方向输出以在程序中的其他位置使用。每个 PTO 需要分配两个输出：一个作为脉冲输出，一个作为方向输出。

可以只使用脉冲输出而不使用方向输出。随后可以释放方向输出以满足用户程序中的其他用途。

表 4-33 适用于 CPU 1211C、CPU 1212C、CPU 1214C、CPU 1215C 以及 CPU 1217C PTO/PWM 功能。但 CPU 1211C 没有输出 Q0.4、Q0.5、Q0.6 或 Q0.7，CPU 1212C 没有输出 Q0.6 或 Q0.7。因此需要这些输出位的不能在没有该位输出的 CPU 中使用。

3. 组态PWM的脉冲通道

要准备 PWM 操作，首先通过选择 CPU 来组态设备配置中的脉冲通道，然后组态脉冲发生器（PTO/PWM），并选择 PWM1～PWM4。启用脉冲发生器（复选框）。

如果启用一个脉冲发生器，将为该特定脉冲发生器分配唯一的默认名称。可以通过在"名称:"（Name:）编辑框中编辑此名称来对其进行更改。已启用的脉冲发生器的名称将成为"常量"（constant）变量表中的变量，并可用作 CTRL_PWM 指令的 PWM 参数。

如表 4-34 和表 4-35 所示为 CPU 输出的最大频率及 SB 信号板输出的最大频率。

表 4-34 CPU输出的最大频率

CPU	CPU 输出通道	脉冲和方向输出	A/B，正交，上/下和脉冲/方向
1211C	Qa.0～Qa.3	100 kHz	100 kHz
1212C	Qa.0～Qa.3	100 kHz	100 kHz
	Qa.4、Qa.5	20 kHz	20 kHz
1214C 和 1215C	Qa.0～Qa.4	100kHz	100kHz
	Qa.5～Qb.1	20 kHz	20 kHz
1217C	DQa.0～DQa.3（.0+，.0-～.3+，.3-）	1 MHz	1 MHz
	DQa.4～DQb.1	100 kHz	100 kHz

表 4-35 SB信号板输出：最大频率（可选信号板）

SB 信号板	SB 输出通道	脉冲和方向输出	A/B，正交，上/下和脉冲/方向
SB 1222，200 kHz	DQe.0～DQe.3	200 kHz	200 kHz
SB 1223，200 kHz	DQe.0～DQe.1	200 kHz	200 kHz
SB 1223	DQe.0～DQe.1	20 kHz	20 kHz

当组态最大速度或频率超出此硬件限制的值时，STEP 7 并不会提醒用户。应用可能会出现问题，因此请始终确保不会超出硬件的最大脉冲频率。

可按如下方式重命名脉冲发生器、添加注释以及分配参数。

❑ 脉冲发生器可用作：PWM 或 PTO（选择 PWM）。

❑ 输出源：板载 CPU 或 SB。

❑ 时间基数：毫秒（ms）或微秒（μs）。

❑ 脉冲宽度格式：百分数（0～100），千分数（0～1000），万分数（0～10000），S7 模拟格式（0～27648）。

❑ 循环时间（范围为 0～16,777,215）：输入循环时间值。该值只能在"设备配置"（Device configuration）中更改。

❑ 初始脉冲宽度：输入初始脉冲宽度值，可在运行期间更改脉冲宽度值。

输入起始地址以组态输出地址。输入要在其中查找脉冲宽度值的 Q 字地址。

将 CPU 或信号板的输出组态为脉冲发生器时（供 PWM 或运动控制指令使用），会从 Q 存储器中移除相应的输出地址，并且这些地址在用户程序中不能用作其他用途。如果用户程序向用作脉冲发生器的输出写入值，则 CPU 不会将该值写入到物理输出。

脉冲宽度值的默认位置如下所示。

❑ PWM1：QW1000

    ❑ PWM2：QW1002

    ❑ PWM3：QW1004

    ❑ PWM4：QW1006

该位置的值控制脉冲宽度，每次 CPU 从 STOP 切换到 RUN 模式时，都会初始化为上面指定的"初始脉冲宽度："（Initial pulse width:）值。

在运行期间更改该 Q 字值会引起脉冲宽度变化。

4.8.2 高速计数器

每个 CTRL_HSC（控制高速计数器）指令都使用 DB 中存储的结构来保存计数器数据。在编辑器中放置 CTRL_HSC 指令后分配 DB。

插入该指令后，STEP 7 显示用于创建相关数据块的"调用选项"（Call Options）对话框，指令参数的数据类型如表 4-36 所示。

表 4-36　CTRL_HSC指令参数的数据类型

参数和类型		数 据 类 型	说　　明
HSC	IN	HW_HSC	HSC 标识符
DIR	IN	Bool	1=请求新方向
CV1	IN	Bool	1=请求设置新的计数器值
RV1	IN	Bool	1=请求设置新的参考值
PERIOD1	IN	Bool	1=请求设置新的周期值（仅限频率测量模式）
NEW_DIR	IN	Int	新方向：1=向上，−1=向下
NEW_CV	IN	DInt	新计数器值
NEW_RV	IN	DInt	新参考值
NEW_PERIOD	IN	Int	以秒为单位的新周期值（仅限频率测量模式）： 1=1s；2=0.1s；3=0.1s
BUSY	OUT	Bool	功能忙
STATUS	OUT	Word	执行条件代码

如果不请求更新参数值，则将忽略相应的输入值。仅当组态的计数方向设置为"用户程序（内部方向控制）"（User program（internal direction control））时，DIR 参数才有效。用户在 HSC 设备组态中确定如何使用该参数。对于 CPU 或 SB 上的 HSC，BUSY 参数的值始终为 0。可以在 CPU 的设备组态中为各 HSC 的计数/频率功能、复位选项、中断事件组态、硬件输入/输出以及计数值地址对相应参数进行组态。

可以通过用户程序来修改某些 HSC 参数，从而对计数过程提供程序控制。

    ❑ 将计数方向设置为 NEW_DIR 值。

    ❑ 将当前计数值设置为 NEW_CV 值。

    ❑ 将参考值设置为 NEW_RV 值。

    ❑ 将周期值（仅限频率测量模式）设置为 NEW_PERIOD 值。

如果执行 CTRL_HSC 指令后以下布尔标记值置位为 1，则相应的 NEW_xxx 值将装载到计数器。CTRL_HSC 指令执行一次可处理多个请求（同时设置多个标记）。

    ❑ DIR=1 是装载 NEW_DIR 值的请求，0=无变化。

- CV=1 是装载 NEW_CV 值的请求，0=无变化。
- RV=1 是装载 NEW_RV 值的请求，0=无变化。
- PERIOD=1 是装载 NEW_PERIOD 值的请求，0=无变化。

CTRL_HSC 指令通常放置在触发计数器硬件中断事件时执行的硬件中断 OB 中。例如，如果 CV=RV 事件触发计数器中断，则硬件中断 OB 代码块执行 CTRL_HSC 指令，并且可通过装载 NEW_RV 值更改参考值。

在 CTRL_HSC 参数中没有提供当前计数值。在高速计数器硬件的组态期间分配存储当前计数值的过程映像地址。可以使用程序逻辑直接读取计数值，返回给程序的值将是读取计数器瞬间的正确计数。但计数器仍将继续对高速事件计数。因此，程序使用旧的计数值完成处理前，实际计数值可能会更改。

HSC 当前计数值：程序访问、值范围和翻转特性。

CPU 将各 HSC 的当前值存储在输入（I）地址中，可通过修改设备组态中的 CPU 属性来更改当前值的 I 地址。

高速计数器使用 DInt 值存储当前计数值。HSC 当前计数值的数据类型与默认地址如表 4-37 所示。DInt 的计数值范围为-2147483648～+2147483647。进行加计数时，计数器从最大正值翻转到最大负值；进行减计数时，计数器从最大负值翻转到最大正值。

表 4-37　HSC当前计数值的数据类型与默认地址

HSC	当前值数据类型	当前值默认地址
HSC1	DInt	ID1000
HSC2	DInt	ID1004
HSC3	DInt	ID1008
HSC4	DInt	ID1012
HSC5	DInt	ID1016
HSC6	DInt	ID1020

如果发生错误，则 ENO 设置为 0，且 STATUS 输出将指示条件代码，如表 4-38 所示。

表 4-38　STATUS输出将指示条件代码

STATUS（W#16#）	说明
0	无错误
80A1	HSC 标识符没有对 HSC 寻址
80B1	NEW_DIR 的值非法
80B2	NEW_CV 的值非法
80B3	NEW_RV 的值非法
80B4	NEW_PERIOD 的值非法
80C0	多路访问高速计数器
80D0	CPU 硬件配置中未启用高速计数器（HSC）

4.8.3　高速脉冲输出与高速计数器实验

1. 实验的基本要求

用高速脉冲输出功能产生周期为 2ms，占空比为 50%的 PWM 脉冲列，送给高速计数器 HSC1 计数。

期望的高速计数器的当前计数值和 Q0.4~Q0.6 的波形如图 4-40 所示。HSC1 的初始：当前值的初始值为 0，加计数，当前值小于预设值 2000 时仅 Q0.4 为 1 状态。

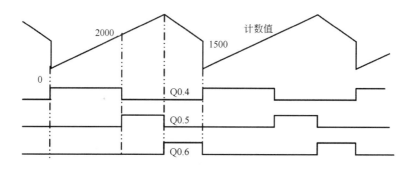

图 4-40 高速计数器的当前计数值波形图

当前值等于 2000 时产生中断，中断程序令 HSC1 仍然加计数，新预设值为 3000，Q0.4 被复位，Q0.5 被置位。当前值等于 3000 时产生第二次中断，HSC1 改为减计数，新的预设值为 1500，Q0.5 被复位，Q0.6 被置位。当前值等于 1500 时产生第 3 次中断，HSC1 的当前值被清零，改为加计数，新的预设值为 2000，Q0.6 被复位，Q0.4 被置位。实际上是一个新的循环周期的开始。

由于出现中断的次数远比 HSC 的计数次数少，因此可以实现对快速操作的精确控制。

2．硬件接线

本实验使用的是继电器输出的 CPU 1241C。为了输出高频脉冲，使用了一块 2DI/2DQ 信号板。用信号板的输出点 Q4.0 发出 PWM 脉冲，送给 HSC1 的高速脉冲输入点 I0.0 计数。

CPU 的 L+和 M 端子之间是内置的 DC24V 电源。将它的参考点 M 与数字输入的内部电路的公共点 1M 相连，用内置的电源作输入电路的电源。内置的电源同时又作为 2DI/2DQ 信号板的电源。电源从 DC24V 电源的正极 L+流出，流入信号板的 L+端子，经过信号板内部的 MOSFET（场效应管）开关，从 Q4.0 输出端子流出，流入 I0.0 的输入端，经内部的输入电路，从 1M 端子流出，最后回到 DC24V 电源的负极 M 点。

也可以用外部的脉冲信号发生器或增量式编码器为高速计数器提供外部脉冲信号。

3．PWM 的组态与编程

在 STEP 7 中生成"高速脉冲输出与高速计数器实验"项目。首先对脉冲发生器组态，选中巡视窗口的"属性>常规"选项卡，再选中左边的 PTO/PWM1 文件夹中的"常规"，勾选右边窗口的复选框，启用该脉冲发生器。

如图 4-41 所示，选择"参数分配"，在"信号类型"下拉列表中选择 PWM 选项。"时基"选择毫秒（ms）。"脉宽格式"选择"百分之一"。"循环时间"选择 2ms，"初始脉冲宽度"为 50%，"硬件输出"为信号板上的 Q4.0。

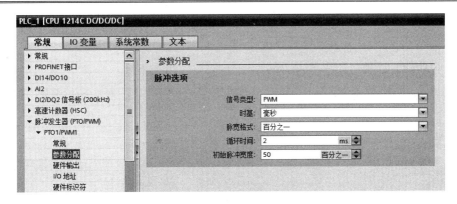

图 4-41　设置脉冲发生器的参数

在左边列表中选择"输入/输出地址",如图 4-42 所示,在右边可以看到 PWM1 的起始地址和结束地址。可以修改起始地址,在运行时用这个地址来修改脉冲宽度。

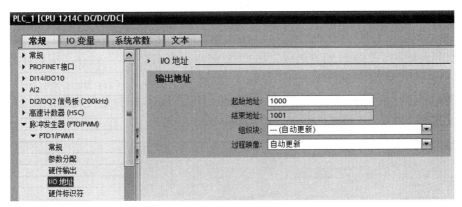

图 4-42　PWM 的输出地址

打开 OB1,将右边指令列表的"扩展指令"选项板的文件夹"脉冲"中的"脉宽调制"指令 CTRL PWM 拖放到程序区(如图 4-43 所示),单击出现的"调用选项"对话框中的"确定"按钮,生成该指令的背景数据块 DB1。用 I0.4 启动脉冲发生器。

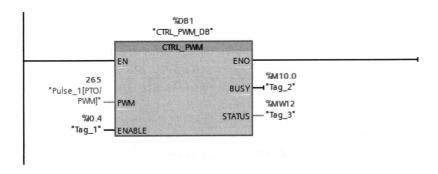

图 4-43　CTRL PWM 指令

4. 高速计数器的组态

打开 PLC 的设备视图,选中其中的 CPU。在巡视窗口中切换至"属性"选项卡,再在左边的列表中选择"高速计数器>HSC1>常规"选项，然后勾选"启用该高速计数器"复选框。

选择"功能"选项，如图 4-44 所示，在右边设置相关参数。

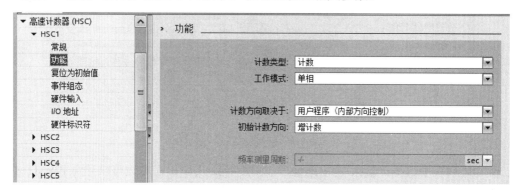

图 4-44 高速计数器的功能设置

在"计数类型"下拉列表选择"计数"，在"工作模式"下拉列表选择"单相"，在"计数方向取决于"下拉列表选择"用户程序(内部方向控制)"，在"初始计数方向"下拉列表选择"增计数"。

如图 4-45 所示，选择"复位为初始值"选项，"初始计数器值"设置为 0，"初始参考值"设置为 2000。

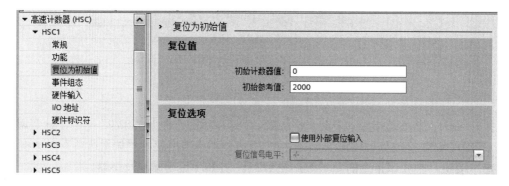

图 4-45 设置高速计数器的初始值和复位信号

如图 4-46 所示，选择"事件组态"选项，用右边窗口的复选框激活"计数值等于参考值"事件时，产生中断，生成硬件中断组织块 OB40 后，将它指定给计数值等于参考值的中断事件。

图 4-46 高速计数器的事件组态

选择"硬件输入"选项，在右边窗口组态时钟发生器输入点为 I0.0，在左边窗口的"输入/输出地址"可以修改 HSC 的起始地址，HSC 默认地址为 ID1000，在运行时可以用该地址监视 HSC 的计数值。

5．程序设计

HSC 以循环方式工作，可以设置 MB11 为标志字节，其取值范围为 0、1、2，初始值为 0。HSC1 的计数值等于参考值时，调用 OB40。根据 MB11 的值，用比较指令来判断是哪一次中断，以调用不同的 CTRL HSC 指令设置下一阶段的计数方向、计数的初始值和参考值，同时对输出点进行置位和复位处理。处理完成后，将 MB11 加 1，结果如果等于 3，将 MB11 清零，如图 4-47 所示。

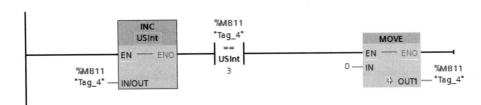

图 4-47　OB40 的程序段 4 的程序

采用默认的 MB1 作系统存储器字节，CPU 进入 RUN 模式后，M1.0 仅在首次扫描时为 1 状态。在 OB1 中，用 M1.0 的常开触点将标志字节 MB11 清零，将输出点 Q0.4 置位，如图 4-48 所示。

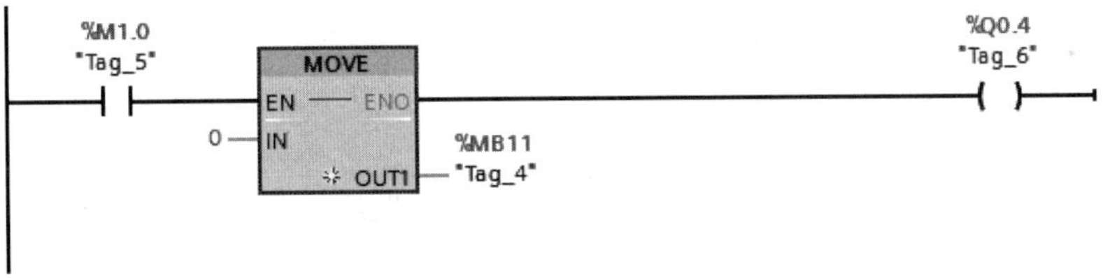

图 4-48　OB1 中的初始化程序

CTRL HSC 指令程序段 1 的输入参数如图 4-49 所示，程序段 2 的输入参数如图 4-50 所示，程序段 3 的输入参数如图 4-51 所示。

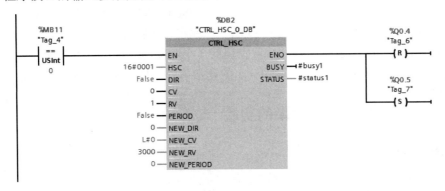

图 4-49　OB40 的程序段 1 的程序

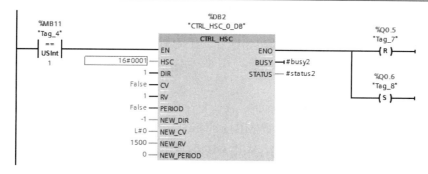

图 4-50   OB40 的程序段 2 的程序

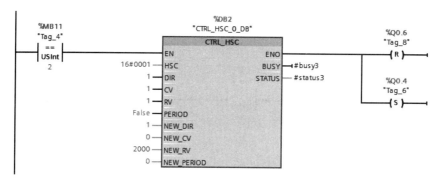

图 4-51   OB40 的程序段 3 的程序

当进入 RUN 模式, 用外接小开关使 I0.4 为 TRUE, 信号板 Q4.0 开始输出 PWM 脉冲, 送给 I0.0 计数。开始运行时, 使用组态的初始值, 计数值小于 2000 时, 输出 Q0.4 为 TRUE。计数值等于参考值时, 产生中断, 调用硬件中断组织块 OB40。此时标志字节 MB11 的值为 0, OB40 的程序段 1 中比较触点接通, 调用第一条 CTRL HSC 指令, CV 为 0, HSC1 的实际计数值保持不变。RV 为 1, 将新的参考值 3000 送给 HSC1, 复位 Q0.4, 置位 Q0.5。在程序段 4 将 MB11 的值加 1。

当计数值等于参考值 3000 时, 产生中断, 第 2 次调用硬件中断组织块 OB40。此时标志字节 MB11 的值为 1, OB40 的程序段 2 中比较触点接通, 调用第 2 条 CTRL HSC 指令, CV 为 FALSE, HSC1 的实际计数值保持不变。RV 为 1, 将新的参考值 1500 送给 HSC1, 复位 Q0.5, 置位 Q0.6。在程序段 4 将 MB11 的值加 1。

当计数值等于参考值 1500 时, 产生中断, 第 3 次调用硬件中断组织块 OB40。此时标志字节 MB11 的值为 2, OB40 的程序段 3 中比较触点接通, 调用第 3 条 CTRL HSC 指令, RV 为 1, 将新的参考值 2000 送给 HSC1, CV 为 1, HSC1 的实际计数值复位为 0。DIR 为 1, 计数方向改为加计数, 复位 Q0.6, 置位 Q0.4。在程序段 4 将 MB11 的值加 1, 其值为 3, 比较触点接通, 将 MB11 复位。以后重复上述的 3 个阶段的运行, 直到 I0.4 为 0。

用监控表监视 ID1000, 可以看到 HSC1 的计数值的变化情况以及 MB11 的值。

4.8.4   用高速计数器测量频率的实验

1. 项目简介

在 STEP 7 中生成项目 "频率测量项目", CPU 为继电器输出的 CPU 1214C。为了输出高频脉冲，使用了 1 块 2DI/2DQ 信号板。用信号板的输出点 Q4.0 发出 PWM 脉冲，送给 HSC1 的高速脉冲输入点 I0.0 测量频率。

2．PWM的组态与编程

打开 PLC 的设备视图，选中其中的 CPU。在巡视窗口切换至"属性>常规"选项卡，在左边的列表中选择 PTO1/PWM1 文件夹中的"常规"，用右边窗口的复选框启用该脉冲发生器。

在左边的列表中选择"参数分配"（如图 4-41 所示），组态 PTO1/PWM1 产生 PWM 脉冲，"时基"为 ms，脉宽格式为"百分之一"，"循环时间"为 2ms，"初始脉冲宽度"为 50%。在左边的列表中选择"硬件输出"，设置用信号板上的 Q4.0 输出脉冲。

在 OB1 中调用 CTRL_PWM 指令（如图 4-43 所示），用 I0.4 启动脉冲发生器。

3．高速计数器的组态

设置 HSC1 的"计数类型"为"频率"，使用 CPU 集成的输入点 I0.0。在组态时设置 HSC 的"初始计数方向"为"增计数"，"频率测量周期"为 1.0s。HSC1 默认的地址为 ID1000，在运行时可以用该地址监视 HSC 的频率测量值，如图 4-52 所示。

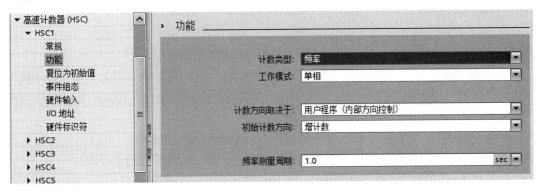

图 4-52　组态 HSC 测量频率

4．实验情况

将组态数据和用户程序下载到 CPU 后运行程序，用外接的小开关使 I0.4 为 1 状态，信号板的 Q4.0 开始输出 PWM 脉冲，送给 I0.0 测频。PWM 脉冲使 Q4.0 和 I0.0 的 LED 点亮，如果脉冲的频率较低，Q4.0 和 I0.0 的 LED 将会闪动。

在监控表中输入 HSC1 的地址 ID1000，如图 4-53 所示。单击工具栏中的 🔍 按钮，"监视值"列显示测量得到的频率值为 500Hz，与理论计数值相同。

图 4-53　监控表

在组态脉冲发生器时，修改 PWM 脉冲的"循环时间"。在组态 HSC 测量频率时，修改"频率测量周期"。脉冲周期的范围为 10μs～100ms，都能得到准确的频率测量值。信号频率较低时，应选用较大的测量周期。信号频率较高时，即使频率测量周期为 0.01s，也能得到准确的测量值。

4.9 习　　题

1）4 种边沿检测指令各有什么特点？

2）用 TON 线圈指令实现当按下启动按钮后启动水泵，延时 1m 后停泵。

3）S7-1200 PLC 共有几种类型的计数器？对它们执行复位指令后，它们的当前值和位状态是什么？

4）某提升机采用接近开关测量从动辊转速，当从动辊接近开关每发出 4 个脉冲的时间超过 4s，则 PLC 需发出"从动辊打滑"的报警，当 5s 内未接到从动辊接近开关发出的脉冲，则 PLC 停止提升机运行。试编写该 PLC 程序。

5）试编写控制三相异步电动机星-三角启动的程序。

6）AIW64 中 A/D 转换得到的数值 0～27648 正比于温度值 0～800℃。用整数运算指令编写程序，在 I0.2 上升沿，将 IW64 输出的模拟值转换为对应的温度值存放在 MW30 中（精确到 0.1℃）。

7）在 6）中，温度超过 500℃时，将启动风扇（Q0.0 置位）；温度低于 450℃时，将停止风扇运行（Q0.0 复位）。试用比较指令设计满足要求的程序。

8）频率变送器的量程为 45～55HZ，被 AIW96 转换为 0～27648 的整数。用"标准化"指令和"缩放"指令编写程序，在 I0.2 的上升沿，将 AIW96 输出的模拟值转换对应的浮点数频率值，单位为 HZ，存放在 MD34 中。

9）编写程序，实现异地控制电动机启停，在就地与控制室分别有启动与停止按钮，要求在任何一端都能实现启停，并且当行程开关闭合时，电动机停止运行。

10）用 QB0 控制 8 个彩灯的亮灭，用 IB0 设置 8 个彩灯的初始值，在 I1.1 的上升沿将 IB0 的值传送到 QB1，当 I1.0 常开触点闭合，彩灯每 2s 循环左移 1 位。设计梯形图程序。

11）编写程序，将 MW10 中的电梯轿厢所在的楼层数转换为 2 位 BCD 码后送给 QB2，通过两片译码驱动芯片和 7 段显示器显示楼层数。

12）编写程序，在 I0.3 的上升沿，用"与"运算指令将 MW16 的最高 3 位清零，其余各位保持不变。

13）编写程序实现电动机的控制，当按下启动按钮，电机正传，由起始点到达终点后停留 40s，电机反转返回到起始点。

14）以 0.1° 为单位的整数格式的角度值在 MW8 中，在 I0.5 的上升沿，求出该角度的正弦值，运算结果转换为以 10^{-5} 为单位的双整数，存放在 MD12 中，设计该程序。

15）编写程序，I0.2 为 1 状态时，求出 MW50～MW56 中最小的整数，存放在 MW58 中。

16）编写程序，在 I0.4 的上升沿，用"或"运算指令将 Q3.2～Q3.4 变为 1，QB3 其余各位保持不变。

17）设计照明控制程序。当按下 SB 按钮时，照明灯点亮 30s。如果这段时间内有人按下按钮，则重新延时。

第 5 章　S7-1200 的用户程序结构

创建处理自动化任务的用户程序时，需要将程序指令插入代码块（OB、FB 或 FC）中。OB 是用于构建和组织用户程序的代码块。FB、FC 是从另一个代码块（OB、FB 或 FC）进行调用时执行的子例程。根据实际应用要求，可选择线性结构或模块化结构来创建用户程序。本章主要介绍用户程序结构、函数与函数块、数据类型与间接寻址、中断事件与中断指令。

5.1　用户程序结构

目前的工业自动化项目控制任务比较复杂，控制设备多样，所以 S7-1200 通常采用模块化编程。S7-1200 与 S7-300/400 的用户程序结构基本相同。

1．模块化编程

模块化编程能够将复杂的控制任务划分为对应不同控制功能与技术要求的较小的子任务，实现每个子任务的子程序称为"块"。各种块的简要说明如表 5-1 所示，组织块（OB）、函数块（FB）、函数（FC）都包含程序，统称为代码块。代码块的个数没有限制，但是受到存储器容量的限制。

表 5-1　用户程序中的块

块	简 要 描 述
组织块（OB）	操作系统与用户程序的接口，决定用户程序的结构
函数块（FB）	用户编写的包含常用功能的子程序，有专用的背景数据块
函数（FC）	用户编写的包含常用功能的子程序，没有专用的背景数据块
背景数据块（DB）	用于保存 FB 的输入、输出参数和静态变量，其数据在编译时自动生成
全局数据块（DB）	存储用户数据的数据区域，供所有的代码块共享

可以通过块与块之间的相互调用来组织程序。在块调用中，调用者可以是各种代码块，被调用的块是 OB 之外的代码块。调用函数块时需要为它指定一个背景数据块。

被调用的代码块又可以调用别的代码块，这种调用称为嵌套调用。从程序循环 OB 或启动 OB 开始，嵌套深度为 16；从中断 OB 开始，嵌套深度为 6。

2．组织块

组织块 OB 控制用户程序的执行。CPU 中的特定事件将触发组织块的执行。OB 无法互相调用或通过 FC 或 FB 调用。只有诊断中断或时间间隔这类事件才能启动 OB 的执行。

CPU 按优先等级处理 OB，即先执行优先级较高的 OB，然后执行优先级较低的 OB。最低优先等级为 1（对应主程序循环），最高优先等级为 26。

组织块包括程序循环 OB、启动 OB、延时中断 OB。

1）程序循环 OB

程序循环 OB 在 CPU 处于 RUN 模式时循环执行。主程序块是程序循环 OB。用户在其中放置控制程序的指令，并调用其他用户块。可以拥有多个程序循环 OB，CPU 将按编号顺序执行这些 OB。程序循环 OB 默认为 Main（OB1）。

程序循环事件在每个程序循环（扫描）期间发生一次。在程序循环期间，CPU 写入输出、读取输入和执行程序循环 OB。程序循环事件是必需的，并且一直启用。可以不为程序循环事件选择任何程序循环 OB，也可以选择多个 OB。程序循环事件发生后，CPU 将执行编号最小的程序循环 OB（通常为 MainOB1）。在程序循环中，CPU 会依次（按编号顺序）执行其他程序循环 OB。程序循环执行，将在以下时刻发生程序循环事件：

❑ 上一个启动 OB 执行结束。

❑ 上一个程序循环 OB 执行结束。

2）启动 OB

启动 OB 在 CPU 的操作模式从 STOP 切换到 RUN 时执行一次，包括处于 RUN 模式时和执行 STOP 到 RUN 切换命令时上电。之后将开始执行主"程序循环"OB。

启动事件在从 STOP 切换到 RUN 模式时发生一次，并触发 CPU 执行启动 OB。可为启动事件组态多个 OB。启动 OB 按编号顺序执行。

3）延时中断 OB

将延时中断事件组态为在经过一个指定的延时后发生。延迟时间可通过 SRT_DINT 指令分配。延时事件将中断程序循环以执行相应的延时中断 OB。只能将一个延时中断 OB 连接到一个延时事件。CPU 支持 4 个延时事件。

循环中断 OB 以指定的时间间隔执行。最多可组态 4 个循环中断事件，每个循环中断事件对应一个 OB。

用户可通过循环中断事件组态中断 OB 在组态的周期时间执行。创建循环中断 OB 时即可组态初始周期时间。循环事件负责中断程序循环并执行相应的循环中断 OB。

请注意，循环中断事件的优先级比程序循环事件更高。一个循环事件只可连接一个循环中断 OB。可为每一个循环中断分配一个相移，从而使循环中断彼此错开一定的相移量执行。例如，如果有 1ms 的循环事件和 2ms 的循环事件，并且这两个事件每 2ms 同时发生一次。如果将 1ms 的事件相移 500 μs，将 2ms 的事件相移 0 μs，则这两个事件不再会同时发生。默认相移为 0。要更改初始相移，或更改循环事件的初始循环时间，请单击项目树中的循环中断 OB，在上下文菜单中选择"属性"，然后单击"循环中断"并输入新的初始值。还可以用 Query 循环中断（QRY_CINT）和 Set 循环中断（SET_CINT）指令在程序中查询并更改扫描时间和相移。SET_CINT 指令设置的扫描时间和相移不会在上电循环或切换到 STOP 模式的过程中保持不变；扫描时间和相移值会在上电循环或切换到 STOP 模式后重新变为初始值。CPU 共支持 4 个循环中断事件。

3. 函数

函数（FC）又称为功能，是用于对一组输入值执行特定运算的代码块。FC 将此运算结果存储在指定的存储器位置。FC 可以在程序中的不同位置多次调用。FC 不具有相关的背景数据块（DB）。对于用于计算该运算的临时数据，FC 采用局部数据堆栈。不保存临时数据，要长期存储数据，可将输出值赋给全局存储器位置。

4．函数块

函数块（FB）又称为功能块，是使用背景数据块保存其参数和静态数据的代码块。FB 具有位于数据块（DB）或"背景"DB 中的变量存储器。通过使一个代码块对 FB 和背景 DB 进行调用，可以构建程序。

CPU 执行该 FB 中的程序代码，将块参数和静态局部数据存储在背景 DB 中。FB 执行完成后，CPU 会返回到调用该 FB 的代码块中。背景 DB 保留该 FB 实例的值。随后在同一扫描周期或其他扫描周期中调用该功能块时可使用这些值。

5．数据块

在用户程序中，通过创建数据块（DB）来存储代码块的数据。用户程序中的所有程序块都可访问全局 DB 中的数据，而背景 DB 仅存储特定功能块 （FB）的数据。相关代码块执行完成后，DB 中存储的数据不会被删除。有两种类型的 DB。

- ❑ 全局 DB：存储程序中代码块的数据。任何 OB、FB 或 FC 都可访问全局 DB 中的数据。
- ❑ 背景 DB：存储特定 FB 的数据。背景 DB 中数据的结构反映了 FB 的参数（Input、Output 和 InOut）和静态数据。FB 的临时存储器不存储在背景 DB 中。

🔔说明：尽管背景 DB 反映特定 FB 的数据，然而任何代码块都可访问背景数据块 DB 中的数据。

5.2　函数与函数块

函数块是从另一个代码块进行调用时执行的子例程。调用块将参数传递到函数块，并标识可存储特定调用数据或该函数块实例的特定数据块（DB）。更改背景 DB 可实现使用一个通用 FB 控制一组设备的运行。函数是从另一个代码块进行调用时执行的子例程。函数不具有相关的背景 DB。调用块将参数传递给函数。函数中的输出值必须写入存储器地址或全局 DB 中。

5.2.1　生成与调用函数

FC 和 FB 是用户编写的子程序，它们是能完成特定任务的程序。FC 和 FB 的输入/输出参数与调用它的块的输入/输出参数共享，执行 FC 和 FB 后，将执行结果返回给调用它的代码块。

【例 5-1】用函数 FC1 实现将接在 CPU 集成的模拟量输入通道 0 的压力传感器模拟信号转换为与压力相对应的数字信号并存在 MD18。

IW64 是 CPU 集成的模拟量输入通道 0 的地址。PLC 将压力传感器的模拟信号（量程为 0～HMPa）经 A/D 转换后为 0～27648 的整数，存放在 IW64 中。为实现上述要求，首先生成一个"计算压力"的函数，实现转换后的数字 N 与压力 P 的转换。

下式是转换后的数字 N 和压力 P 之间的计算公式：

$$P=(H\times N)/27648 \quad （MPa） \tag{5-1}$$

1．生成函数

打开 STEP 7 的项目视图，创建名为"函数与函数块"的新项目。双击项目树中的"添加新设备"，添加一块 CPU 1214C。

打开项目视图中的文件夹"\PLC_1\程序块"，双击"添加新块"，单击"函数"图标，设置函数的名称为"计算压力"。单击"确定"按钮，在项目树的文件夹"\PLC_1\程序块"中可以看到新生成的 FC1，如图 5-1 所示。

图 5-1　项目树与 FC1 接口区的局部变量

2．生成函数的局部变量

函数的局部变量有 3 种类型，即输入参数、输出参数和输入/输出参数。各种类型的局部变量的作用如下所示。

❑ Input（输入参数）：用于接受调用它的主调块提供的输入数据。

❑ Output（输出参数）：用于将块的程序执行结果返回给主调快。

❑ InOut（输入/输出参数）：初值由主调块提供，块执行完后用同一个参数将它的值返回给主调块。

❑ 文件夹 Return 中自动生成的返回值"计算压力"与函数的名称相同，属于输出参数，其值返回给调用它的块。

函数还有两种局部数据。

（1）Temp（临时局部变量）：用于存储临时中间结果的变量。调用 FC 和 FB 时，首先应初始化它的临时数据（写入数值），再使用它。同一优先级的 OB 及其调用的块的临时数据保存在局部数据堆栈中的同一片物理存储区。每次调用块后，可以被同一优先级中后面调用的块的临时数据覆盖。

（2）Constant（常量）：是块中使用并且带有声明的符号名的常数。

要完成函数计算，需要设置"输入数据""量程上限""压力值"和"中间变量"4个局部变量。

如图 5-1 所示，在接口区中输入需要的局部变量。在 Input（输入）下面的"名称"列生成输入参数"输入数据"，单击"数据类型"列的▼按钮，用下拉列表设置其数据类型为 Int（16 位整数）。用同样的方法生成输入参数"量程上限"、输出参数（Output）"压力值"和临时数据（Temp）"中间变量"，它们的数据类型均为 Real。

右键单击项目树中的 FC1，执行快捷菜单中的"属性"命令，选中打开的对话框左边的"属性"，不勾选"块优化访问"复选框。单击工具栏上的"编译"按钮，成功编译后 FC1 的接口区出现"偏移量"列，只有临时数据才有偏移量。在编译时，程序编辑器自动为临时局部变量指定偏移量。

3. FC1的程序设计

如图 5-2 所示为 FC1 的程序，为完成式（5-1）的运算，首先用 CONV 指令将输入参数"输入数据"接收的 A/D 转换后的整数值转换为实数，再用实数乘法指令和实数除法指令完成运算。运算的中间结果用临时局部变量"中间变量"保存。运算结果保存在输出参数"压力值"中。

图 5-2　FC1 的压力计算程序

4. 在OB1中调用FC1

调用 FC1 时，首先需要定义变量，如图 5-3 所示。将项目树中的 FC1 拖放到右边的程序区，如图 5-4 所示，为各形参输入计算需要的实参。

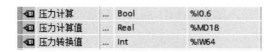

图 5-3　PLC 变量表

FC1 的方框中的参数称为 FC 的形式参数，如"输入数据""压力值"。在 FC 内部的程序中使用，简称形参。别的代码块调用 FC 时，需要为每个形参指定实际的参数，简称为实参，如"压力转换值""压力计算值"。实参在方框的外面。实参应具有与形参相同的数据类型。

实参可以是变量表和全局数据块中定义的符号地址或绝对地址，也可以是调用 FC1 块的局部变量。只有块的 Input（输入参数）的实参可以设置为常数。块的其他参数用来保存变量值，不能使用常数。

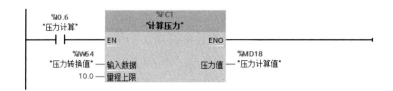

图 5-4　OB1 调用 FC1 的程序

5．用程序状态监视功能验证计算结果

选中项目树中的 PLC_1，将组态数据和用户程序下载到 CPU，将 CPU 切换到 RUN 模式，进入监控模式。

强制将 I0.6 赋值为 1，调用 OB1。在 CPU 集成的模拟量输入通道 0 输入 DC 3V 的电压，观察到 MD18 中的压力计算值为 3MPa。将电压改为 DC 4.5V，观察到 MD18 中的压力计算值变为 4.5MPa。

如果不出现上述结果，需检查程序及变量的设置，直到出现上述结果。

5.2.2　生成与调用函数块

下面通过实例介绍函数块的生成与调用。

【例 5-2】　用函数 FB1 实现电动机控制，当按下启动按钮，电动机运行，松开制动器。按下停止按钮，经过设置的时间后，闭合制动器。

1．生成函数块

打开项目"函数与函数块"的项目树中的文件夹"\PLC_1\程序块"，双击"添加新块"，单击"函数块"图标。设置函数块的名称为"电动机控制"，单击"确定"按钮，生成 FB1。去掉 FB1"优化的块访问"属性。可以在项目树的文件夹"\PLC_1\程序块"中看到新生成的 FB1。

2．生成函数块的局部变量

打开 FB1，在接口区输入函数块 FB1 的局部变量，如图 5-5 所示。如图 5-6 所示为自动生成的 FB1 背景数据块。

电动机控制					
		名称	数据类型	偏移量	默认值
1	▼	Input			
2	■	启动按钮	Bool	0.0	false
3	■	停止按钮	Bool	0.1	false
4	■	定时时间	Time	2.0	T#0ms
5	▼	Output			
6	■	制动器	Bool	6.0	false
7	▼	InOut			
8	■	电动机	Bool	8.0	false
9	▼	Static			
10	▶	定时器DB	IEC_TIMER	10.0	
11	▼	Temp			

图 5-5　FB1 的局部变量

电动机数据1

		名称		数据类型	偏移量	启动值
1	◀	▼	Input			
2	◀	■	启动按钮	Bool	0.0	false
3	◀	■	停止按钮	Bool	0.1	false
4	◀	■	定时时间	Time	2.0	T#0ms
5	◀	▼	Output			
6	◀	■	制动器	Bool	6.0	false
7	◀	▼	InOut			
8	◀	■	电动机	Bool	8.0	false
9	◀	▼	Static			
10	◀	▶	定时器DB	IEC_TIMER	10.0	

图 5-6　FB1 的背景数据块

在 FB 中，IEC 定时器、计数器实际上是函数块，方块上面是它的背景数据块。在多次同时调用 FB1 时，该数据块将会同时用于多处，程序运行时将会出错。

为此，应在块接口中生成数据类型为 IEC TIMER 的静态变量"定时器 DB"（如图 5-7 所示），用它提供定时器 TOF 的背景数据，其内部结构如图 5-8 所示。每次调用 FB1 时，不同的被控对象都有自己的背景数据的存储区"定时器 DB"。

定时器DB

		名称		数据类型	偏移量
1	◀	▼	Static		
2	◀	■	ST	Time	0.0
3	◀	■	PT	Time	4.0
4	◀	■	ET	Time	8.0
5	◀	■	RU	Bool	12.0
6	◀	■	IN	Bool	12.1
7	◀	■	Q	Bool	12.2

图 5-7　定时器 DB 的内部变量

3．FB1的控制要求与程序

FB1 要求用输入参数"启动按钮"和"停止按钮"控制 InOut 参数"电动机"。

如图 5-8 所示，按下启动按钮，电动机运行，同时清除 TOF 当前时间，松开制动器。按下停止按钮，断开延时定时器（TOF）开始定时经过输入参数"定时时间"设置的时间预设值后，输出参数"制动器"为 0 状态，闭合制动器。

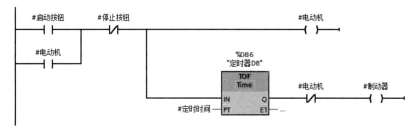

图 5-8　FB1 的程序

在 TOF 定时期间，每个扫描周期执行完 FB1 之后，都需要保存"定时器 DB"中的数据。

4．在OB1中调用FB1

将项目树中的 FB1 拖放到程序区，如图 5-9 所示。在出现的"调用选项"对话框中，输入背景数据块的名称。单击"确定"按钮，自动生成 FB1 的背景数据块。为各形参指定实参时，可以使用变量表或全局数据块中定义的符号地址，也可以使用绝对地址，然后在变量表中修改自动生成的符号的名称。PLC 变量表中 FB1 使用的符号地址如图 5-10 所示。

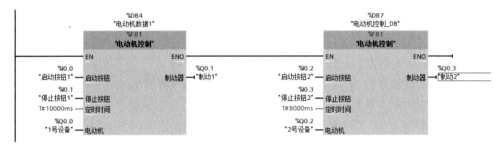

图 5-9　OB1 调用 FB1 的程序

启动按钮1	Bool	%I0.0
停止按钮1	Bool	%I0.1
1号设备	Bool	%Q0.0
制动1	Bool	%Q0.1
启动按钮2	Bool	%I0.2
停止按钮2	Bool	%I0.3
2号设备	Bool	%Q0.2
制动2	Bool	%Q0.3

图 5-10　PLC 变量表

5.2.3　多重背景

每次调用 IEC 定时器和 IEC 计数器指令时，都需要指定一个背景数据块。如果这类指令很多，将会生成大量的数据块"碎片"。为此，在函数块中使用定时器、计数器指令时，可以在函数块的接口区定义数据类型为 IEC Timer 或 IEC Counter 的静态变量。用这些静态变量来提供定时器、计数器的背景数据。这种程序结构称为多重背景。

【例 5-3】　工艺要求两种物料依次放入混合机，当任何一种物料满足放料条件，打开相应放料电磁阀，同时开启相应振动电磁铁，振 2s，停 1s，放料结束后，再振 1s。用多重背景实现上述控制。

1．用于定时器计数器的多重背景

打开项目视图，生成名为"多重背景"的新项目，CPU 为 CPU 1214C。打开项目树中的文件夹"\PLC_1\程序块"，生成名为"放料控制"的函数块 FB2，去掉它的"优化的块访问"属性。

双击打开 FB2，将定时器 TON 拖放到程序区，出现"调用选项"对话框，如图 5-11

所示。单击选中"多重背景"，在下拉列表中选择 TON_DB_1 选项，用 FB2 的静态变量
TON_DB_1 提供 TON 的背景数据。用同样的方法在 FB2 中调用定时器指令 TP 和 TON，用
FB2 的静态变量 TP_DB_0 和 TON_DB_1 提供 TP 和 TON 的背景数据。在接口区生成 FB2
局部变量表，设置数据类型为 IEC Timer 的静态变量 TON_DB_0、TP_DB_0 和 TON_DB_1，
如图 5-11 所示。

图 5-11 "调用选项"对话框与 FB2 的接口区

这样处理后，多个定时器或计数器的背景数据被包含在它们所在的函数块的背景数
据块中，而不需要为每个定时器或计数器设置单独的背景数据块。因此减少了处理数据的
时间，能更合理地利用存储空间。在共享的多重背景数据块中，定时器、计数器的数据结
构之间不会产生相互作用。

FB2 用来控制放料电磁阀及振动电磁铁，它的程序如图 5-12 所示。"放料"是某种物
料满足放料条件的信号，"电磁阀"是要控制的放料电磁阀，"振动"是放料振动电磁铁。
程序中的 TON_DB_1.Q 是 TON 定时器的背景数据块中定时器的 Q 输出信号。当满足放料
条件，打开该物料放料电磁阀，同时启动振动电磁铁振 2s，停 1s，放料结束后再振 1s。

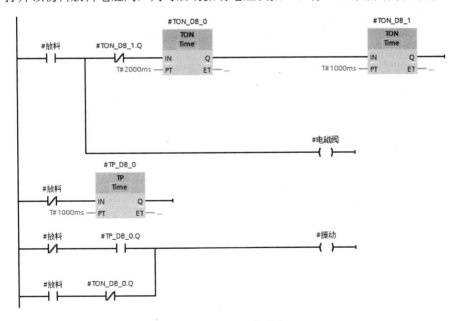

图 5-12 FB2 的程序

在如图 5-13 所示的 PLC 变量表中定义调用 FB2 需要的变量，在 OB1 中两次调用 FB2 的背景数据块分别为"放料控制 DB5"和"放料控制 DB6"，如图 5-14 所示。

	名称		数据类型	地址
▣	放料-1		Bool	%I0.0
▣	放料-2		Bool	%I0.1
▣	电磁阀1		Bool	%Q0.0
▣	电磁阀2		Bool	%Q0.1
▣	振动1		Bool	%Q0.2
▣	振动2		Bool	%Q0.3

图 5-13　PLC 变量表

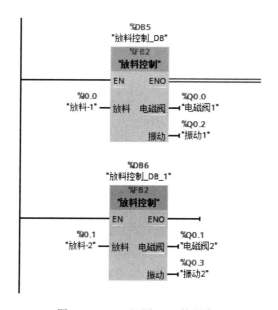

图 5-14　OB1 调用 FB2 的程序

将用户程序下载到 CPU，将 CPU 切换到 RUN 模式。拨动外接的小开关，模拟物料满足"放料"信号。可以看到输出参数"电磁阀"及"振动"的状态按程序的要求变化。

此外，也可以用仿真的方法调试放料控制程序。

2．用于用户生成的函数块的多重背景

在项目"多重背景"中生成名为"电动机控制"的函数块 FB1，去掉 FB1"优化的块访问"属性。

为了实现多重背景，生成一个名为"多台电动机控制"的函数块 FB3，去掉 FB3"优化的块访问"属性。在它的接口区生成两个数据类型为"电动机控制"的静态变量"1 号电动机"和"2 号电动机"。每个静态变量内部的输入参数、输出参数等局部变量是自动生成的，与 FB1"电动机控制"的相同，如图 5-15 所示。

双击打开 FB3，调用 FB1"电动机控制"（如图 5-16 所示），出现"调用选项"对话框，如图 5-17 所示。单击选中"多重背景 DB"，在"名称"下拉列表中选择"1 号电动机控制"，用 FB3 的静态变量"1 号电动机"提供名为"电动机控制"的 FB1 的背景数

据。用同样的方法在 FB3 中再次调用 FB1，用 FB3 的静态变量"2 号电动机"提供 FB1 的背景数据。

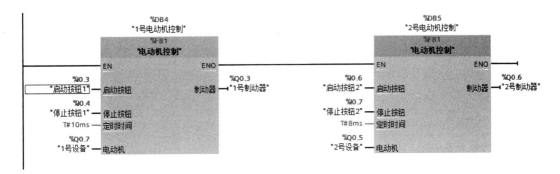

图 5-15　FB3 的接口区与 OB1 调用 FB3 的程序

图 5-16　在 FB3 中两次调用 FB1

图 5-17　"调用选项"对话框

在 OB1 中调用 FB3"多台电动机控制"，其背景数据块为"电动机控制 DB"（DB3）。FB3 的背景数据块与图 5-15 中 FB3 的接口区均只有静态变量"1 号电动机"和"2 号电动机"。两次调用 FB1 的背景数据都在 FB3 的背景数据块 DB3 中。

5.3 数据类型与间接寻址

S7-1200 PLC 支持的数据类型除基本数据类型、复杂数据类型外，还有参数类型、系统数据类型和硬件数据类型。S7-1200 PLC 不仅支持直接寻址，还可以进行间接寻址。

5.3.1 数据类型

除了基本数据类型和复杂数据类型之外，还有用于传送函数和函数块的参数类型、系统数据类型和硬件数据类型。

1. 参数类型（Void）

参数类型是传递给被调用块的形参的数据类型。它用于函数不需要返回值的情况，不保存数值。

2. 系统数据类型（SDT）

系统数据类型由系统提供，可供用户使用，具有不能更改的预定义的结构。

系统数据类型包括 IEC 定时器指令的定时器结构 IEC TIMER，数据类型为 Slnt、USlnt、Ulnt、lnt、Dlnt 和 UDlnt 的计数器指令的计数器结构，用于 GET ERROR 指令的错误信息结构 Error Struct 等。

3. 硬件数据类型

硬件数据类型由 CPU 提供，与硬件组态时模块的设置有关。它用于识别硬件元件、事件和中断 OB 等硬件有关的对象。用户程序使用与模块有关的指令时，用硬件数据类型的常数来作指令的参数。

PLC 变量表的"系统常量"选项卡列出了项目中的硬件数据类型变量的值，即硬件组件和中断事件的标识符。其中的变量与项目中组态的硬件结构和组件的型号有关。例如，高速，计数器的硬件数据类型为 Hw Hsc。

4. 数据类型的转换方式

用户程序中的操作与特定长度的数据对象有关。例如，位逻辑指令使用位（bit）数据，MOVE 指令使用字节、字和双字数据。

一个指令中有关的操作数的数据类型应协调一致，这一要求也适用块调用时的参数设置。如果操作数具有不同的数据类型，应进行数据转换。有两种不同的转换方式。

❑ 隐式转换：在执行指令时自动地进行转换。

❑ 显式转换：在执行指令之前使用转换指令进行转换。

1）隐式转换

如果操作数的数据类型兼容，将自动执行隐式转换。兼容性测试可以使用两种标准。

  ❑ 进行 IEC 检查，采用严格的兼容性规则，允许转换的数据类型较少。

  ❑ 不进行 IEC 检查，采用不太严格的兼容性规则，允许转换的数据类型较多。

  不能将 Bool 隐式转换为其他数据类型，源数据类型的位长度不能超过目标数据类型的位长度。在博途软件的帮助中搜索"数据类型转换概述"，可以查看详细的规定。

  2）显式转换

  操作数不兼容时，不能执行隐式转换，可以使用显式转换指令。转换指令在指令列表的"数字函数""转换操作"和"字符串+字符"文件夹中。

  显式转换的优点是可以检查出所有不符合标准的问题，并用 ENO 的状态指示。

5. 设置IEC检查功能

  如果激活了"IEC 检查"，在执行指令时，将会采用严格的数据类型兼容性标准。

  1）设置对项目中所有新的块执行 IEC 检查

  执行"选项"菜单中的"设置"命令，选中出现的"设置"编辑器左边窗口的"PLC 编程"中的"常规"组，选中右边"新块的默认设置"区中的"IEC 检查"，新生成的块默认的设置将使用 IEC 检查。

  2）设置单独的块进行 IEC 检查

  如果没有设置对项目中所有的新块进行 IEC 检查，可以设置对单独的块进行 IEC 检查。右键单击项目树中的某个代码块，执行快捷菜单中的"属性"命令，在打开的对话框的左侧列表中选择"属性"组（如图 5-18 所示），再勾选"IEC 检查"复选框，激活或取消这个块的 IEC 检查功能。

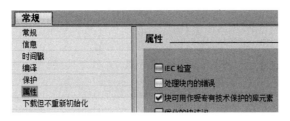

图 5-18　设置块的属性

5.3.2　间接寻址

1. 用FieldRead与FieldWrite指令实现间接寻址

  使用 FieldRead（读取域）和 FieldWrite（写入域）指令，可以实现间接寻址。

  生成名为"间接寻址"的项目，选择 CPU 为 CPU 1214C。生成名为"数据块 1"的全局数据块 DB1，在 DB1 中生成名为"数组 1"的数组。其数据类型为 Array[1..5] of int，如图 5-19 所示。

  在指令列表的文件夹"\移动操作\原有指令"中，拖入 FieldRead 与 FieldWrite 指令。单击生成的指令框中的"???"，在下拉列表中设置要写入或读取的数据类型为 int。

  FieldRead 指令用于从第一个元素由 MEMBER 参数指定的数组中读取索引值为 INDEX 的数组元素。数组元素的值将传送到 VALUE 参数指定的位置。

WriteField 指令用于将 VALUE 参数指定的位置上的值传送给第一个元素由 MEMBER 参数指定的数组。该值将传送给由 INDEX 参数指定数组索引的数组元素。

数据块_1

名称	数据类型
Static	
数组1	Array[1..5] of Int
数组1[1]	Int
数组1[2]	Int
数组1[3]	Int
数组1[4]	Int
数组1[5]	Int

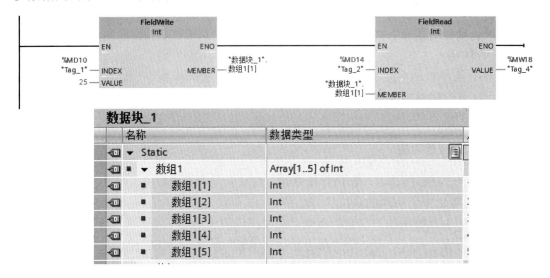

图 5-19　间接寻址的程序与数据块

2．使用间接寻址的循环程序

循环程序用来完成多次重复的操作。S7-1200 的梯形图语言没有循环程序专用的指令，为了编写循环程序，可以用 FieldRead 指令实现间接寻址，用普通指令编写循环程序。

在项目“间接寻址”的 DB1 中生成 5 个 Dint 元素的数组“数组 2”，数据类型为 Array [1..5] of Dint，设置各数组元素的初始值。

生成名为“累加双字”的函数 FC1，如图 5-20 所示为其接口区中的局部变量。参数“数组 IN”的数据类型为 Array[1..5] of int，应与其实参（数据块 1 中的数组 2）的结构完全相同。

	名称	数据类型
1	Input	
2	数组IN	Array[1..5] of DInt
3	Output	
4	累加结果	DInt
5	InOut	
6	累加个数	Int
7	Temp	
8	下标	DInt
9	元素值	DInt
10	Constant	
11	Return	
12	累加双字	Void

图 5-20　FC1 的接口区

FC1 的程序如图 5-21 所示，首先将“累加结果”清零，设置数组下标的初始值为 1，程序段 2 的跳转标签 Back 表示循环的开始。FieldRead 指令用来实现间接寻址，将数据类

型为数组的输入参数"数组 IN"的"下标"变量指定元素，传送到 VALUE 参数指定的位置"元素值"。

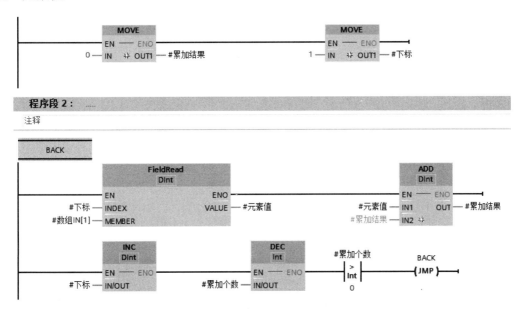

图 5-21　FC1 的程序

读取数组元素值后，将它与输出参数"累加结果"的值相加，结果存于"累加结果"。将数组下标（即临时变量"下标"）加 1，为下一次循环做好准备。将作为循环次数计数器的"累加个数"减 1。减 1 后如果非 0，则返回标签处，开始下一次循环操作。减 1 后如果为 0，则循环结束。

在 OB1 中调用 FC1"累加双字"，如图 5-22 所示，求数据块 1 中数组 2 从第 1 个元素开始若干个数组元素之和。运算结果用 MD20（"累加值"）保存。

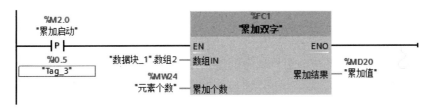

图 5-22　OB1 调用 FC1 的程序、监控表与数据块 1

3. 数组元素的间接索引

要寻址数组的元素，可以用常量作下标，也可以用 Dint 数据类型的变量作下标。使用变量作下标可以实现间接寻址，可以用多个变量作多维数组的下标，实现多维数组的间接寻址。

将项目"间接寻址"中的 FC1 复制为名为"间接索引"的 FC2，用如图 5-23 左图所示的 MOVE 指令取代 FieldRead 指令。MOVE 指令中的输入参数 IN 的实参"#数组 IN{#下标}"中的"下标"是 Dint 数据类型的临时变量，是输入参数"数组 IN"的下标。用 INC 指令将它加 1，下一次循环就可以读取数组的下一个元素的值。如图 5-23 右图所示为 OB1 调用 FC2 的程序。

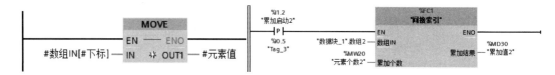

图 5-23　FC2 中的间接寻址与 OB1 调用 FC2 的程序

将程序下载到仿真 PLC 后，打开 OB1，启动程序状态监控，右键单击"元素个数 2"（MW26），用快捷菜单中的"修改"命令设置其值为 5。右键单击"累加启动 2"（M2.2），用快捷菜单中的"修改"命令产生它的上升沿，可以看到"累加值 2"（MD30）中的累加结果为 15。

如果下标变量的值超出允许范围，出现区域长度错误，CPU 的 ERROR LED 指示灯将会闪烁。

5.4　中断事件与中断指令

PLC 中断是指 PLC 的通信、输入/输出接口以及定时等状态发生改变。中断程序是处理特定中断事件的用户程序段。某个特定的中断事件总是对应于特定的中断程序。只要中断事件发生，一个正常的扫描周期将被打断，用户程序流自动跳转到中断程序执行，直至执行到中断返回指令，系统才恢复到正常的扫描周期流程上。

5.4.1　中断事件与组织块

1. 启用组织块的事件

组织块（OB）是操作系统与用户程序的接口，出现启动组织块的事件时，由操作系统调用对应的组织块。启动组织块的事件如表 5-2 所示。

表 5-2　启动 OB 的事件

事件类型	OB 编号	OB 个数	启 动 事 件	OB 优先级
程序循环	1 或 ≥123	≥1	启动或结束前一个程序循环 OB	1
启动	100 或 ≥123	≥0	从 STOP 切换到 RUN 模式	1
时间中断	≥10	≤2 个	已达到启动时间	2
延时中断	≥20	≤4 个	延时时间结束	3
循环中断	≥30	≤4 个	固定的循环时间结束	8
硬件中断	40～47 或 ≥123	≤50	上升沿（≤16 个）、下降沿（≤16 个）	18
			HSC 计数值=预设值，计数方向变化，外部复位，最多 6 次	18

续表

事件类型	OB 编号	OB 个数	启 动 事 件	OB 优先级
状态中断	55	0 或 1	CPU 接收到状态中断，如从站模块更改模式	4
更新中断	56	0 或 1	CPU 接收到更新中断，如更改从站或设备的插槽参数	4
制造商中断	57	0 或 1	CPU 接收到制造商或配置文件特定的中断	4
诊断错误中断	82	0 或 1	模块检测到错误	5
拔出 / 插入中断	83	0 或 1	拔出/插入分布式输入/输出模块	6
机架错误	86	0 或 1	分布式输入/输出的输入/输出系统错误	6
时间错误	80	0 或 1	超过最大循环时间，调用的 OB 还在执行，错过时间中断，STOP 期间错过时间中断，中断队列溢出，因为中断负荷过大丢失中断	22

在启动 OB 的事件中，有些定期发生，如程序循环或循环事件；有些只发生一次，如启动事件和延时事件；还有一些则在硬件触发事件时发生，如输入点的上升沿事件或高速计数器事件。诊断错误和时间错误等事件只在出现错误时发生。

如果出现启动 OB 的事件，CPU 往往保持 RUN 模式不变，只有在拔出/插入中央模块或超过最大循环时间两倍时，CPU 将切换到 STOP 模式。

2. 事件执行的优先级与中断队列

启动 OB 的事件，可以在块的创建期间、设备配置期间或使用 ATTACH 或 DETACH 指令指定事件的中断 OB。

CPU 处理操作受事件控制。事件会触发要执行的中断 OB，如果没有为该事件分配 OB，则会触发默认的系统响应。如果当前不能调用 OB，则按照事件的优先级将其保存到队列。事件优先级和队列用于确定事件中断 OB 的处理顺序。OB 优先级为 1 的优先级最低。

每个 CPU 事件都具有相关优先级。通常，CPU 按优先级顺序处理事件（优先级最高的最先进行处理）。对于优先级相同的事件，CPU 按照"先到先得"的原则进行处理。

CPU 通过各种事件类型的不同队列限制单一来源的未决（排队的）事件数量。达到给定事件类型的未决事件限值后，下一个事件将丢失。可以使用时间错误中断 OB 响应队列溢出。OB 的事件如表 5-3 所示。

表 5-3　OB事件

事　　件	允许的数量	默认 OB 优先级
程序循环	1 个程序循环事件允许多个 OB	1
启动	1 个启动事件允许多个 OB	1
延时	最多 4 个时间事件，每个事件 1 个 OB	3
循环中断	最多 4 个事件，每个事件 1 个 OB	8
硬件中断	最多 50 个硬件中断事件，每个事件 1 个 OB，但可对多个事件使用同一个 OB	18
		18
时间错误	1 个事件（仅当组态时）	22 或 26
诊断错误	1 个事件（仅当组态时）	5

事　　件	允许的数量	默认 OB 优先级
拔出或插入模块	1 个事件	6
机架或站故障	1 个事件	6
日时钟	最多 2 个事件	2
状态	1 个事件	4
更新	1 个事件	4
配置文件	1 个事件	4

启动事件运行结束后，程序循环事件才启动，所以启动事件和程序循环事件不会同时发生。使用 DETACH 和 ATTACH 指令，可组态 50 个以上的硬件中断事件 OB。还可以将 CPU 组态为在超出最大扫描周期时间时保持 RUN 模式，也可使用 RE_TRIGR 指令复位周期时间。但是，如果同一个扫描周期第二次超出最大扫描周期时间，CPU 就会进入STOP 模式。

3. 用DIS AIRT与EN AIRT指令禁止与激活中断

从 V4.0 开始，可以将 OB 执行组态为可中断或不可中断。程序循环 OB 始终为可中断，但可将其他所有 OB 组态为可中断或不可中断。

如果设置了可中断模式，则在执行 OB 并且 OB 执行结束前发生了更高优先级的事件时，将中断正在运行的 OB，以允许更高优先级的事件 OB 运行。

运行更高级别的事件直至结束后，才会继续执行之前中断的OB。如果执行可中断 OB 时发生多个事件，CPU 将按照优先级顺序处理这些事件。

如果设置了不可中断模式，则 OB 在运行期间无论是否触发了其他任何事件，都将继续运行，直至结束。

使用 DIS AIRT 指令可将 OB 设置为不可中断。输出参数 RET VAL 返回调用 DIS AIRT 的次数。

发生中断时，调用 EN AIRT 指令可以启用以前调用 DIS AIRT 延时的组织块处理。要取消所有的延时时，EN AIRT 的执行次数必须与 DIS AIR 的调用次数相同。

5.4.2　初始化组织块与循环中断组织块

1. 程序循环组织块

主程序 OB1 属于程序循环组织块，CPU 在 RUN 模式时循环执行 OB1，可以在 OB1中调用 FC 和 FB。如果用户程序生成了其他程序循环 OB，CPU 按 OB 编号的顺序执行它们。首先执行主程序 OB1，然后执行编号不小于 123 的程序循环 OB。一般只需要一个程序循环 OB。程序循环 OB 的优先级最低，其他事件都可以中断它们。

打开 STEP 7 的项目视图，生成名为"启动组织块与循环中断组织块"的新项目，选择 CPU 的型号为 CPU 1214C。

打开项目视图中的文件夹"\PLC_1\程序块"，双击其中的"添加新块"，在打开的对话框中单击"组织块"图标（如图 5-24 所示），选中列表中的 Program cycle，生成一个程序循环组织块。OB 默认的编号为 123，语言为 LAD，默认的名称为 Main 1。单击"确定"按钮，生成 OB123，可以在项目树的文件夹"\PLC_1\程序块"中看到新生成的 OB123。

图 5-24　生成程序循环组织块 OB123

分别在 OB1 和 OB123 中生成简单的程序，如图 5-25 和图 5-26 所示。将它们下载到 CPU，CPU 切换到 RUN 模式后，可以用程序监控功能，将 I0.4 置位，则 Q1.0 状态变为 1，将 I0.5 置位，则 Q1.1 状态为 1，说明 OB1 和 OB123 均被循环执行。

图 5-25　OB1 的程序

图 5-26　OB123 的程序

2. 启动组织块

启动组织块用于系统初始化，CPU 从 STOP 切换到 RUN 时，执行一次启动 OB。执行完后，读入过程映像输入，开始执行 OB1。允许生成多个启动 OB，默认的是 OB100，其他启动 OB 的编号应不小于 123。一般只需要一个启动组织块。

用上述方法生成启动组织块OB100。OB100中的初始化程序如图5-27所示。将它下载到CPU，将 CPU 切换到 RUN 模式后，可以看到 QB0 的值被 OB100 初始化为 7（00000111）。

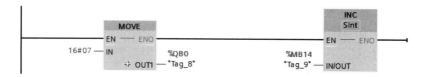

图 5-27　OB100 的程序

该项目的 M 区没有设置保持功能，暖启动时 M 区存储单元的值均为 0。在监控时，如果看到MB14的值为1，说明只执行了一次OB100，MB14的初始值0由OB100中的INC指令使其变为 1。

3．循环中断组织块

循环中断组织块以设定的循环时间（1～60000ms）周期性地执行，而与程序循环 OB 的执行时间无关。循环中断和延时中断组织块的个数之和最多允许 4 个，循环中断 OB 的编号应为 OB30～OB38，或不小于 123。

双击项目树中的"添加新块"，在弹出的对话框中选择 Cyclic interrupt，将循环中断的时间间隔由默认值 100ms 修改为 1000ms，默认编号为 OB30。

双击打开项目树中的 OB30，选中巡视窗口的"属性→常规→循环中断"，如图 5-28 所示，可以设置循环时间和相移。相移是相位偏移的简称，用于防止循环时间有公倍数的几个循环中断 OB 同时启动，导致连续执行中断程序的时间太长，相移的默认值为 0。

如果循环中断 OB 的执行时间大于循环时间，将会启动时间错误 OB。

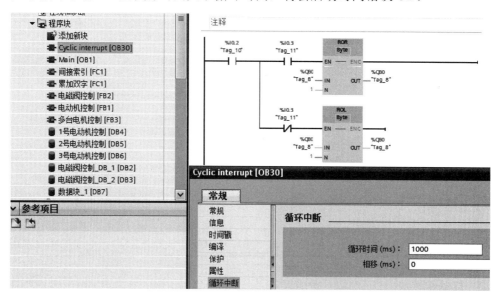

图 5-28　项目树与循环中断组织块 OB30

如图 5-28 所示的程序用于控制 8 位彩灯循环移位，I0.2 控制彩灯移位，I0.3 控制移位的方向。当 I0.2 常开触点闭合，I0.3 常开触点闭合，彩灯右移 1 位；当 I0.2 常开触点闭合，I0.3 常开触点断开，彩灯左移 1 位；当 I0.2 常开触点断开，彩灯不移位。

在 CPU 运行期间，可以使用 OB1 中的 SET_CINT 指令重新设置循环中断的循环时间 CYCLE 和相移 PHASE，如图 5-29 所示，时间的单位为 μs；使用 QRY_CINT 指令可以查询循环中断的状态。

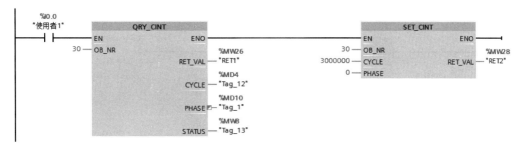

图 5-29　查询与设置循环中断

将程序下载到 PLC，将 CPU 切换到 RUN 模式。启用监视功能，强制 I0.2 为 1 状态，彩灯循环左移。强制 I0.3 为 1 状态，彩灯循环右移。强制 I0.2 为 0 状态，彩灯保持原来状态。

强制 I0.0 为 1 状态，执行 QRY_CINT 指令和 SET_CINT 指令读取的循环时间（单位为 μs）。MB9 是读取的状态字 MW8 的低位字节，M9.4 为 1 表示已下载 OB30，M9.2 为 1 表示已启用循环中断。

5.4.3　时间中断组织块

1. 时间中断的功能

时间中断用于在设置的日期和时间产生一次中断，或者从设置的日期和时间开始，周期性地重复产生中断。例如，每分钟、每小时、每天、每周、每月、月末、每年产生一次时间中断。可以用专用的指令来设置、激活和取消时间中断。时间中断 OB 的编号应为 10～17，或不小于 123。

在项目视图中生成名为"时间中断例程"的新项目，CPU 选择为 CPU 1214C。

打开项目视图中的文件夹"\PLC_1\程序块"，添加名为 Time of day 的组织块，又称为时间中断组织块，默认的编号为 10，默认的语言为 LAD。

2. 程序设计

时间中断的指令在指令列表的"扩展指令"选项卡的"中断"文件夹中。在 OB1 中调用指令 QRY_TINT 来查询时间中断的状态，如图 5-30 所示，读取的状态用 MW8 保存。

在 I0.0 的上升沿，调用指令 QRY_TINTL 和 ACT_TINT 来分别设置和激活时间中断 OB10。在 I0.1 的上升沿，调用 CAN_TINT 指令来取消时间中断。

SET_TINTL 指令用来设置时间中断，它的参数 OB_NR 是组织块的编号，设置为 10，参数 STD 是开始产生中断的日期和时间。参数 LOCAL 为 TRUE（1）和 FALSE（0），分别表示使用本地时间和系统时间，设置为本地时间。参数 PERIOD 用来设置执行的方式，

16#0201 表示每分钟产生一次时间中断。参数 ACTIVATE 为 1 时，该指令设置并激活时间中断；为 0 时仅设置时间中断，需要调用 ACT_TINT 指令来激活时间中断。Ret_Val 是执行时可能出现的错误代码，为 0 时无错误。如图 5-30 所示的程序用 ACT_TINT 来激活时间中断。

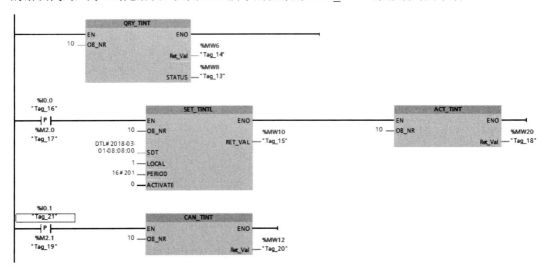

图 5-30　OB1 的程序

如图 5-31 所示的 OB10 中的程序，每周调用一次 OB10，将 MB4 加 1。

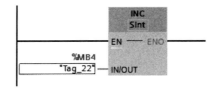

图 5-31　OB10 的程序

3. 用PLC状态监控功能查看程序的运行

下载所有的块后，将 PLC 切换到 RUN 模式，进入监控状态。因为 MB9 是 QRY_TINT 读取的状态字 MW8 的低位字节，M9.4 为 1 状态，表示已经下载了 OB10。强制给 I0.0 赋值为 1，再赋值为 0，设置和激活时间中断。M9.2 为 1 状态，表示时间中断已被激活。如果设置的是已经过去的日期和时间，CPU 将会每分钟调用一次 OB10，将 MB4 加 1，MB4 的值变为 1。强制给 I0.1 赋值为 1，再赋值为 0，在 I0.1 的上升沿，时间中断被禁止，M9.2 变为 0 状态，MB4 保持不变。再次强制给 I0.0 赋值为 1，再赋值为 0，在 I0.0 的上升沿，时间中断被重新激活，M9.2 变为 1 状态，MB4 每分钟又加 1，MB4 的值变为 2。

5.4.4　硬件中断组织块

1. 硬件中断与硬件中断组织块

硬件中断组织块用于处理需要快速响应的过程事件。出现硬件中断事件时，立即终止当前正在执行的程序，处理执行对应的硬件中断 OB。

最多可以生成 50 个硬件中断 OB，在硬件组态时定义中断事件，硬件中断 OB 的编号应为 40～47，或不小于 123。S7-1200 支持下列硬件中断事件。

❑ CPU 内置的数字量输入或信号板的数字量输入的上升沿事件和下降沿事件。

❑ 高速计数器（HSC）的实际计数值等于预设值。

❑ HSC 的方向改变，即计数值由增大变为减小或相反。

❑ HSC 的数字量外部复位输入的上升沿，计数值被复位为 0。

如果在执行硬件中断 OB 期间，同一个中断事件再次发生，则新发生的中断事件丢失。

如果一个中断事件发生，在执行该中断 OB 期间，又发生多个不同的中断事件，则新发生的中断事件进入排队，等待第一个中断 OB 执行完毕后依次执行。

2．硬件中断事件的处理方法

有两种方法用于处理硬件中断事件。

❑ 给一个事件指定一个硬件中断事件 OB。

❑ 多个硬件中断 OB 分时处理一个硬件中断事件，需要用 DETACH 指令取消原有的 OB 与事件的连接，用 ATTACH 指令将一个新的硬件中断 OB 分配给中断事件。

前一种方法简单方便，应优先采用。

3．生成硬件中断组织块

打开项目视图，生成名为"硬件中断例程 1"的新项目。选择 CPU 的型号为 CPU 1214C。

打开项目视图中的文件夹"\PLC_1\程序块"，双击其中的"添加新块"，在弹出的对话框中单击"组织块"按钮，选中 Hardware interrupt（硬件中断），生成一个硬件中断组织块，OB 的编号为 40，语言为 LAD。将块的名称修改为"硬件中断 1"。单击"确定"按钮，OB 块被自动生成和打开，用同样方法生成名为"硬件中断 2"的 OB41。

4．组态硬件中断事件

双击项目树的文件夹 PLC_1 中的"设备组态"，打开设备视图。首先选中 CPU，再选中巡视窗口的"属性→常规"选项卡左边的"数字量输入"的"通道 0"（I0.0），勾选"启用上升沿检测"复选框，在"硬件中断"下拉列表中将 OB40 指定给 I0.0 的上升沿中断事件，出现该中断事件时将调用 OB40，如图 5-32 所示。

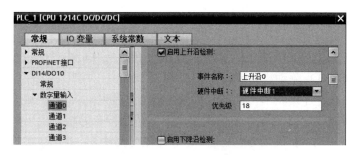

图 5-32　组态硬件中断事件

用同样的方法，启用"通道 1"的下降沿中断，并将 OB41 指定给该中断事件。如果选中 OB 列表中的-，表示没有 OB 连接到中断事件。

选中巡视窗口的"属性→常规→系统和时钟存储器"，启用系统存储器字节 MB1。

5．编写OB的程序

在 OB40 和 OB41 中，分别用 M1.2 一直闭合的常开触点将 Q0.0:P 置位和复位，如图 5-33 所示和图 5-34 所示。

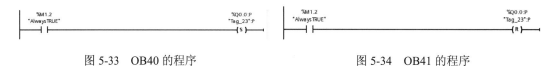

图 5-33　OB40 的程序　　　　　　　　　　　　　图 5-34　OB41 的程序

6．用PLC状态监控功能查看程序的运行

下载所有的块，将 PLC 切换到 RUN 模式，进入监控模式。强制给 I0.0 赋值为 1，再赋值为 0。在 I0.0 的上升沿，CPU 调用 OB40，将 Q0.0 置位。强制给 I0.1 赋值为 1，再赋值为 0。在 I0.1 的下降沿，CPU 调用 OB41，将 Q0.0 复位。

5.4.5　中断连接指令与中断分离指令

1．ATTACH和DETACH（附加/分离OB和中断事件）指令

使用 ATTACH 和 DETACH 指令可激活和禁用由中断事件驱动的子程序。ATTACH 指令启用响应硬件中断事件的中断 OB 子程序执行。DETACH 指令禁用响应硬件中断事件的中断 OB 子程序执行。

2．组态硬件中断事件

打开项目视图，生成名为"硬件中断 2"的新项目。CPU 的型号选择为 CPU 1214C。打开项目视图中的文件夹"\PLC_1\程序块"，双击其中的"添加新块"，生成名为"硬件中断 1"和"硬件中断 2"的硬件中断组织块 OB40 和 OB41。

选中"设备"视图中的 CPU，再选中巡视窗口的"属性→常规"选项卡左边的"数字量输入"的通道 0（I0.0），勾选"启用上升沿检测"复选框，在"硬件中断"下拉列表中将 OB40 指定给 I0.0 的上升沿中断事件，出现该中断事件时将调用 OB40。

3．程序的基本结构

要求使用 ATTACH 和 DETACH 指令，在出现 I0.0 上升沿事件时，交替调用硬件中断组织块 OB40 和 OB41，分别将 16#F、16#F0 写入 QB0。

打开 OB40，在程序编辑器上面的接口区生成 2 个临时局部变量 RET1 和 RET2，用作指令 ATTACH 和 DETACH 的返回值的实参。返回值是指令的状态代码。

打开指令列表中的"扩展指令"选项卡的"中断"文件夹，将其中的指令 DETACH 拖放到程序编辑器，设置参数 DB NR（组织块的编号）为 40。双击中断事件 EVENT 左边的问

号，然后单击出现的按钮▣（如图 5-35 所示），选择下拉列表中的中断事件"上升沿 0"
（I0.0 上升沿事件），其代码值为 16#C0000108。在 PLC 默认的变量表的"系统常量"选
项卡中，也能找到"上升沿 0"的代码值。

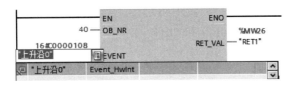

图 5-35　设置指令的参数

DETACH 指令用来断开 I0.0 的上升沿中断事件与 OB40 的连接。用 ATTACH 指令建
立 I0.0 上升沿事件与 OB41 的连接（如图 5-36 所示）。用 MOVE 指令给 QB0 赋值为 16#F。
如果没有指定参数 EVENT 的实参，当前连接到 OB_NR 指定的 OB40 的所有中断事件将被
断开连接。

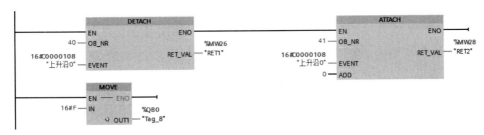

图 5-36　OB40 的程序

图 5-36 中的 ATTACH 指令将参数 OB NR 指定的 OB41 连接到 EVENT 指定的事件"上
升沿 0"。在该事件发生时，将调用 OB41。参数 ADD 为默认值 0 时，指定的事件取代连
接到原来分配给这个 OB 的所有事件。

下一次出现 I0.0 上升沿事件时，调用 OB41，如图 5-37 所示。在 OB41 的接口区生成
2 个临时局部变量 RET1 和 RET2，用 DETACH 指令断开 I0.0 上升沿事件与 OB41 的连接，用
ATTACH 指令建立 I0.0 上升沿事件与 OB40 的连接。用 MOVE 指令给 QB0 赋值为 16#F0。

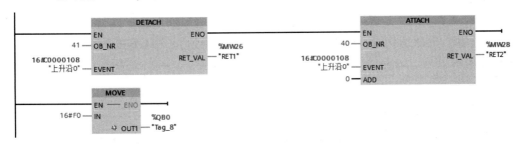

图 5-37　OB41 的程序

4. 用 PLC 状态监控功能查看程序的运行

下载所有的块，将 PLC 切换到 RUN 模式，进入监控模式。打开 SIM 表 1。

强制给 I0.0 赋值为 1，再赋值为 0，在 I0.0 的上升沿，CPU 调用 OB40，断开 I0.0 上升沿事件与 OB40 的连接，将该事件与 OB41 连接。将 16#0F 写入 QB0，后者的低 4 位为 1。

强制给 I0.0 赋值为 1，再赋值为 0，在 I0.0 的上升沿，CPU 调用 OB41，断开 I0.0 上升沿事件与 OB41 的连接，将该事件与 OB40 连接。将 16#F0 写入 QB0，后者的高 4 位为 1。

多次重复上述过程，由于 OB40 和 OB41 中的 ATTACH 和 DETACH 指令的作用，在 I0.0 奇数次的上升沿调用 OB40，QB0 被写入 16#0F，偶数次时，在 I0.0 的上升沿调用 OB41，将 16#F0 写入 QB0。

5.4.6 延时中断组织块

延时中断组织块将延时中断事件组态为在经过一个指定的延时后发生。延迟时间可通过 SRT_DINT 指令分配。延时事件将中断程序循环以执行相应的延时中断 OB。只能将一个延时中断 OB 连接到一个延时事件。CPU 最多支持 4 个延时事件。

在指令 SRT_DINT 的 EN 使能输入的上升沿启动延时过程。该指令的延时时间为 1～60000ms，精度为 1ms。延时时间到触发延时中断，调用指定的延时中断组织块。延时中断 OB 的编号为 20～23，或不小于 123。

1. 硬件组态

打开项目视图，生成名为"延时中断例程"的新项目。添加新设备 CPU 1214C。打开项目视图中的文件夹"\PLC_1\程序块"，双击其中的"添加新块"，生成名为"硬件中断"的硬件中断组织块 OB40、名为"延时中断"的组织块 OB20，以及全局数据块 DB1。

选中设备视图中的 CPU，再选中巡视窗口的"属性→常规"选项卡左边的"数字量输入"的"通道 0"（I0.0），启用上升沿中断功能。在"硬件中断"下拉列表中将 OB40 指定给 I0.0 的上升沿中断事件，出现该中断事件时将调用 OB40。

2. 硬件中断组织块程序设计

在 I0.0 的上升沿触发硬件中断，CPU 调用 OB40，在 OB40 中调用指令 SRT_DINT 启动延时中断的延时，延时时间为 10s。延时时间到时调用参数 OB_NR 指定的延时中断组织块 OB20。参数 SIGN 是调用延时中断 OB 时 OB 的启动事件信息中出现的标识符。RET_VAL 是指令执行的状态代码。RET1 和 RET2 是数据类型为 int 的 OB40 的临时局部变量，如图 5-38 所示。

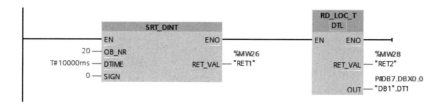

图 5-38　OB40 的程序

为了保存读取的定时开始和定时结束时的日期和时间值，在 DB1 中生成数据类型为 DTL

的变量 DT1 和 DT2。在 OB40 中调用"读取本地时间"指令 RD_LOC_T，读取启动 10s 延时的实际时间，用 DB1 中的变量 DT1 保存。

3. 事件延迟中断组织块程序设计

在 I0.0 的上升沿调用的 OB40 中启动时间延迟，延时时间到时调用时间延迟组织块OB20。在 OB20 中调用 RD_LOC_T 指令（如图 5-39 所示），读取 10s 延时结束的实时时间，用 DB1 中的变量 DT2 保存，同时将 Q0.4:P 立即置位。

图 5-39　OB20 的程序

4. OB1的程序设计

在 OB1 中调用指令 QRY_DINT 来查询延时中断的状态字 STATUS（如图 5-40 所示），查询的结果用 MW8 保存，其低字节为 MB9。OB NR 的实参是 OB20 的编号。

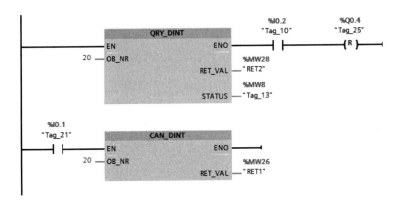

图 5-40　OB1 的程序

在延时过程中，在 I0.1 为 1 状态时调用指令 CAN_DINT 来取消延时中断过程。在 I0.2 为 1 状态时复位 Q0.4。

5. 用PLC状态监控功能查看程序的运行

下载所有的块，将 PLC 切换到 RUN 模式，M9.4 马上变为 1 状态，表示 OB20 已经下载到 PLC。

打开 DB1，单击工具栏上的监视按钮，启动监视功能（如图 5-41 所示）。强制给 I0.0 赋值为 1，再赋值为 0，在 I0.0 的上升沿，CPU 调用 OB40，M9.2 变为 1 状态，表示正在执行 SRT DINT 启动的时间延时。DB1 中的 DT1 显示出在 OB40 中读取的 DTL 格式的时间值。

		名称	数据类型	偏移量	启动值
1	⬛	▼ Static			
2	⬛ ■	▶ DT1	DTL	0.0	DTL#1970-01-01⊣
3	⬛ ■	▶ DT2	DTL	12.0	DTL#1970-01-01⊣

图 5-41　数据块中的日期时间值

定时时间到时，M9.2 变为 0 状态，表示定时结束。CPU 调用 OB20，DB1 中的 DT2 显示在 OB20 中读取的 DTL 格式的时间值，Q0.4 被置位。可以看到在指令 SRT DINT 启动定时和定时时间到 2 次读取的实时时间之差为 10s。多次试验发现误差小于 1ms，说明定时精度相当高。

强制给 I0.2 赋值为 1，可以将 Q0.4 复位。强制 I0.0 变为 1 状态，CPU 调用硬件中断组织块 OB40，再次启动时间延迟中断的定时。在定时期间强制 I0.1 为 1 状态，执行指令 CAN DINT，时间延迟被取消，M9.2 变为 0 状态。10s 的延迟时间到的时候，不会调用 OB20。Q0.4 不会变为 1 状态，DB1 中的 DT2 也不会显示出新读取的时间值。

5.5　习　　题

1）什么是函数和函数块的形参和实参？

2）函数和函数块有什么区别？

3）什么情况下应使用函数块？

4）组织块与 FB、FC 有什么区别？

5）设计循环程序，统计每班（8h）配料量，假设每次配料量存于 MW10 中。

6）设计求圆面积的函数 FC1，直径的输入值用 MW2 提供，存放圆面积的地址为 MD8。

7）量程为 0～1000℃的温度传感器接在 AI 模块的输入端，模拟量输入点的地址为 IW96，设计函数 FC2，在 OB1 中调用 FC2 来计算以℃为单位的温度测量值，运算结果用 MW30 保存。设计梯形图程序。

8）用循环中断组织块 OB30，每 2s 将 QW1 的值增加 1，在 I0.2 的上升沿，将循环时间修改为 1.5s。设计出主程序和 OB30 的程序。

9）编写程序，用 I0.0 上升沿启动时间中断，启动电动机。在 I0.1 的上升沿取消时间中断，停止电动机运行。

10）编写程序，用硬件中断组织块 OB40，统计 I0.1 的下降沿的个数及 I0.2 的上升沿的个数。

第6章 数字量控制系统梯形图程序设计方法

梯形图编程语言是在继电器控制系统原理图的基础上演变而来的，与继电器控制系统的基本思想一致。具有语言简单、明了、易于理解的优点，很容易被熟悉继电器控制的人掌握，特别适合数字量的逻辑控制。本章主要介绍梯形图的经验设计法、顺序控制设计法与顺序控制功能图以及采用顺序控制梯形图的编程实例。

6.1 梯形图的经验设计法

梯形图经验设计法没有固定的方法和步骤，设计者依据各自的经验和习惯进行设计，具有很大的试探性和随意性，设计周期长，容易出现考虑不周的现象，程序可读性差，常常给维护和改造带来不便。

6.1.1 梯形图编程的基本规则

下面介绍梯形图编程的基本规则。

（1）PLC 内部元器件触点的使用次数是无限制的。

（2）梯形图的每一行都是从左边母线开始，然后是各种触点的逻辑连接，最后以线圈或指令盒结束，触点不能放在线圈的右边。不要使用比较指令或沿检测（上升沿或下降沿）指令终止程序段。

（3）线圈和指令盒一般不能直接连接在左边的母线上。如果需要，可通过特殊的中间继电器 SM0.0（常 ON 特殊中间继电器）完成，如图 6-1 所示。

图 6-1　梯形图画法示例 1

（4）在同一程序中，同一编号的线圈使用 2 次及 2 次以上称为双线圈输出。双线圈输出非常容易引起误动作，所以应避免使用。

（5）不能创建可能导致反向能流的分支，如图 6-2 所示。

（6）不能创建可能导致短路的分支，如图 6-3 所示。

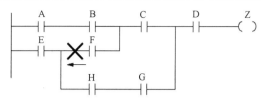

图 6-2　梯形图画法示例 2

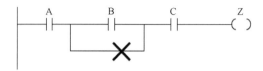

图 6-3　梯形图画法示例 3

（7）在手工编写梯形图程序时，触点应画在水平线上，不要画在垂直线上，这样容易确认它和其他触点的关系，如图 6-4 所示。

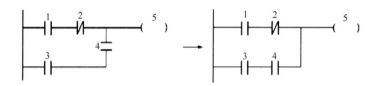

图 6-4　梯形图画法示例 4

（8）不包含触点的分支线条应放在垂直方向，不要放在水平方向，以便于识别触点的组合和对输出线圈的控制路径，如图 6-5 所示。

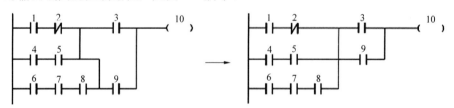

图 6-5　梯形图画法示例 5

（9）应把串联多的电路块尽量放在最上边，把并联多的电路块尽量放在最左边，这样会使编制的程序简洁明了，节省指令，如图 6-6 所示。

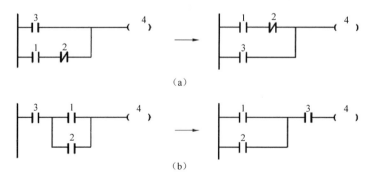

（a）

（b）

图 6-6　梯形图画法示例 6

（a）把串联多的电路块放在最上边；（b）把并联多的电路块放在最左边

（10）如图 6-7 所示为梯形图的推荐画法。

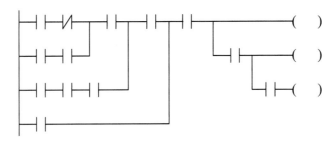

图 6-7　梯形图的推荐画法

6.1.2　常用典型实例

下面介绍一些常用的控制电路。

1．电动机启动、停止控制电路

生产中经常用到电动机启动、停止控制电路。实现该功能的梯形图如图 6-8 所示，可以看出，Q1.0 的常开触点与启动按钮 I1.0 并接，当手松开启动按钮，按钮在复位弹簧的作用下自动复位时，Q1.0 线圈通过其常开触点的闭合仍继续保持通电，从而保证电动机的连续运行。这种通过按钮的常开触点和输出线圈本身的常开触点相并联而使线圈保持通电的控制方式称为自锁。由于有自锁的存在，可以使电动机连续运行；当停止信号出现后（按下停止按钮 I1.1 或热继电器动作 I1.2），由于自锁回路断开而停止运行。

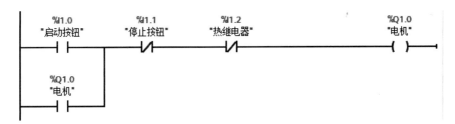

图 6-8　电动机启动、停止控制梯形图

2．正反转控制电路

实现该控制功能的梯形图如图 6-9 所示。按下正向启动按钮 I0.4 时，如果电动机没有反转，Q0.5 常闭触点闭合，电动机正转，通过 Q0.4 常开触点实现自锁。如果电机反转，则Q0.5 常闭触点断开，Q0.4 线圈不能带电，电动机维持反转，从而实现互锁，防止电机正反转接触器同时闭合，损坏电机。同理，按下反向启动按钮 I1.3 时，实现同样的控制功能及互锁。

3．3台电动机的顺序启动控制电路

如图 6-10 所示，现有三皮带运输机由 3 台电动机 M1、M2、M3 驱动，要求启动顺序

为：先启动 M1，经 T1 后启动 M2，再经 T2 后启动 M3。停车时要求：先停 M3，经 T3 后再停 M2，再经 T4 后停 M1。3 台电动机使用的接触器分别为 KM1、KM2 和 KM3。试设计皮带运输机的启／停控制线路。

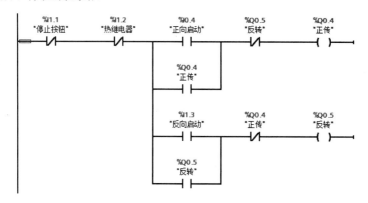

图 6-9　正反转控制梯形图

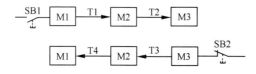

图 6-10　3 台电机的顺序启动要求

实现上述功能的梯形图如图 6-11 所示。当按下启动按钮（I0.0），置位 Q0.0，启动 1# 电动机，同时置位启动标志位 M0.0，复位停止标志位 M0.1。在启动标志位有效时，1#电动机运行，启动定时器 T1，定时时间到，启动 2#电动机，2#电动机运行后，复位定时器 1，同时启动定时器 2，定时器 2 定时时间到，启动 3#电动机，同时复位定时器 2。

当按下停止按钮（I0.1），复位 Q0.2，停止 3#电动机，同时置位停止标志位 M0.1，复位启动标志位 M0.0。在停止标志位有效时，3#电动机停止，启动定时器 T3，定时时间到，停止 2#电动机，2#电动机停止后，复位定时器 3，同时启动定时器 4，定时器 4 定时时间到，停止 1#电动机，同时复位定时器 4。

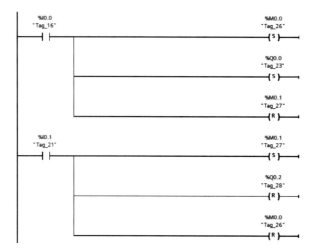

图 6-11　3 台电动机顺序启动梯形图

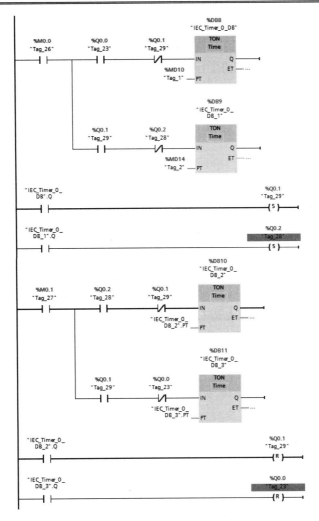

图 6-11（续）

　　图 6-11 中的启动标志位 M0.0 和停止标志位 M0.1，是为了防止启停过程中输出线圈重新得电而采取的措施。如果不采取上述措施，当按下停止按钮，3#电动机停止运行，2#电动机还在运行，会使得定时器 2 带电，当 T2 小于 T3，则会造成 3#电动机重新启动等现象，影响电动机正常工作。

　　若对过载有要求，可将 3 台电动机的热继电器常开触点依次接在 I0.2-I0.4。在梯形图中，为防止过载，用 I0.2-I0.4 分别复位 Q0.0-Q0.2。

6.2　顺序控制设计法与顺序功能图

　　PLC程序设计法除梯形图的经验设计法外，还有顺序控制设计法。所谓的顺序控制设计法，就是按照生产工艺预先规定的顺序，在输入信号的作用下，根据内部状态和时间的顺序，使生产过程中各执行器自动按照预先规定的顺序有序地动作。

　　使用顺序控制设计法时，首先根据系统的工艺过程画出系统功能图，然后根据顺序功能图画出梯形图。

顺序功能图又称功能流程图或状态转移图，它是一种描述顺序控制系统的图形表示方法。它能完整地描述控制系统的工作过程、功能和特性，是分析、设计电气控制系统程序的重要工具。

6.2.1 顺序功能图的基本原件

1. 状态

对于复杂的控制过程，可将它分割为一个个小状态，每个状态是相互独立的、稳定的。下一个状态和本状态之间存在一定的转移条件，当本状态完成且满足转移条件，便自动进行下一个状态。这样就把一个复杂的控制过程分成若干相对简单的小状态。所以，功能图主要由状态、转移及有向线段等元素组成。

功能图中的状态符号如图 6-12 所示。矩形框中是状态的编号或代码，也可以用编程元件（如存储器 M）来表示。状态分为初始状态和活动状态，初始状态一般是系统等待启动命令的相对静止状态，用如图 6-13 所示的双线矩形框表示，每个功能图中至少有一个初始状态。

在每个状态中要完成某些动作，这些动作要标注在状态方框的侧面，如图 6-14 所示。

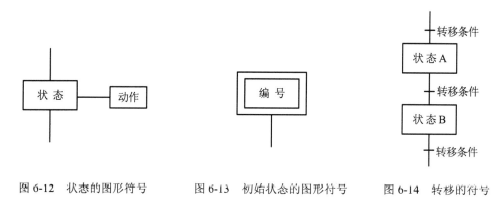

图 6-12　状态的图形符号　　　图 6-13　初始状态的图形符号　　　图 6-14　转移的符号

2. 转移

转移是指由一个状态到另一个状态的变化，用一个有向线段来表示转移的方向。两个状态之间的有向线段上再用一段横线表示这一转移的条件，如图 6-14 所示。

在使用功能图编程时，应先画出功能图，然后对应功能图画出梯形图。

如图 6-15 所示，小车初始位置停止在 SO1（I0.1）处，当按下启动按钮 SB1（I0.0）时，小车右行（Q0.0），到达 SQ2（I0.2）处再左行（Q0.1），返回到初始位置后停止。直到下次再按下启动按钮。

该顺序功能图有 3 个状态，分别是 M4.0、M4.1 和 M4.2。M4.0 为初始状态，当满足转移条件按下启动按钮 SB1（I0.0）时，转移到下一个状态 M4.1。执行相应动作右移到 SQ2（I0.2）处。执行结束后，满足转移条件，转移到下一个状态 M4.2。执行相应动作左移到 SQ1（I0.1）处。执行结束后，满足转移条件，返回到初始状态，等待按下启动按钮。

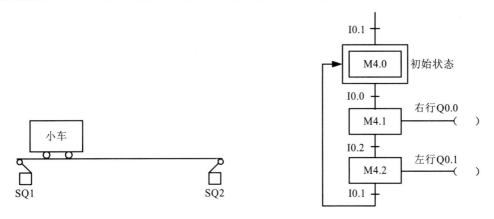

图 6-15　小车控制及顺序功能图

6.2.2　顺序功能图的基本结构

1．单流程

这是最简单的功能图，其动作一个接着一个地完成。每个状态仅连接一个转移，每个转移仅连接一个状态。如图 6-16 所示为单流程功能图。

2．选择分支

在实际生产中，对具有多流程的工作要进行选择或者分支选择，即针对运行情况依照一定控制要求在几种运行情况中选择其一。选择分支和联接的功能图如图 6-17 所示。

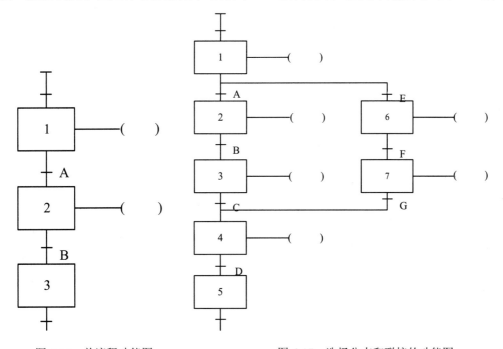

图 6-16　单流程功能图　　　　　图 6-17　选择分支和联接的功能图

从图 6-17 中可以看出，选择分支的选择开关在分支侧，仅有一个开关能接通。当状态 1 为活动状态时，满足条件 A，则状态 2 变为活动状态，当满足条件 E，则状态 6 变为活动状态，所以仅能接通一个分支。从汇总联接来看，选择分支只要运行到最后状态且满足汇合条件即可汇合。

3．并行分支

一个顺序控制状态流分成两个或多个不同分支控制流，这就是并行分支。当一个控制状态流分成多个分支时，所有的分支控制状态流必须同时激活。所以并行分支的开关在公共侧，只要开关接通，各并行分支同时接通。在并行分支汇合时，所有的分支控制状态必须都要完成，并且要满足汇合条件才能汇合。并行分支的顺序功能图如图 6-18 所示。并行分支一般用双水平线表示，同时结束若干顺序也用双水平线表示。

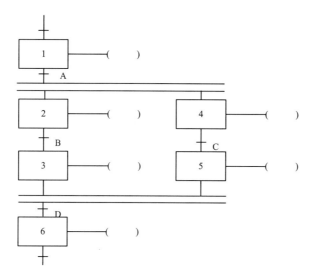

图 6-18　并行分支功能图

6.2.3　顺序功能图中转换实现的基本规则

S7-1200PLC 没有专门的顺序控制指令，但是也可以用顺序功能图来描述控制系统的功能，根据它来设计梯形图程序。

1．状态的表示方法

顺序控制设计法用转移条件控制各状态要实现的功能，每个状态可以用编程元件（如存储器 M）的位状态来表示。如果该位为 1 状态，表示该状态为活动状态，反之为非活动状态。这样就可以通过控制代表各状态的编程元件的位状态，让它们的状态按一定的顺序变化，然后用编程元件的位去控制 PLC 的各输出位。

2．转移实现的条件

转移的实现必须同时具备两个条件。一是该转移所有前级的状态都是活动状态，二是相应的转移条件得到满足。

初始状态如果是非活动状态，则顺序功能将无法实现。所以程序中必须有将初始状态预置为活动状态的指令。可以采用在对 CPU 组态时设置默认的 MB1 为系统存储字节，用开机时接通一个扫描周期的 M1.0 的常开触点作为转移条件，将初始状态预置为活动状态。也可以通过切换开关的状态（如手自动切换开关），用适当的信号将初始状态置为活动状态。

3. 转移应完成的工作

转移应完成下列工作：
- 使所有由有向线段与相应转移条件相连的后续状态变为活动状态。
- 使所有由有向线段与相应转移条件相连的前级状态变为非活动状态。
- 实现该状态的所有动作。

6.3　使用置位复位指令的顺序控制梯形图编程实例

【例 6-1】　小车自动往返控制器的设计。

[1]　设计一小车自动控制器，要求具有自动运行和检修两种运行方式。

[2]　自动运行状态如下：SA 闭合，要求系统启动后首先在原位进行装料，15s 后装料停止，小车右行；右行至行程开关 SQ2 处右行停止，进行卸料，10s 后卸料停止，小车左行至行程开关 SQ1 处，左行停止，进行装料，如此循环 3 次停止。在运行过程中，无论小车在任意位置，按下停止按钮，小车运行到装料处方可停止。

[3]　检修状态：当 SA 断开时，小车只能手动控制，① 按点动前进时小车点动前进，小车接通前进电机，前进至 B 点开关 SQ2 时小车停止；② 按点动退时，小车点动后退，小车接通后退电机，退至 SQ1 时小车停车。

这是一个典型的顺序控制设计，顺序过程包括装料、小车右行、卸料、小车左行 4 个状态，每个状态之间按照一定的规律循环转换。因此，本项目宜采用顺序控制设计的方法。

如图 6-19 所示为小车自动运料示意图，小车右行、左行状态的结束由行程开关的位置决定，装料和卸料的状态受时间控制，还需要统计循环次数，因此设计中要用到定时器指令和计数器指令。

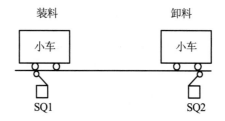

图 6-19　小车自动运料示意图

6.3.1 控制电路的硬件设计

1. PLC输入/输出地址分配

根据项目设计要求，首先进行地址分配，如表 6-1 所示。手/自动选择输入 I1.0 为 1，选择自动运行；I1.0 为 0，选择手动运行。

表 6-1 PLC输入输出地址分配表

输 入		输 出	
启动按钮 SB1	I0.0	装料电磁阀 YV1	Q0.0
停止按钮 SB2	I0.1	右行线圈 KM2	Q0.1
左侧行程开关 SQ1	I0.2	卸料电磁阀 YV2	Q0.2
右侧行程开关 SQ2	I0.3	左行线圈 KM1	Q0.3
自动/手动选择 SA	I1.0		
手动前进	I0.6		
手动后退	I0.7		

2. 控制电路接线图

由于负载是三相异步交流电动机，因此 PLC 可选用 CPU 1214C A/DC/RLY，供电电源为 AC 120/240V 的输入端。该电源电压允许范围为 AC85～264V，输入端采用外加直流电源供电，输出为交流电源供电，如图 6-20 所示。

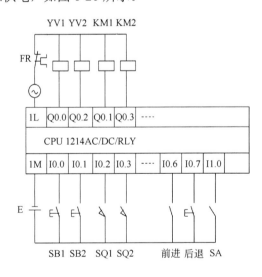

图 6-20 控制电路的接线

6.3.2 软件设计

软件设计包括 PLC 变量的定义、状态图的设计及程序设计。在顺序控制的设计中，状态图显得尤为重要。一般根据系统的运动规律，只要能够画出正确的状态图，那么程序设计就十分简单。

1. 系统存储器和时钟存储器的设置

打开 PLC 的设备视图，选择"属性"，单击巡视窗口左边的"系统和时钟存储器"，勾选"允许使用系统存储器字节"复选框，选择 MB10 作为系统存储器，其中的 M10.0，首次循环为 1，通常作为程序中初始化位使用，如图 6-21 所示。

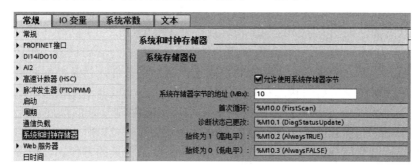

图 6-21　PLC 的系统存储器的设置

2. PLC变量的定义

根据设计要求和 PLC 的地址分配，为了增加程序的可读性，PLC 变量的定义如图 6-22 所示。

	名称	变量表	数据类型	地址	保持	在 H...	可从...
1	System_Byte	默认变量表	Byte	%MB10		☑	☑
2	FirstScan	默认变量表	Bool	%M10.0		☑	☑
3	DiagStatusUpdate	默认变量表	Bool	%M10.1		☑	☑
4	AlwaysTRUE	默认变量表	Bool	%M10.2		☑	☑
5	AlwaysFALSE	默认变量表	Bool	%M10.3		☑	☑
6	启动	默认变量表	Bool	%I0.0		☑	☑
7	停止	默认变量表	Bool	%I0.1		☑	☑
8	SQ1	默认变量表	Bool	%I0.2		☑	☑
9	SQ2	默认变量表	Bool	%I0.3		☑	☑
10	装料	默认变量表	Bool	%Q0.0		☑	☑
11	右行	默认变量表	Bool	%Q0.1		☑	☑
12	卸料	默认变量表	Bool	%Q0.2		☑	☑
13	左行	默认变量表	Bool	%Q0.3		☑	☑
14	SA选择开关	默认变量表	Bool	%I1.0		☑	☑
15	手动前进	默认变量表	Bool	%I0.6		☑	☑
16	手动后退	默认变量表	Bool	%I0.7		☑	☑

图 6-22　PLC 变量的定义

3. 顺序功能图

采用顺序控制的程序设计方法时，首先要画出顺序功能图。顺序功能图中的各"状态"实现转换时，使前级状态的活动结束而后续状态的活动开始，状态之间没有重叠。这使系统中大量复杂的联锁关系在"状态"的转换中得以解决。对于每个状态的程序段，只需处理极其简单的逻辑关系。编程方法简单易学，规律性强。程序结构清晰、可读性好，调试方便，工作效率高。

系统的工作过程可以分为若干状态（本项目共 5 个状态：首先是起始状态，接着分别为装料、右行、卸料、左行 4 个状态），当满足某个条件时（时间、碰到行程开关），系统从当前状态转入下一状态，同时上一状态的动作结束。可将状态图转换为功能图。该顺序功能图非常直观清晰地描述了小车自动往返运料控制过程。

本项目中，5 个状态用一个位存储器来表示，分别为 M0.0～M0.4。M0.0 为起始状态，M0.1 为装料状态，M0.2 为右行状态，M0.3 为卸料状态，M0.4 为左行状态。

转换的前级状态是活动状态，实现图 6-23 中 I0.0×I0.2 对应的转换需要同时满足 2 个条件，即该状态为活动状态（M0.0=1）和转换条件（I0.0×I0.2=1）同时满足时，就从当前状态 M0.0 转换为 M0.1 状态，M0.0 为非活动状态，而 M0.1 为活动状态。在功能图中，可以用 M0.0 和 I0.0、I0.2 的常开触点组成的串联来表示上述条件。当条件同时满足，此时应将该转换的后续状态变成活动状态和将该转换的前级状态变成非活动状态。这种编程方法与转换实现的基本规则之间存有严密的对应关系，用它编制复杂的顺序功能图的梯形图时，更能显示出它的优越性。小车往返的顺序功能图如图 6-23 所示。图中给出了每个状态的输出信号，以及每个状态转换的条件，给编程提供了极大的方便。其他各状态的转换相同，不再讲述。

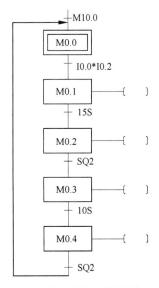

图 6-23　运料小车往返的顺序功能图

从图 6-23 可以看出，这是典型的单序列顺序功能图。对于单序列顺序功能图，任何时刻只有一个状态为活动状态，也就是说 M0.0～M0.4，任何时刻，只有一位为 1，其他都为 0。每一步对应的输出也必须在功能图中表示出来。

4．梯形图的设计

在硬件组态时，已设置系统存储器 MB10，因此 M10.0 首次扫描时该位为 1，一般用于初始化子程序。整个梯形图采用以转换为中心的程序设计方法，结构清晰，易读。

小车往返控制的初始化程序段如图 6-24 所示，初始化起始状态，并对其他状态的标志位和内部标志位清零。有 3 种情况初始化状态 M10.0：首次扫描；I1.0 为手/自动切换开关，当选择手动时；3 次循环结束时。

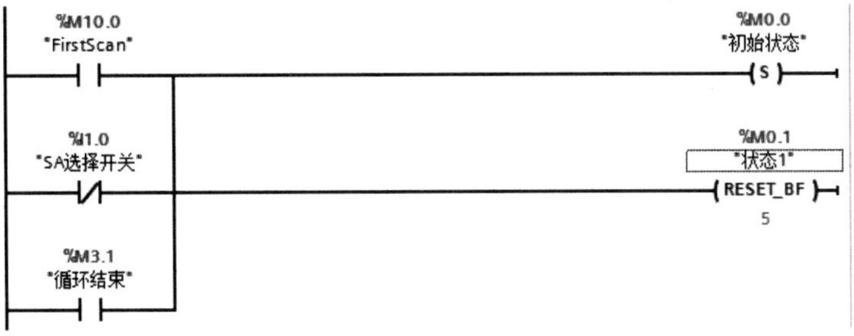

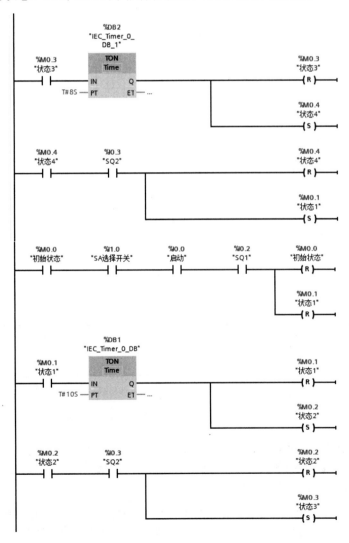

图 6-24　运料小车往返控制的初始化程序段

自动状态程序段如图 6-25 所示，在自动状态下（I1.0=1），当前活动状态为 M0.0。当满足小车在起始位置（I0.2=1），并按下启动按钮（I0.0=1），由初始状态 M0.0 转换为 M0.1 状态，进入装料状态，此时 M0.0 为非活动状态，M0.1 为活动状态。

图 6-25　运料小车往返控制的自动状态程序段

当装料时间到，由 M0.1 状态转换为 M0.2 状态，此时 M0.2 为活动状态，进入右行状态。

小车右行到右边的行程开关处，I0.3 为 1，状态由 M0.2 转换为 M0.3 状态，M0.3 为活动状态，进入卸料状态。

卸料 10s，状态由 M0.3 转换为 M0.4 状态，进入左行状态，车左行到左边行程开关处，I0.2 为 1，状态回到 M0.1 状态，完成一次循环。

累计循环次数程序段如图 6-26 所示。用计数器指令累计循环次数，设计要求循环 3 次，所以 M0.1 的计数值必须达到 4 次；当循环次数到或选择手动或按下停止按钮，都必须对计数器复位。

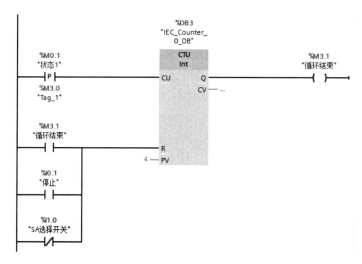

图 6-26 运料小车往返控制的累计循环次数程序段

停止处理程序段如图 6-27 所示。按下停止按钮的处理，建立停止运行标志位 M0.5，并回到起始步。

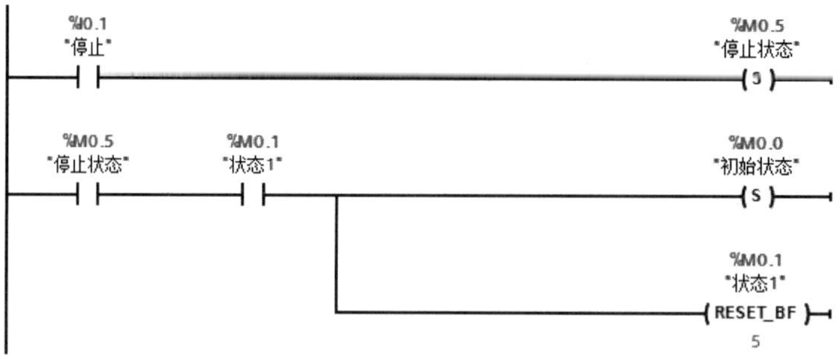

图 6-27 运料小车往返控制的停止处理程序段

输出处理程序段如图 6-28 所示，输出处理，包括手动输出处理。

【例 6-2】 这是【例 6-1】的拓展，增加了系统工作的复杂性，因此硬件的设计基本相同，系统存储器的选择同【例 6-1】。

[1] 选择开关 SA 高电平，选择自动运行状态：运料小车处于原点，即限位开关 E 压合，卸料门关闭，按启动按钮后，运料小车到前进（电机反转）装料处 G 进行装料，10s 后装好料，后退（电机正转）到卸料处 F 卸料，5s 后卸完料，前进到清洗处 H 清洗，清洗时

间为 20s，然后返回装料处装料，如此不断自动循环工作。按停止按钮后，运料小车在本次装料、卸料、清洗完成后，快速回到原点停止。

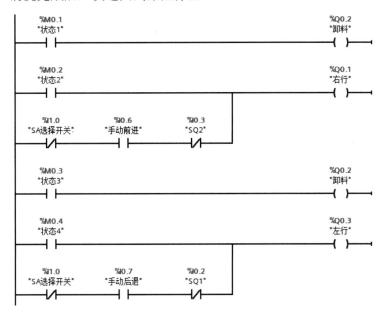

图 6-28　运料小车往返控制的输出处理程序段

[2]　选择开关 SA 低电平，选择手动运行状态：按点动正转按钮，小车正转，正转到左限位处，小车停止运行；按点动反转按钮，小车反转，反转运行到右限位处，小车停止运行，试编写其控制程序。

1．地址分配

根据项目的设计要求，除了装料、卸料外，还增加了原位、清洗限位开关，小车在原位、卸料、装料、清洗处用指示灯表示。其地址分配表如表 6-2 所示。

表 6-2　项目拓展地址分配表

输 入				输 出			
序号	名称	代号	地址	序号	名称	代号	地址
1	选择开关	SA	I1.0	1	原始位置指示灯	A	Q0.0
2	启动按钮	START	I0.0	2	卸料处指示灯	B	Q0.1
3	停止按钮	STOP	I0.1	3	装料处指示灯	C	Q0.2
4	原位限位开关	E	I0.2	4	清洗处指示灯	D	Q0.3
5	卸料处限位开关	F	I0.3	5	小车正转	M	Q0.4
6	装料处限位开关	G	I0.4	6	小车反转	N	Q0.5
7	清洗处限位开关	H	I0.5				
8	左限位	SQ1	I0.6				
9	右限位	SQ2	I0.7				
10	点动正转	SB1	I1.1				
11	点动反转	SB2	I1.2				

2．顺序功能图

根据项目设计要求，其功能图如图 6-29 所示。

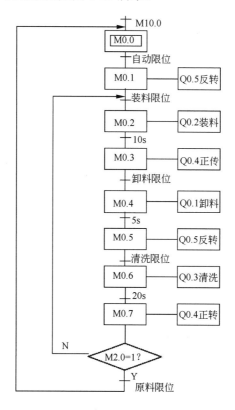

图 6-29　运料小车拓展顺序功能图

小车的运行分成起始、反转、装料、正转、卸料、反转、清洗和正转共 8 个状态。其中起始状态是每个顺序控制设计中必须具备的步，不能够省去。每一步的转换，或者按时间原则，或者按行程原则，每一步都有对应的输出信号。当有停止按钮按下时（标志位 M2.0=1），小车运行到原位碰到原位行程开关，进入起始状态；否则小车运行到装料位碰到装料限制位开关，进入装料状态。

3．梯形图

梯形图如图 6-30 所示。其中，M0.0 为起始步标志位，M0.1～M07 分别表示反转、装料、正转、卸料、反转、清洗和正转，M2.0 为停止运行标志位，各按钮的功能分配如表 6-3 所示。

表 6-3　功能分配表

序　号	名　称	功　能	序　号	名　称	功　能
1	M0.0	起始标志	6	M0.5	反转
2	M0.1	反转	7	M0.6	清洗
3	M0.2	装料	8	M0.7	正转各步
4	M0.3	正转	9	M2.0	停止运行标志位
5	M0.4	卸料			

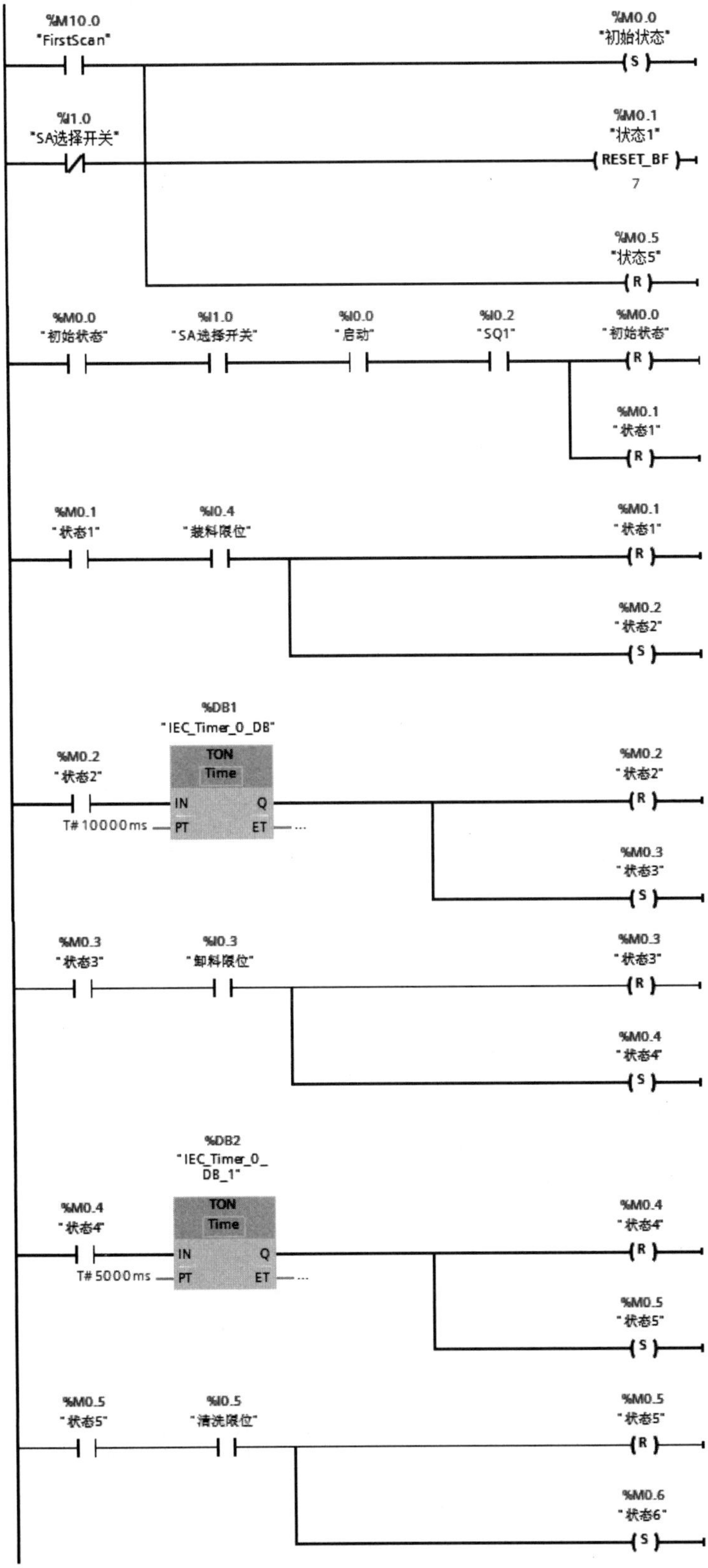

图 6-30　运料小车程序梯形图

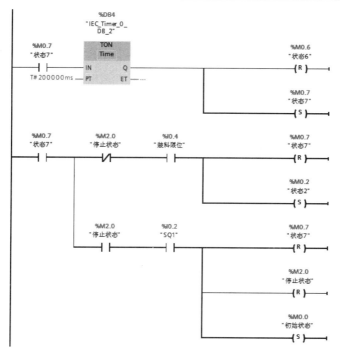

图 6-30（续）

6.4 习　　题

1）简述划分步的原则。

2）简述转换实现的条件和转换实现时应完成的操作。

3）冲床的运动示意图如图 6-31 所示，初始位置时机械手在最左边，I0.4 为 1 状态；冲头在最上面 I0.3 为 1 状态；机械手松开（Q0.0 为 0 状态）。按下启动按钮 I0.0，Q0.0 变为 1 状态，工件被夹紧并保持，2s 后 Q0.1 变为 1 状态，机械手右行，直到碰到行程开关 I0.1。以后将顺序完成以下动作：冲头下行，冲头上行，机械手左行，机械手松开，系统返回初始位置。各限位开关和定时器提供的信号是相应步之间的转换条件。画出控制系统的顺序功能图。

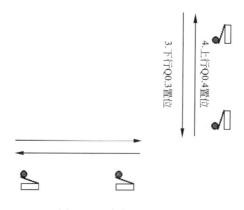

图 6-31　冲床运动示意图

4）试画出如图 6-32 所示信号灯控制系统的顺序功能图，I0.0 为启动信号。

5）设计出如图 6-33 所示的顺序功能图的梯形图程序。

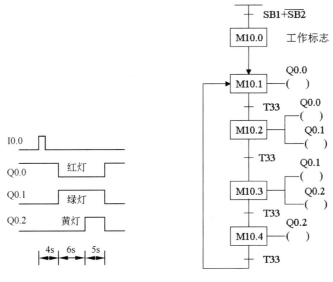

图 6-32　信号灯控制示意图　　　　　图 6-33　顺序功能图

6）设计如图 6-34 所示的顺序功能图的梯形图程序。

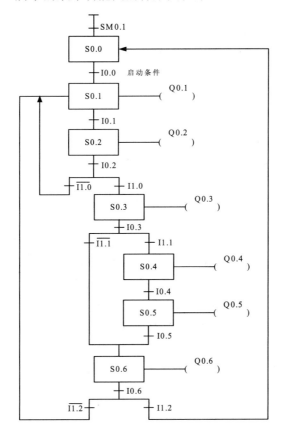

图 6-34　顺序功能图

第 7 章　S7-1200 的通信

当任意两台设备之间有信息交换时，它们之间就产生了通信。PLC 通信是指 PLC 与 PLC、PLC 与计算机、PLC 与现场设备或远程输入/输出之间的信息交换。PLC 通信的任务就是将地理位置不同的 PLC、计算机、各种现场设备等，通过通信介质连接起来，按照规定的通信协议，以某种特定的通信方式高效率地完成数据的传送、交换和处理。本章主要介绍以太网通信及串口通信。

7.1　S7-1200 PLC 以太网通信概述

S7-1200 CPU 具有一个集成的 PROFINET 端口，支持以太网和基于 TCP/IP 的通信标准。使用这个通信口可以实现 S7-1200 PLC 与编程设备、HMI（人机界面）以及与其他 S7 PLC 之间的通信。该 PROFINET 物理接口支持 10M/100Mb/s 的 RJ-45 口，支持电缆交叉自适应。该端口适用于标准或交叉的以太网线。

7.1.1　支持的协议

S7-1200 CPU 的集成 PROFINET 端口支持多种以太网网络上的通信标准，即传输控制协议（TCP）、ISO on TCP（RFC 1006）和 S7 通信（服务器端）。

1. TCP

传输控制协议（TCP）是由 RFC 793 描述的一种标准协议，TCP 的主要用途是在过程对之间提供可靠、安全的连接服务。如果数据采用 TCP 来传输，传输的形式是数据流，没有传输的长度及信息帧的起始与结束的信息。在以数据流的方式传输时，由于接收方不知道信息的开始与结束，发送方必须确定让接收方能够识别信息结构。该协议有以下特点：

- ❏ 由于它与硬件紧密相关，因此它是一种高效的通信协议；
- ❏ 它适合用于中等大小或较大的数据量（最多 8192 字节）；
- ❏ 它为应用带来了更多的便利，特别是对于错误恢复、流控制和可靠性；
- ❏ 它是一种面向连接的协议；
- ❏ 它可以非常灵活地用于只支持 TCP 的第三方系统；
- ❏ 有路由功能；
- ❏ 只能应用静态数据长度；
- ❏ 消息会被确认；
- ❏ 使用端口号对应用程序寻址；

□ 大多数用户应用协议（如 TELNET 和 FTP）都使用 TCP；

□ 由于使用 SEND/RECEIVE 编程接口的缘故，需要编程来进行数据管理。

2．ISO on TCP

基于传输控制协议（TCP）的国际标准组织（ISO）（RFC 1006）（ISO on TCP）是一种能够将 ISO 应用移植到 TCP/IP 网络的机制。该协议有以下特点：

□ 它是与硬件关系紧密的高效通信协议；

□ 它适合用于中等大小或较大的数据量（最多 8192 字节）；

□ 与 TCP 相比，它的消息提供了数据结束标识符，并且它是面向消息的；

□ 具有路由功能；

□ 可用于 WAN；

□ 可用于实现动态数据长度；

□ 由于使用 SEND/RECEIVE 编程接口的缘故，需要编程来进行数据管理。

3．S7通信

所有 SIMATIC 控制器都集成了用户程序可以读写数据的 S7 通信服务。无论使用哪种总线系统，都支持 S7 通信服务，即以太网、PROFIBUS 和 MPI 网络中都可以使用 S7 通信。此外，使用适当的硬件和软件的 PC 系统也可以支持 S7 协议的通信。

S7 通信协议具有如下特点：

□ 独立的总线介质；

□ 可用于所有 S7 数据区；

□ 一个任务最多传送 64KB 数据；

□ 第 7 层协议可确保数据记录的自动确认；

□ 因为对 SIMATIC 通信的最优化处理，在传送大量数据时对处理器和总线产生低负荷。

S7-1200 PLC 的 PROFINET 通信口所支持的最大通信连接数如下：

□ 3 个用于 HMI 与 CPU 通信的连接。

□ 1 个用于编程设备（PG）与 CPU 通信的连接。

□ 8 个使用传输块（T-block）指令（TSEND_C、TRCV_C、TCON、TDISCON、TSEN、TRCV）实现 S7-1200 程序通信的连接。

□ 3 个用于被动 S7-1200 CPU 与主动 S7 CPU 通信的连接。

S7-1200 PLC 的 PROFINET 接口有两种网络连接方法。

（1）直接连接：在使用连接到单个 CPU 的编程设备、HMI 或另一个 CPU 时采用直接通信，如图 7-1 所示。

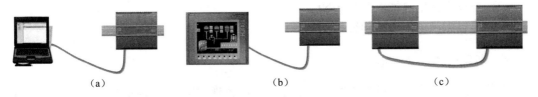

（a）　　　　　　　　　　（b）　　　　　　　　　　（c）

图 7-1　直接连接示意图

（a）编程设备连接到 S7-1200CPU；（b）HMI 连接到 S7-1200 CPU；（c）两个 S7-1200 CPU 互连

（2）网络连接：在连接 2 个以上的设备（如 CPU、HMI、编程设备和非西门子设备）时采用网络通信，如图 7-2 所示。

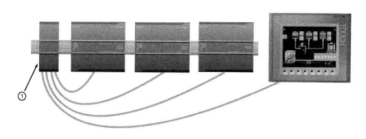

图 7-2　多个通信设备的网络连接

S7-1200 PLC 与其他 PLC 之间的通信方法有 3 种。

（1）与 S7-1200 PLC 之间的以太网通信。它们之间的以太网通信可以通过 TCP 或 ISO on TCP 来实现。使用的指令为双方的 CPU 调用 T-block 通信指令。

（2）与 S7-200 PLC 之间的以太网通信。它们之间的以太网通信只能通过 S7 通信来实现。S7-1200 PLC 的 PROFINET 通信口只支持 S7 通信的服务器端，所以 S7-1200 在编程方面不需要做任何工作，只需在 S7-200 PLC 一侧将以太网设置成客户端，并用 ETHx XFR 指令编程通信。

（3）与 S7-300/400 PLC 之间的以太网通信。它们之间的以太网通信方式相对较多。可采用 TCP、ISO on TCP 和 S7 通信。在 S7-300/400 PLC 中使用 AG SEND、AG RECV 编程通信。

7.1.2　与编程设备通信

CPU 可以与网络上的支持 STEP 7 Basic 编程的设备进行通信。

在 CPU 和编程设备之间建立通信时，组态/设置需要进行硬件配置。一对一通信不需要以太网交换机；网络中有 2 个以上的设备时需要以太网交换机。

1．建立硬件通信连接

PROFINET 接口可在编程设备和 CPU 之间建立物理连接。CPU 内置了自动跨接功能，所以对该接口既可以使用标准以太网电缆，又可以使用跨接以太网电缆。将编程设备直接连接到 CPU 时不需要以太网交换机。

要在编程设备和 CPU 之间创建硬件连接的步骤如下：

[1]　安装 CPU。

[2]　将以太网电缆插入 PROFINET 端口中。

[3]　将以太网电缆连接到编程设备上。

2．配置设备

如果已经创建带有 CPU 的项目，请在 TIA 项目视图中打开该项目。如果没有，请创建项目并在项目中添加 CPU。

在 TIA 项目视图中的"设备视图"（Device View）中会显示 CPU，如图 7-3 所示。

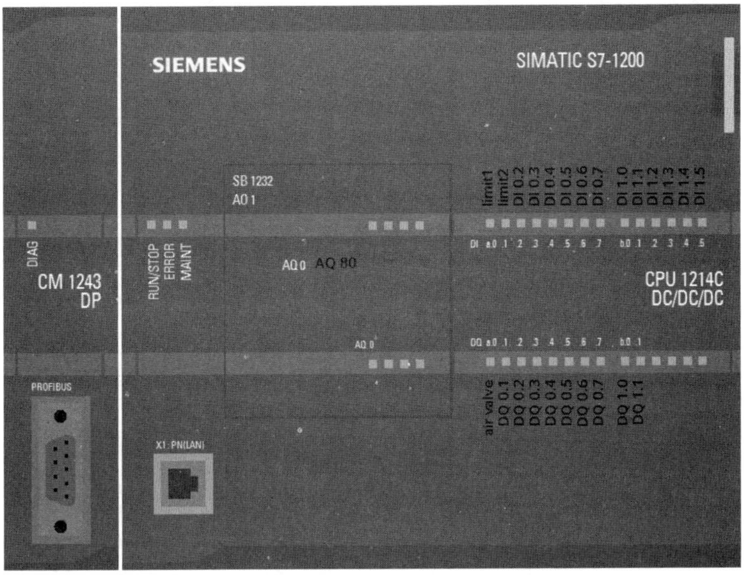

图 7-3　"设备视图"（Device View）中显示了 CPU

3. 分配 Internet 协议（IP）地址

1）为编程设备和网络设备分配 IP 地址

如果编程设备使用板载适配器卡连接到工厂 LAN（可能是万维网），则 CPU 与编程设备板载适配器卡的 IP 地址网络 ID 和子网掩码必须完全相同。网络 ID 是 IP 地址的第一部分（前 3 个 8 位位组）（如 211.154.184.16），它决定用户所在的 IP 网络。子网掩码的值通常为 255.255.255.0，如果处于工厂 LAN 中，子网掩码可能有不同的值（如 255.255.254.0）。子网掩码通过与设备 IP 地址进行数学 AND 运算来确定 IP 子网的边界。

在万维网环境下，编程设备、网络设备和 IP 路由器可与全世界通信，但必须分配唯一的 IP 地址以避免与其他网络用户冲突。

如果编程设备使用连接到独立网络的以太网转 USB 适配器卡，则 CPU 与编程设备的以太网转 USB 适配器卡的 IP 地址网络 ID 和子网掩码必须完全相同。

当不想将 CPU 连入公司 LAN 时，非常适合使用以太网转 USB 适配器。在首次测试或调试测试期间，也非常适合使用该方法。

2）为 CPU 分配 IP 地址

可用以下两种方法为 CPU 分配 IP 地址：

在线分配 IP 地址。

在项目中组态 IP 地址。

3）在线分配 IP 地址

可以在线为网络设备分配 IP 地址。尤其适用在进行初始设备配置时。

在"在线和诊断"对话框中，选择"功能>分配 IP 地址"，如图 7-4 所示。

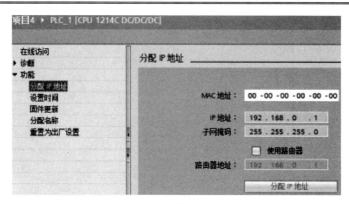

图 7-4　分配 IP 地址

在"IP 地址"域中，输入新的 IP 地址，如图 7-5 所示。

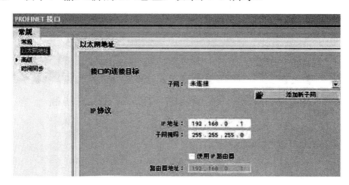

图 7-5　输入新的 IP 地址

在"项目树"中选择"在线访问>设备所在网络的适配器>更新可访问的设备"选项，检查新的 IP 地址是否已分配给了 CPU，如图 7-6 所示。

图 7-6　检查新的 IP 地址是否已分配给了 CPU

如果 STEP 7 显示 MAC 地址，而非 IP 地址，表示未分配 IP 地址。

4．在项目中组态IP地址

（1）组态 PROFINET 接口

使用CPU 配置机架之后，可组态 PROFINET 接口的参数。单击CPU 上的绿色 PROFINET

框，选择 PROFINET 端口。巡视窗口中的"属性"（Properties）选项卡会显示 PROFINET
端口。

（2）组态 IP 地址

在"属性"窗口中切换至"常规"选项卡，选择"以太网地址"选项，再将软件项
目与接收该项目的 CPU 的 IP 地址相关联，如图 7-7 所示。

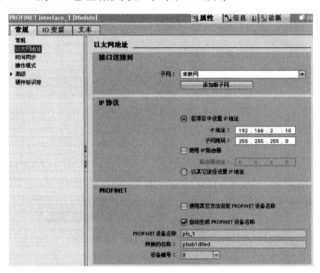

图 7-7　组态 IP 地址

CPU 不具有预组态的 IP 地址，必须手动为 CPU 分配 IP 地址。如果 CPU 连接到网络
上的路由器，也必须输入路由器的 IP 地址。下载项目时会组态所有 IP 地址。IP 地址参数
如表 7-1 所示。

表 7-1　IP地址的参数

参　　数		说　　明
子网	连接到设备的子网的名称。单击"添加新子网"按钮，可以创建新的子网。默认为"未连接"。可以有两种连接类型： • 默认情况下"未连接"提供本地连接 • 网络具有两个或多个设备时，需要子网	
IP 协议	IP 地址	为 CPU 分配的 IP 地址
	子网掩码	分配的子网掩码
	使用 IP 路由器	勾选该复选框以指示 IP 路由器的使用
	路由器地址	为路由器分配的 IP 地址（如果适用）

5. 测试PROFINET网络

在完成组态后，下载项目到 CPU 中，如图 7-8 所示。

下载项目时会组态所有 IP 地址，在线为设备分配 IP 地址。要在项目中分配 IP 地址，
必须在设备配置中组态 IP 地址，保存配置并将其下载到 PLC。

如果已在线分配 IP 地址，则可采用在线或离线硬件配置方法更改在线分配的 IP 地址。

如果已在离线硬件配置期间分配了 IP 地址，则只能采用离线硬件配置方法更改项目中分
配的 IP 地址。

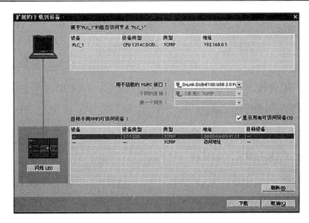

图 7-8　下载项目到 CPU

请使用"在线访问"显示所连接的 CPU 的 IP 地址，如图 7-9 所示。

❏ 该编程设备上两个以太网网络中的第二个网络，如图 7-9①所示。

❏ 该以太网网络中唯一的 S7-1200 CPU 的 IP 地址，如图 7-9②所示。

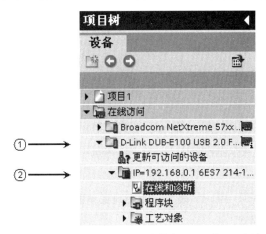

图 7-9　"在线访问"显示所连接的 CPU 的 IP 地址

编程设备的所有组态网络都将显示。必须选择正确的网络才能显示所需的 S7-1200 CPU 的 IP 地址。使用"扩展的下载到设备"对话框测试所连接的网络设备，如图 7-10 所示。

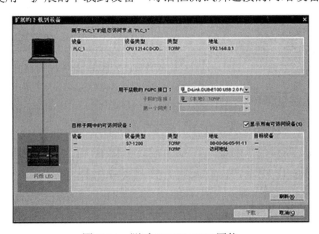

图 7-10　测试 PROFINET 网络

S7-1200 CPU "下载到设备"功能及其"扩展的下载到设备"对话框可以显示所有可访问的网络设备，以及是否为所有设备都分配了唯一的 IP 地址。要显示全部可访问和可用的设备以及为其分配的 MAC 和 IP 地址，请勾选"显示所有可访问设备"复选框。

如果所需网络设备不在此列表中，则说明由于某种原因而中断了与该设备的通信。必须检查设备和网络是否有硬件或组态错误。

7.2 S7-1200 PLC 之间的以太网通信

S7-1200 PLC 之间的以太网通信可以通过 TCP 或 ISO on TSP 来实现。通过使用 TSEND_C 和 TRCV_C 指令，一个 CPU 可与网络中的另一个 CPU 进行通信。设置两个 CPU 之间的通信时必须考虑以下事宜。

❑ 组态/设置：需要进行硬件配置。

❑ 支持的功能：向对等 CPU 读/写数据。

❑ 一对一通信不需要以太网交换机，网络中有两个以上的设备时需要以太网交换机。

组态两个 CPU 之间的通信的步骤如下：

[1] 建立硬件通信连接。

[2] 配置设备。

[3] 组态两个 CPU 之间的逻辑网络连接。

[4] 在项目中组态 IP 地址。

[5] 组态传送（发送）和接收参数。

[6] 测试 PROFINET 网络。

7.2.1 组态两个 CPU 之间的逻辑网络连接

创建新项目"PLC-1200 之间通信"，单击项目树中的"添加新设备"，添加 CPU 1214C，默认名称为 PLC 1，再添加 PLC 2 后，就可以进行组态网络连接。在"设备和网络"（Devices and Networks）门户中，使用"网络视图"（Network view）创建项目中两个 PLC-1200 之间的网络连接。要创建 PROFINET 连接，请选择第一个 PLC 上的绿色（PROFINET）框。拖出一条线连接到第二个 PLC 上的 PROFINET 框。释放鼠标按键，即可创建 PROFINET 连接，如图 7-11 所示。

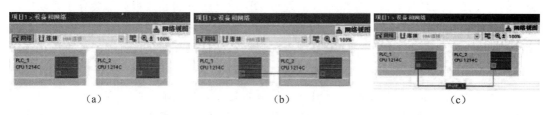

（a） （b） （c）

图 7-11 组态两个 CPU 之间的逻辑网络连接

（a）选择"网络视图"显示要连接的设备； （b）选择一个端口，拖到欲连接的端口上； （c）释放鼠标按键以创建网络连接

7.2.2 组态传送（发送）和接收参数

传输块（T-block）通信用于建立两个 CPU 之间的连接。在 CPU 进行 PROFINET 通信前，必须组态传送（或发送）消息和接收消息的参数。这些参数决定了在向目标设备传送消息或从目标设备接收消息时的通信工作方式。

TSEND_C 指令可创建与伙伴站的通信连接。通过该指令可设置和建立连接，并会在通过指令断开连接前一直自动监视该连接。TSEND_C 指令兼具 TCON、TDISCON 和 TSEND 指令的功能。

通过 STEP 7 Basic 中的设备配置，可以组态 TSEND_C 指令传送数据的方式。首先，从"通信"（Communications）文件夹的"扩展指令"（Extended Instructions）中将该指令插入程序中。该指令将与"调用选项"（Call options）对话框一起显示，在该对话框中可以分配用于存储 TSEND_C 指令参数的 DB，如图 7-12 所示。

图 7-12　TSEND_C 指令参数的 DB

1. 定义 PLC_1 的 TSEND_C 连接参数

选择 TSEND_C 指令，在巡视窗口中切换至"属性>常规"选项卡，选择"连接参数"选项，在"端点"中选中通信伙伴为 PLC_2，接口、子网及地址等随之自动更新。"连接类型"选择为 TCP。在"连接 ID"中输入连接的地址 ID 号 1，这个 ID 号在后面编程时会用到。创建连接时，系统会自动生成本地的连接 DB 块，所有的连接数据都会存于该块中。通信伙伴的连接 DB 块只有在对方（PLC_2）建立连接后才能生成，新建通信伙伴的连接 DB 并选择。选择本地 PLC1 的"主动建立连接"单选按钮。在"地址详细信息"项中定义通信伙伴方的端口号为 2000。

如果"连接类型"选用 ISO on TSP，则需要设定 TSAP 地址，此时本地 PLC 1 可以设置成 PLC1，伙伴设置成 PLC2。使用 ISO on TSP 通信，除连接参数的定义不同，其他组态编程与 TCP 通信完全相同，如图 7-13 所示。

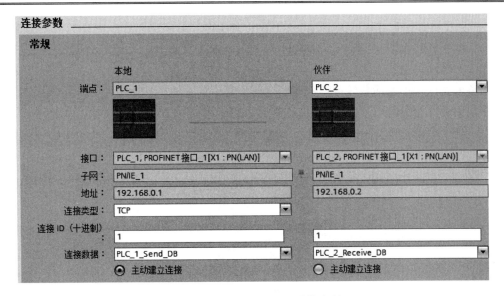

图 7-13　定义 TSEND_C 连接参数

2. 定义PLC_1的TSEND_C接口参数

根据所使用的接口参数定义变量符号表，如图 7-14 所示。

创建并定义 PLC_1 的发送数据区 DB 块，取消"仅符号访问"选项。在数据块中定义发送数据区为 100 字节的数组，勾选"保持性"选项（详细步骤可参考 2.6.3 小节）。

对于双边编程通信的 CPU，如果通信数据区使用数据块，可以定义 DB 块为符号寻址或绝对寻址。使用指针寻址，必须创建绝对寻址的数据块。

		名称	变量表	数据类型	地址	
14		2H时钟	默认变量表	Bool	%M0.2	
15		输入数据	默认变量表	Byte	%IB0	
16		T_C_COMR	默认变量表	Bool	%M10.0	
17		TSENDC_DONE	默认变量表	Bool	%M10.1	
18		TSEND_BUSY	默认变量表	Bool	%M10.2	
19		TSENDC_ERROR	默认变量表	Bool	%M10.3	
20		TSENDC_STATUS	默认变量表	Word	%MW12	
21		输出数据	默认变量表	Byte	%QB0	
22		TRCV_NDR	默认变量表	Bool	%M10.4	
23		TRCV_BUSY	默认变量表	Bool	%M10.5	
24		TRCV_ERROR	默认变量表	Bool	%M10.6	
25		TRCV_BUSY(1)	默认变量表	UInt	%MW16	
26		TRCV_STATUS	默认变量表	Word	%MW14	

PLC变量

图 7-14　定义变量表

选中 TSEND_C 指令，切换至"属性>组态"选项卡，选择"块参数"选项，如图 7-15 所示。在输入参数中，"启动请求（REQ）"使用 2Hz 的时钟脉冲，上升沿激活发送任务，"连接状态"设置为常数 1，表示建立连接并一直保持，"发送长度"设置为 100。在"输入/输出"参数中，"相关的连接指针"为前面建立的连接 DB 块，"发送区域"使用指针寻址，DB 块要设置绝对寻址，p#db2.dbx0.0 byte 100 的含义是发送数据块 DB2 中第 0.0 位开始的 100 个字节的数据，"重新启动块"为 1 时完全重启动通信块，现存的连接会中断。在"输出"参数中，任务执行完成并且没有错误，"请求完成"位置 1，"请求处理"位为 1 代表任务未完成，不激活新任务。若通信过程中有错误发生，则"错误"位置 1，"错误信息"字段给出错误信息号。

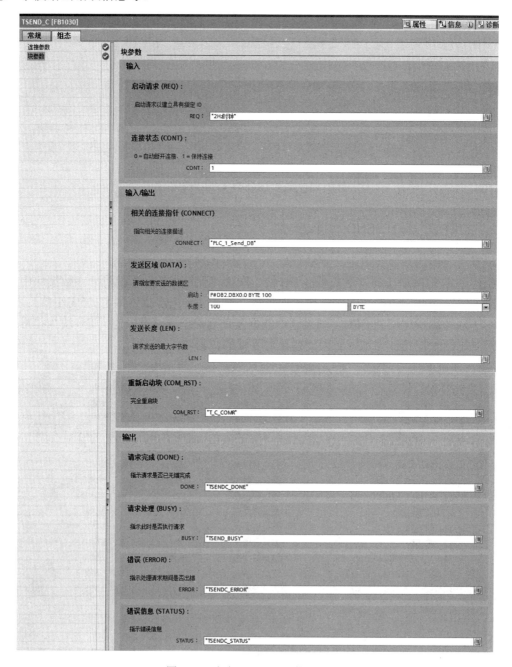

图 7-15　定义 TSEND_C 接口参数

设置 TSEND_C 指令块的"块参数"，程序编辑器中的指令参数将随之更新，也可以直接编辑指令块，如图 7-16 所示。

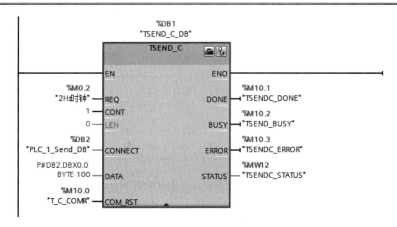

图 7-16　程序编辑器中定义 TSEND_C 接口参数

3．在PLC_1的OB1中调用接收指令T_RCV并配置基本参数

为了能接收 PLC_2 来的数据，需在 PLC_1 中调用接收指令 T_RCV 并配置基本参数。

接收数据与发送数据使用同一连接，根据所使用的接口参数定义符号表，配置接口参数如图 7-17 所示。其中，EN_R 参数为 1，表示准备好接收数据；ID 号为 1，使用 TSEND_C 的连接参数中的"连接 ID"的参数地址；DATA 表示接收数据区；RCVD_LEN 表示实际接收数据的字节数。

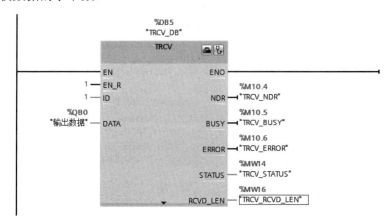

图 7-17　调用接收指令 T RCV 并配置基本参数

4．在PLC 2中调用并配置TRCV_C通信指令

要实现上述通信要求，还需要在 PLC_2 中调用并配置通信指令。拖到指令树中的 TRCV_C 指令到 OB1 的程序段 1，自动生成背景数据块，定义连接参数的配置与 TSEND_C 的连接参数基本相似，各参数要与通信伙伴 CPU 对应设置。

调用接收通信块参数。首先创建并定义接收数据区"数据块 1"勾选"仅符号寻址"项，在数据块中定义接收数据区为 100 字节的数组 tag2，勾选"保持性"。然后定义所使用参数的符号地址。最后定义接收数据块接口参数，如图 7-18 所示。接收数据区 DATA 使用符号寻址。

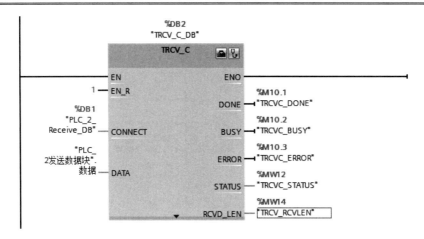

图 7-18　TRCV_C 块参数配置

5. 在 PLC 2 中调用并配置 T SEND 通信指令

PLC 2 将输入/输出端口的输入数据 IB0 发送到 PLC_1 的输出 QB0 中，则在 PLC_2 中调用发送指令并配置块参数，发送指令与接收指令使用同一连接，其使用指令及配置如图 7-19 所示。

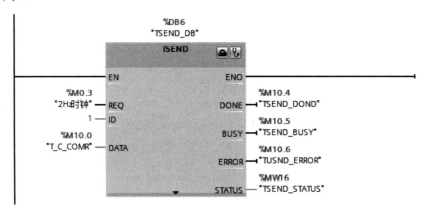

图 7-19　调用 T SEND 通信指令并配置接口参数

6. 下载并监控

下载 2 个 CPU 中的所有硬件组件及程序，从监控表中看到，PLC_1 的 TSEND C 指令发送数据 11、22、33，PLC 2 接收到的数据 11、22、33。PLC 2 发送数据 IB0 为"0001 0001"，PLC_1 接收到 QB0 的数据也是"0001 0001"。

7.2.3　S7-1200 与 S7-200 PLC 的通信

S7-1200 PLC 与 S7-200 PLC 之间的通信只能通过 S7 通信来实现，因为 S7-200 PLC 的以太网模块只支持 S7 通信。S7-1200 PLC 的 PROFINET 通信接口只支持 S7 通信的服务器端，所以在编程方面，S7-1200 PLC 不用做任何工作，只需要为 S7-1200 PLC 配置好以太网地址并下载。主要编程工作都在 S7-200 PLC 一侧完成，需要将 S7-200 PLC 的以太网模块设置成客户端，并用 ETHx XFR 指令编程通信。

下面通过将 S7-200 PLC 通信数据区 VB 中的 2 字节发送到 S7-1200 PLC 的 DB2 数据区，S7-200 PLC 读取 S7-1200 PLC 中的输入数据 IB0 到 S7-200 PLC 的输出区 QB0 的例子演示 S7-1200 PLC 与 S7-200 PLC 的以太网通信。

（1）打开 STEP 7 Micro/WIN 软件，创建一个新项目，选择所使用的 CPU 型号。

（2）执行"工具→以太网向导"命令，进入 S7-200 PLC 以太网模块 CP243-1 的向导配置，如图 7-20 所示。可以直接输入模块位置，也可以通过单击"读取模块"按钮读出模板位置。

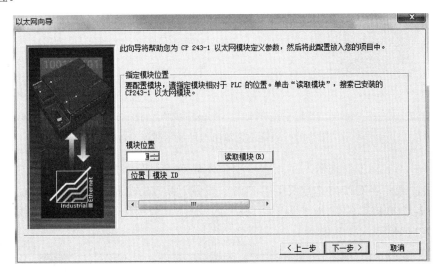

图 7-20　以太网向导

（3）单击"下一步"按钮，设置 IP 地址为 192.168.0.2，选择"自动检测通信"连接类型，如图 7-21 所示。

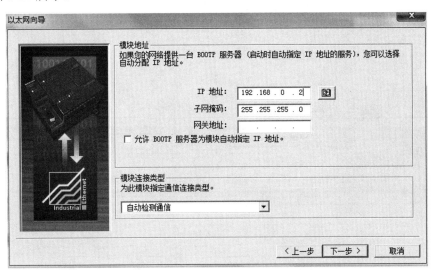

图 7-21　设置 IP 地址

（4）单击"下一步"按钮，进入连接数设置界面，如图 7-22 所示，根据 CP243-1 模块位置确定所占用的 Q 地址字节，并设置连接数为 1。

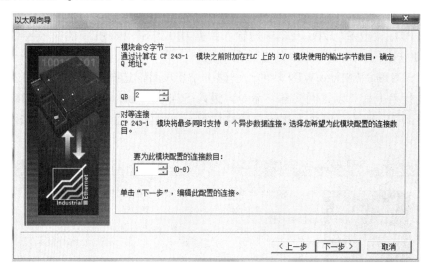

图 7-22　设置占用输出地址及网络连接数

（5）单击"下一步"按钮，进入客户端定义界面，如图 7-23 所示。设置"连接 0"为客户机连接，表示将 CP243-1 定义为客户端。设置远程 TSAP 地址为 03.01 或 03.00。输入通信伙伴 S7-1200 PLC 的 IP 地址为 192.168.0.2。单击"数据传输"按钮，可以定义数据传输，如图 7-24 所示。

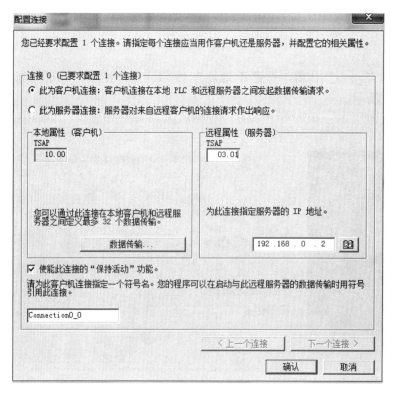

图 7-23　定义客户端

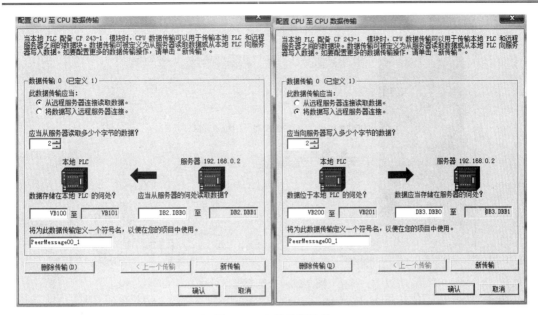

图 7-24　定义数据传输

（6）在图 7-24 左图中，在"数据传输 0"选项组中选择"从远程服务器连接读取数据"单选按钮，定义要读取的字节长度为 2，设置将 S7-1200 PLC 的 DB2.DBB0～DB2.DBB1 的数据读取到本地 S7-200 PLC 的 VB100～VB101 中。单击"下一个传输"按钮，在"数据传输 1"中选择"将数据写入远程服务器连接"，定义要写入的字节长度为 2，设置将本地 S7-200 PLC 的 VB200～VB201 的数据写到对方 S7-1200 PLC 的 DB3.DBB0～DBB3.DBB1 中。

（7）单击"确认"按钮，进入选择 CRC 保护界面，如图 7-25 所示，选择"是，为数据块中的此配置生成 CRC 保护"单选按钮。

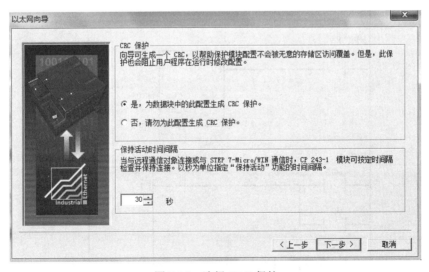

图 7-25　选择 CRC 保护

（8）单击"下一步"按钮，进入为配置分配存储区界面，如图 7-26 所示。根据以太网的配置，需要一个 V 存储区，可以指定一个未用过的 V 存储区的起始地址，此外可以使用建议地址。单击"下一步"按钮，生成以太网用户子程序。

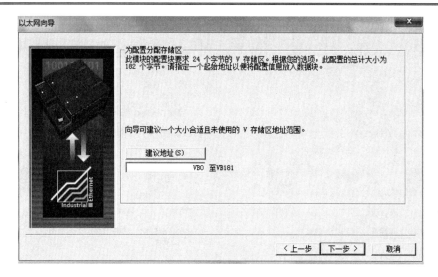

图 7-26　分配存储区

（9）调用向导生成的子程序，实现数据传输。对于 S7-200 PLC 的同一个连接的多个数据传输，不能同时激活，必须分时调用。如图 7-27 所示为前一个数据传输完成且未去激活下一个数据传输。

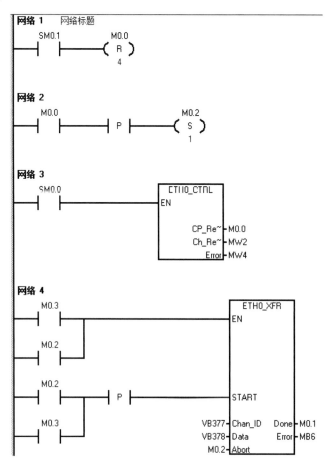

图 7-27　分时传输子程序

网络 5

```
  M0.1        M0.2
  ─┤├─────────┤├────( R )
                      2
```

网络 6

```
  M0.1                              ┌──────────────┐
  ─┤├──────────────────────────────┤ EN  ETH0_XFR │
                                    │              │
  M0.1                              │              │
  ─┤├───────┤ P ├───────────────────┤ START        │
                                    │              │
                    VB377──┤ Chan_ID        Done ├──M0.3
                    VB379──┤ Data           Error ├──MB7
                    M0.4───┤ Abort          │
                                    └──────────────┘
```

网络 7

```
  M0.3        M0.1
  ─┤├─────────┤├────( R )
                      1
```

图 7-27（续）

（10）监控数据通信结果。配置 S7-1200 的硬件组态，创建通信数据区 DB2、DB3。下载 S7-200 PLC 及 S7-1200 PLC 的所有组态及程序，并监控通信结果。可以看到，在 S7-1200 PLC 中向 DB2 中写入数据 3、4，则在 S7-200 的 VB100、VB101 中读取到的数据也是 3、4。在 S7-200 PLC 中，将 5、6 写入 VB200、VB201，则在 S7-1200 PLC 的 DB3 中收到的数据也是 5、6。

注意：使用单边的 S7 通信时，S7-1200 PLC 不需要任何编程，但在创建通信数据区 DB 块时，必须选择绝对地址，才能保证通信成功。

7.2.4　S7-1200 与 S7-300/400PLC 的通信

S7-1200 PLC 与 S7-300/400 PLC 之间的以太网通信方式，可以采用 TCP、ISO on TCP 和 S7 通信。

采用 TCP 和 ISO on TCP 这两种通信协议进行通信所使用的指令是相同的，在 S7-1200 PLC 中使用 T Block 指令编程通信。如果是以太网模块，在 S7-300/400 PLC 中使用 AG SEND、AG RECV 编程通信。如果支持 Open IE 的 PN 口，则使用 Open IE 的通信指令实现。

对于 S7 通信，S7-1200 PLC 的 PROFINET 通信口只支持 S7 通信的服务器端，所以在编程组态和建立连接方面，S7-1200 PLC 不用做任何工作，只需要在 S7-1200 PLC 一侧建立单边连接，并使用单边编程方式 PUT、GET 指令进行通信。

S7-1200 PLC 中所有需要编程的以太网通信都使用开放式以太网通信指令 T Block 来实现。调用 T Block 通信指令并配置两个 CPU 之间的连接参数，定义数据发送或接收信息的参数。

STEP 7 Basic 提供了两套通信指令，即带连接管理的功能块、不带连接管理的功能块。带连接管理的功能块执行时自动激活以太网连接，发送/接收完数据后，自动断开以太网。

1. S7-1200 PLC与S7-300 PLC之间的ISO on TCP通信

S7-1200 PLC 与 S7-300 PLC 之间通过 ISO on TCP 通信，需要在双方都建立连接，连接对象选择 Unspecified。下面通过简单的例子演示这种组态方法。要求：S7-1200 PLC 将 DB2 的 100 个字节发送给 S7-300 PLC 的 DB2 中，S7-300 PLC 将输入数据 IB0 发送给 S7-1200 PLC 的输出数据区 QB0。

1）S7-1200 PLC 组态编程

组态编程过程与 S7-1200 PLC 之间的通信相似，下面介绍组态步骤。

[1] 使用 STEP 7 Basic V10.5 软件新建一个项目，添加新设备，命名为 PLC 3。

[2] 为 PROFINET 通信接口分配以太网地址 192.168.0.1，子网掩码为 255.255.255.0。

[3] 调用 TSEND C 通信指令并配置连接参数和块参数。

连接参数如图 7-28 所示，选择通信伙伴为"未定义"，通信协议为 ISO on TCP，选择 PLC_3 为主动连接方，要设置通信双方的 TSAP 地址。块参数如图 7-29 所示。

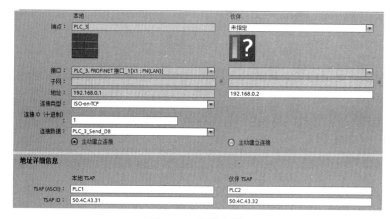

图 7-28　连接参数

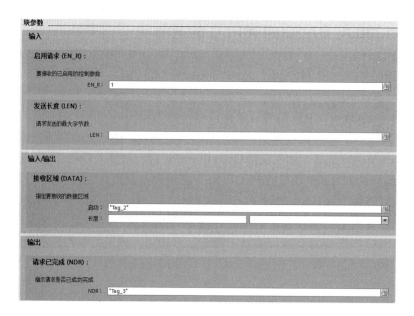

图 7-29　块参数

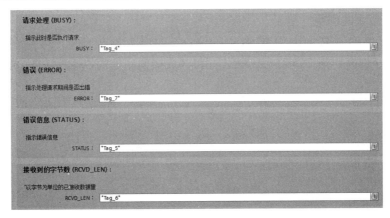

图 7-29（续）

[4]　调用 TRCV 通信指令并配置块参数。

因为与发送方使用同一连接，所以使用不带连接的发送指令 TRCV，连接 ID 使用 TSEND_C 中的 Connection ID 号，如图 7-30 所示。

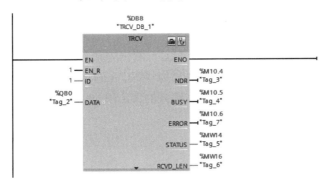

图 7-30　配置 TRCV 块参数

2）S7-300 PLC 的组态编程

下面介绍组态步骤。

[1]　使用 STEP 7 编程软件新建一个项目，插入一个 S7-300 PLC 站进行硬件组态。

为编程方便，使用时钟脉冲激活通信任务。在硬件组态编辑器中，CPU 属性的"周期/时钟存储器"设置如图 7-31 所示，将时钟信号存储在 MB0 中。

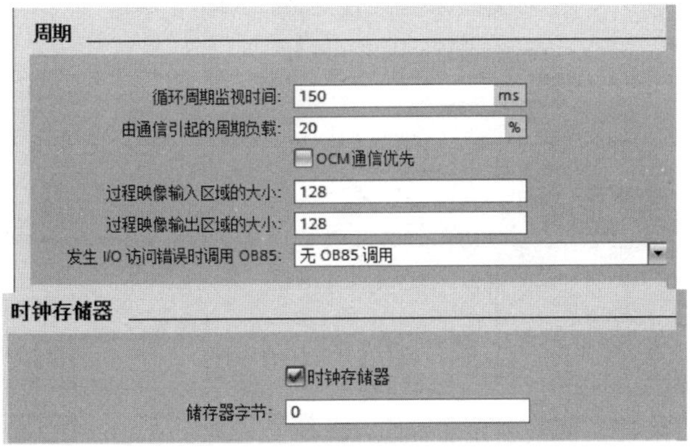

图 7-31　设置周期/时钟存储器

[2] 配置以太网模块。

在硬件组态编辑器中，设置 S7-300 PLC 的以太网模块 CP343-1 的 IP 地址为 192.168.0.2，子网掩码为 255.255.255.0，并将其连接到新建的以太网 Ethernet（1）上，如图 7-32 所示。

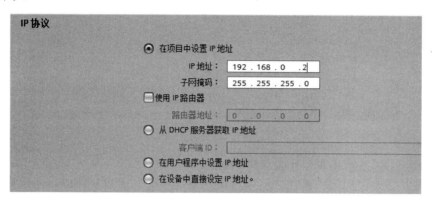

图 7-32　连接到以太网上

[3] 网络组态。

打开网络组态编辑器，选中 S7-300 PLC，双击连接列表，打开"插入新连接"对话框，选择连接伙伴为"未指定"，通信协议为"ISO on TCP 连接"。确定后，在连接的属性对话框的"地址"选项卡中设置通信双方的 TSAP 地址和 IP 地址，需要与通信伙伴对应。

[4] 编写程序。

在 S7-300 PLC 中，新建接收数据区为 DB2，定义成 100B 数组。在 OB1 中，调用库中通信块 FC5（AG_SEND）、FC6（AG_RECV）通信指令，如图 7-33 所示。

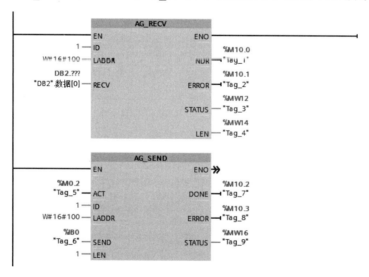

图 7-33　S7-300 的程序

[5] 监控通信结果。

下载 S7-1200 PLC 和 S7-300 PLC 中的所有组态和程序，监控通信结果。在 S7-1200

PLC 中向 DB2 中写入数据 11、22、33，则在 S7-300 PLC 中的 DB2 块收到数据也是 11、22、33。在 S7-300 PLC 中，将 2#1111 1111 写入 IB0，则在 S7-1200 PLC 的 DB0 区收到的数据也是 "2#1111 1111"。

2．TCP 通信

所有 TCP 通信，除了连接参数的定义不同，通信双方的其他组态及编程与前面的 ISO on TCP 通信完全相同。

在 S7-1200 PLC 中，所有 TCP 与 S7-300 PLC 通信时，设置 PLC 3 的连接参数，设置通信伙伴 S7-300 PLC 的连接参数。

3．S7 通信

对于 S7 通信，S7-1200 PLC 的 PROFINET 通信接口只支持 S7 通信的服务器端，所以在编程组态和建立连接方面，S7-1200 PLC 不用做任何工作，只需要在 S7-300 PLC 一侧建立单边连接，并使用单边编程方式 PUT、GET 指令进行通信。

🔔注意：*如果在 S7-1200 PLC 一侧使用 DB 块作为通信数据区，必须将 DB 块定义成绝对寻址，否则会造成通信失败。*

下面通过简单的例子演示这种组态。要求：S7-300 PLC 读取 S7-1200 PLC 中 DB2 的数据到 S7-300 PLC 的 DB11 中，S7-300 PLC 将本地 DB12 中的数据写到 S7-1200 PLC 的 DB3 中。

（1）使用 STEP 7 软件新建一个项目，插入 S7-300 PLC 站。在硬件组态编辑器中，设置 S7-300 PLC 的以太网模块 CP343-1 的 IP 地址为 192.168.0.2，子网掩码为 255.255.255.0，并将其连接到新建的以太网 Ethernet（1）上。

（2）网络组态。打开网络组态编辑器，选中 S7-300 PLC，双击连接列表打开"插入新连接"对话框，选择通信伙伴为"未指定"，通信协议为"S7 连接"。确定后，显示其连接属性对话框。单击"地址详细信息"按钮，打开"地址详细信息"对话框，要设置 S7-1200 PLC 的 TSAP 地址为.01 或 03.00。S7-1200 PLC 预留给 S7 连接的两个 TSAP 地址分别为 03.01 和 03.00。

（3）编写程序。在 S7-300 PLC 中，新建接收数据区为 DB2，定义成 100B 的数组。在 OB1 中，调用库中通信块 FB14（GET）、FB15（PUT）通信指令。对于 S7-400 PLC，调用的是 SFB14（GET）、SFB15（PUT）通信指令。

（4）监控通信结果。配置 S7-1200 的硬件组态并设置 IP 地址为 192.168.0.1，创建通信数据区 DB2、DB3。然后下载 S7-300 PLC 及 S7-1200 PLC 的所有组态及程序，并监控通信结果。可以看到，在 S7-1200 PLC 中的 DB2 写入数据 1、2，则在 S7-300 PLC 中的 DB11 中收到数据也为 1、2。在 S7-300 PLC 中，将 11、22 写入 DB12，则在 S7-1200 PLC 的 DB3 中也收到数据 11、22。

7.3　S7-1200 PLC 的串口通信

S7-1200 PLC 的串口通信模块有两种，即 CM 1241 RS232 和 CM 1241 RS485。CM

1241 RS232 接口模块支持基于字符的自由口协议和 MODBUS RTU 主从协议。CM 1241 RS485 接口模块支持基于字符的自由口协议、MODBUS RTU 主从协议及 USS 协议。

串行通信接口具有以下特征：

- ❑ 安装在 CPU 或另一个 CM 的左侧，最多可以连接 3 个 CM（类型不限）。
- ❑ 具有隔离的端口。
- ❑ 支持点对点协议。
- ❑ 通过点对点通信处理器指令进行组态和编程。
- ❑ 通过 LED 显示传送和接收活动。
- ❑ 显示诊断 LED（仅限 CM）。
- ❑ 均由 CPU 供电：不必连接外部电源。

通信模块有 3 个 LED 指示灯。

（1）诊断 LED（DIAG）：在 CPU 找到通信模块前，诊断 LED 将一直以红色闪烁。CPU 在上电后会检查 CM，并对其进行寻址。诊断 LED 开始以绿色闪烁。这表示 CPU 寻址到 CM，但尚未为其提供组态。将程序下载到 CPU 后，CPU 会将组态下载到组态的 CM。执行下载到 CPU 操作后，通信模块上的诊断 LED 应为绿色常亮。

（2）发送 LED（Tx）：从通信端口向外传送数据时，发送 LED 将点亮。

（3）接收 LED（Rx）：通信端口接收数据时，该 LED 将点亮。

7.3.1 自由口通信协议

CM 1241 RS232 和 CM 1241 RS485 接口模块都支持基于字符的自由口协议。下面以 CM 1241 RS232 模块为例介绍串口通信模块的端口参数设置、发送参数设置、接收参数设置以及硬件标识符。最后通过一个简单的实例介绍串口通信模块自由通信的组态方法。

1. 串口通信模块的端口参数设置

在项目视图左侧的项目树中双击"设备配置"，打开设备视图，拖动 RS232 模块到 CPU 左侧的 101 槽，在 RS232 模块的"属性"窗口中设置通信的波特率，默认值为 9.6Kb/s，可选择 300b/s、600b/s、1.2Kb/s、2.4Kb/s、4.8Kb/s、9.6Kb/s、19.2Kb/s、38.4Kb/s、57.6Kb/s、76.8Kb/s、115.2Kb/s。"奇偶校验"项用来设置校验，默认为无校验，可选项为无校验、偶校验、奇校验、传号校验（奇偶校验位为 1）和空号校验（奇偶校验位为 0）。"数据位"默认为 8 位/字符，可选项有 8 位/字符和 7 位/字符。"停止位"用于设置停止位的长度，默认为 1，可选项有 1 和 2。"流量控制"项默认为无，可选项为 XON/XOFF、硬件 RTS 始终未打开、硬件 RTS 始终打开。如果选择软流控 XON/XOFF，则可设置 XON 和 XOFF 分别对应的字符，默认为 0x11 和 0x13。

（1）流量控制（Flow control）：对于 RS232 通信模块，可以选择硬件或软件流控制，如果选择硬件流控制，则可以选择 RTS 信号始终激活或切换 RTS。如果选择软件流控制，则可以为 XON 和 XOFF 字符定义 ASCII 字符。

（2）等待时间（Wait time）：等待时间是指通信模块在声明 RTS 后等待接收 CTS 的时间或者在接收 XOFF 后等待接收 XON 的时间，具体取决于流量控制类型。如果在通信模块接收到预期的 CTS 或 XON 之前超过了等待时间，通信模块将中止传送操作并向用户程序返回错误。指定等待时间,以 ms 表示。范围是 0～65535ms,如图 7-34 所示。

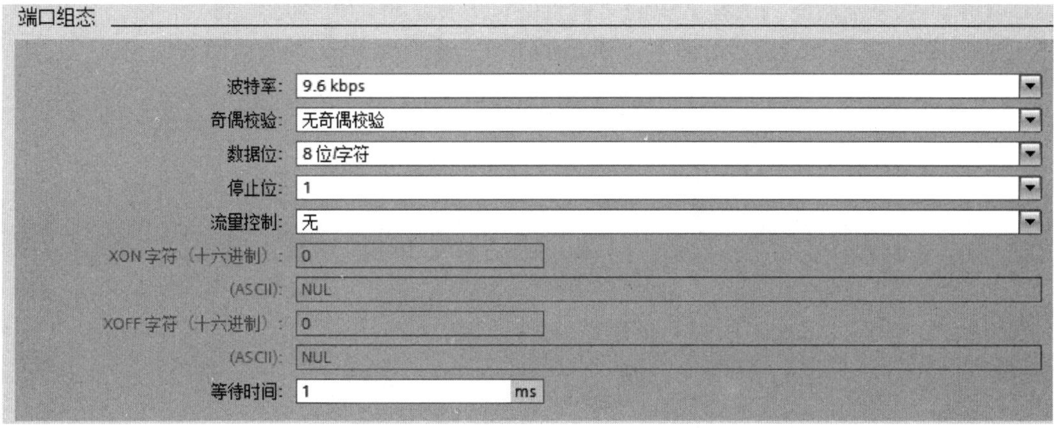

图 7-34 串行通信模块端口组态

流量控制是指为了不丢失数据而平衡数据发送和接收的一种机制。流量控制可确保传送设备发送的信息量不会超出接收设备所能处理的信息量。流量控制可以通过硬件或软件来实现。RS232 CM 支持硬件及软件流量控制。RS485 CM 不支持流量控制。在组态端口时或使用 PORT_CFG 指令指定流量控制类型。

2. 串口通信模块的接收参数设置

在串口通信模块接收数据之前,必须对模块的接收参数进行设置。在设备视图的通信模块的"属性"窗口中选择"接收消息组态"项,可以设置接收参数。

消息帧的起始条件可以设置为"以任意字符开始"或"以特殊条件开始"。

"以任意字符开始"表示任何字符都可以作为消息帧的起始字符;"以特殊条件开始"表示以特定字符作为消息帧的起始字符,具体设置有以下 4 种,可任选其中的 1 种或几种的组合(条件 3 或 4 只能选 1),选择组合条件时按列表先后次序来判断是否符合消息帧的起始条件。

(1)通过换行识别消息开始:当接收端的数据线检测到逻辑 0 信号(高电平)并持续超过 1 个完整字符的传输时间(包括起始位、数据位、校验位和停止位),并以此作为消息帧的开始。

(2)通过空行识别消息开始:在此设置接收端的数据线空闲(逻辑 1 信号、低电平)的位时间,并以此作为消息帧的开始时间。默认设置为 40 个位时间,最大值为 65535,但不能超过 8s。

(3)通过单个字符识别消息开始:以单个特定字符作为消息帧的开始,在此设置消息开始字符。默认设置为 0x02,即 STX。

(4)通过字符序列识别消息开始:以某个字符序列作为消息帧的开始,在此设定字符序列的数量。默认设置为 1,最多可设置 4 个字符序列。每个字符序列均可选择启用或不启用,满足其中任何一个启用的字符序列均作为一个消息帧的开始。每个字符最多可包含 5 个字符。每个字符均可被选择是否检测该字符。如果不选择表示任意字符均可,如果选择该项则输入该字符对应的 ASCII 码值。

下面举例说明通过字符序列识别消息开始的设置。设定字符序列的个数为 2，如图 7-35 所示。消息开始序列 1 和 2 中的"检查字符"复选框均可勾选，而字符序列 3 和 4 均不可选。按图 7-35 所示进行配置后，满足如下任一条件即可认为消息帧开始。

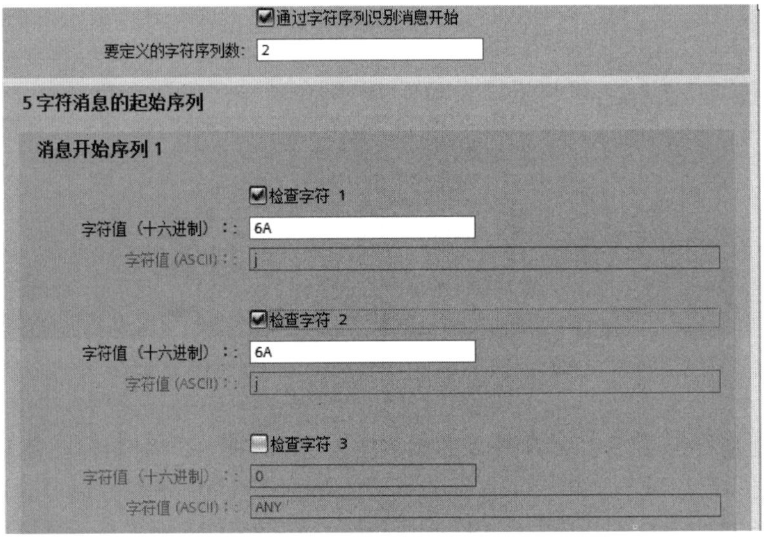

图 7-35　以某个字符序列作为消息帧开始

❑ 当接收到 5 个字符组成的字符序列的第 1 个字符为 0x6A，并且第 5 个字符为 0x1C，而不论第 2、3、4 个字符是何字符，在检测完第 5 个字符后确认帧的开始，随即开始检测消息帧的结束条件。

❑ 当检测到第 2 个和第 3 个字符均为 0x6A，而不论第 1 个字符是何字符，在检测完第 3 个字符后确认帧的开始，随即开始检测消息帧的结束条件。

例如，以下的字符满足图 7-35 所示的帧开始条件。

<任意字符> 6A 6A

6A 14 12 13 1C

6A 12 0A 5E 1C

消息帧结束条件可设置为如图 7-36 所示的 6 个条件中的一个或几个，只要满足选中的一个条件，即可判断消息帧结束。下面介绍这 6 个条件的具体含义。

（1）通过消息超时识别消息结束：通过检测消息时间超过设定时间来判断消息帧结束。消息时间从检测到消息帧起始字符后开始计时，计时时间达到设定值后判断消息帧结束，默认设置为 200ms，范围为 0～65535ms。

（2）通过相应超时识别消息结束：通过检测响应时间超过设定时间来判断消息帧结束。响应时间从传输结束开始计时，计时时间在接收到有效的信息帧的起始字符序列前达到设定值时判断帧结束。默认设置为 200ms，范围为 0～65535ms。

（3）通过字符间超时识别消息结束：通过检测接收到相邻字符间的时间间隔，超过设定时间来判断消息帧结束。默认设置为 12 个位信号的时间长度，范围为 0～65535 个信号长度，最大不超过 8s。

（4）通过最大长度识别消息结束：通过检测消息长度达到设定的字节数来判断消息帧

结束。默认设置为 0B，最大值为 1024B。

（5）从消息读取消息长度：消息内容本身包含消息的长度，通过从消息帧中获取的消息长度来判断消息帧结束。在图 7-36 中，"消息中长度域的偏移量（n）"指存取消息长度值的字符位置，"长度域大小"指消息长度字符的长度（为 1、2 或 4），"数据后面的长度域未计入消息长度（m）"指在消息长度字符后面不计入消息长度的字符数。

（6）通过字符序列识别消息结束：以一个字符序列作为消息帧的结束。每个字符序列最多可包含 5 个字符。每个字符均可被选择是否检测该字符。如果不选择该项，表示任意字符均可。如果选择该项，则输入该字符对应的 ASCII 码值。在这个字符序列中，第一个被选择的字符前面的字符不作为消息帧结束的条件。如果检测到两个连续的 0x7A，并接着两个字符，则判断消息帧结束，在 0x7A 0x7A 前的字符不计入字符序列，在 0x7A 0x7A 后的两个字符计入字符序列。不论其是什么字符，且一定要收到两个字符。

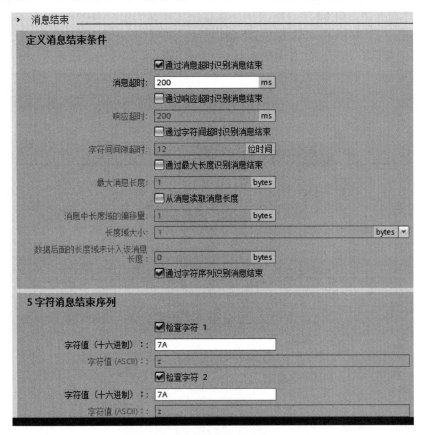

图 7-36　消息帧结束条件设置

3．串口通信模块自由口通信协议举例

在完成通信端口设置、发送参数设置及接收参数设置后，需要在 CPU 中调用通信功能块发送和接收数据。下面以 CM1241 RS232C 与 Windows 操作系统的集成软件"超级终端"的通信为例介绍 S7-1200 串口通信使用自由口协议的数据发送与接收。

通过标准的 RS232 串口电缆连接计算机和 CM1241 RS232C。RS232 端口的通信端口设置、发送参数设置及接收参数设置均可使用默认设置。

下面介绍具体的组态步骤。

（1）执行"开始"→"所有程序"→"附件"→"通信"→"超级终端"命令，打开"超级终端"软件。首先给连接分配名称 CM1241 RS232 TO PC，确定后选择连接接口 COM3，再设置 COM3 参数与 CM1241 RS232 模块一致。

（2）组态 ASCII 码参数。在超级终端中，执行"文件"→"属性"命令，打开"属性"对话框，单击"设置"选项卡的"ASCII 码设置"按钮，打开"ASCII 码设置"对话框，勾选"本地回显键入的字符"选项。

（3）在 S7-1200 中编制发送程序。在 S7-1200 的主程序 OB1 中调用 SEND PTP 指令块，如图 7-37 所示。M20.0 的每一个上升沿发送一个消息帧，RS232 串口的硬件标识符为 270。BUFFER 指定发送缓冲区为数据块 1 中 data 的第一个数据，data 是数据类型为 Array[0..10] of byte。发送缓冲区长度 LENGTH 为 10。发送结束时输出位 DONE 为 1，传送到 M20.1，指令出错输出位 ERROR 传送给 M20.2。错误代码 STATUS 传送给 MW24。

下载项目并运行，当 M20.0 由 0 变为 1 时发送 Data block 1。数据块内 data 数组中 10B 的数据"How are you?"，可以看到超级终端中已接收到来自串口通信模块 CM1241 RS232 的字符。

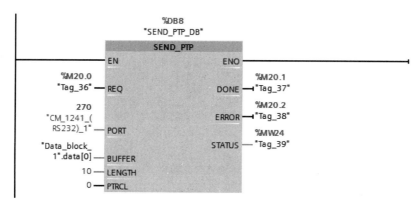

图 7-37　调用 SEND PTP 指令块

（4）在 S7-1200 中接收程序。在 S7-1200 的主程序 OB1 中调用 RCV PTP 指令块，如图 7-38 所示。

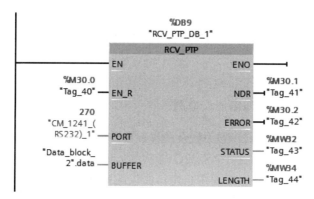

图 7-38　调用 RCV PTP 指令块

下载项目并运行，当 M30.0 为 1 时检测 RS232 模块接收的信息，并将成功接收到的数据存放到 Data block 2 数据块内 data 数组中的 10 字节数组内。执行超级终端的"传送"→"发送文本文件"命令，给 RS232 模块发送一个文本文件。发送时可以看到 RS232 模块上的接收指示灯 Rx 会闪烁，可以在监视表格中查看数据块中的内容。

7.3.2　Modbus RTU 协议通信

Modbus RTU（远程终端单元）是一个标准的网络通信协议，它使用 RS232 或 RS485。

电气连接在 Modbus 网络设备之间传输串行数据。可在带有一个 RS232 或 RS485 CM 或一个 RS485 CB 的 CPU 上添加 PtP（点对点）网络端口。

Modbus RTU 使用主/从网络，单个主设备启动所有通信，而从设备只能响应主设备的请求。主设备向一个从设备地址发送请求，然后该从设备地址对命令做出响应。Modbus 系统间的数据交换是通过功能码来控制的。有些功能码是对位操作的，通信的用户数据是以位为单位的，例如：

❑ FC01 读输出位的状态。

❑ FC02 读输入位的状态。

❑ FC05 强制单一输出位。

❑ FC015 强制多个输出位。

有些功能码是对 16 位寄存器操作的，通信用户的数据以字为单位的，例如：

❑ FC03 读输出寄存器。

❑ FC04 读输入寄存器。

❑ FC06 写单一输出寄存器。

❑ FC016 写多个输出寄存器。

这些功能代码是对 4 个数据区（位输入、位输出、输入/输出寄存器）进行访问的。访问的数据区如表 7-2 所示。

表 7-2　访问的数据区

功　能　码	数　　　据	数　据　类　型		访　　　问
01、05、15	输出的状态	位	输出	读、写
02	输入的状态	位	输入	只读
03、06、16	输出寄存器	16 位寄存器	输出寄存器	读、写
04	输入寄存器	16 位寄存器	输入寄存器	只读

对于输出的位或寄存器是可以进行读写访问的，对于输入的数据则只能进行读操作，这 4 个数据区在用户级的地址表示如表 7-3 所示。

表 7-3　数据区在用户级的地址表示

功　能　码	数　据　类　型	用户级的地址表示法（十进制）
01、05、15	输出位	0xxxx
02	输入位	1xxxx
03、06、16	输出寄存器	2xxxx
04	输入寄存器	3xxxx

1. S7-1200 PLC的Modbus RTU通信

串口通信模块 CM1241 RS232 和 CM1241 RS485 均支持 Modbus RTU 协议，可作为 Modbus 主站或从站与支持 Modbus RTU 的第三方设备通信。使用 S7-1200 串口通信模块进行 Modbus RTU 协议通信非常简单。首先调用 MB_COMM_LOAD 指令来设置通信端口参数，然后调用 MB_MASTER 或 MB_SLAVE 指令作为主站和从站与支持 Modbus RTU 的第三方设备通信。

使用 S7-1200 PLC 的串口通信模块的 Modbus RTU 协议通信应注意下列事项：

❑ 在调用 MB_MASTER 或 MB_SLAVE 指令之前，必须先调用 MB_COMM_LOAD 来设置通信端口的参数。

❑ 如果一个通信端口作为从站与另一个主站通信，则其不能调用 MB_MASTER 作为主站，同时 MB_SLAVE 只能调用一次。

❑ 如果一个通信端口作为主站与另一从站通信，则其不能调用 MB_SLAVE 作为从站。同时 MB_MASTER 可调用多次，并要使用相同的背景数据块。

❑ Modbus 指令不使用通信中断事件来控制通信过程。用户程序必须轮询 MB_MASTER 指令以了解传送和接收的完成情况。

❑ 如果一个通信端口作为从站，则调用 MB_SLAVE 指令的循环时间必须短到足以及时响应来自主站的请求。

❑ 如果一个通信接口作为主站，则必须循环调用 MB_MASTER 指令直到收到从站的响应。

❑ 要在一个 OB 中执行多个 MB_MASTER 指令。

2. Modbus RTU通信举例

利用 S7-1200 PLC 的变量监视表格，测试两台安装 CM1241 RS232 通信模块的 S7-1200 PLC 之间的 Modbus RTU 协议通信程序。通过标准的 RS232 电缆连接 CM1241 RS232 通信模块。

1）建立通信项目

新建"Modbus RTU 通信"项目，生成通信主站 PLC 1，CPU 选择 CPU 1214C。同样生成通信从站 PLC 2，CPU 选择 CPU 1214C。设置它们的 IP 地址分别为 192.168.0.1 和 192.168.0.2。

2）设置从站通信端口

打开主站 PLC 2 的设备视图，将 CM1241 RS232 通信模块拖放到 CPU 左侧的 101 号槽。选中该模块，在巡视窗口的"属性→常规→RS-232 接口→端口组态"中设置通信接口的参数（如图 7-34 所示）。

在调用 MB_SLAVE 指令之前，必须先调用 MB_COMM_LOAD 来设置通信端口的参数。因此在初始化组织块 OB100 中，调用 MB_COMM_LOAD 指令组态它的通信接口。

如图 7-39 所示，打开 OB100，将 MB_COMM_LOAD 指令拖至梯形图中，自动生成它的背景数据块 DB6。

参数 REQ（通过由低到高的（上升沿）信号启动操作）：由于 OB100 只执行 1 次，设为 TRUE（1 状态）。

参数 PORUT：是分配的 CM 或 CB 端口的"硬件标识符"。安装并组态 CM 或 CB 通信设备之后，端口标识符将出现在 PORT 功能框连接的参数助手下拉列表中。在下拉列表中选择 CM_1241（RS232）_1。

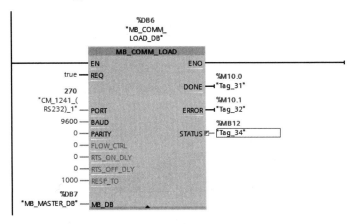

图 7-39　MB_COMM_LOAD 指令块

参数 BAUD（波特率选择）：选择 9600Hz。

参数 PARITY（奇偶校验选择）：0 - 无校验，1 - 奇校验，2 - 偶校验。

参数 FLOW_CTRL（流量控制选择）：0 -（默认）无流控制，1 - RTS 始终为 ON 的硬件流控制（不适用于 RS485 端口），2 - 带 RTS 切换的硬件流控制。

参数 RTS_ON_DLY（接通延时选择）：0 -（默认）从 RTS 激活一直到传送消息的第一个字符之前无延时，1～65535 - 从 RTS 激活一直到传送消息的第一个字符之前以毫秒（ms）表示的延时（不适用于 RS485 端口）。不管 FLOW_CTRL 选择为何，都将应用 RTS延时。

参数 RTS_OFF_DLY（断开延时选择）：0 -（默认）从传送最后一个字符一直到 RTS转入非活动状态之前无延时，1～65535 - 从传送最后一个字符一直到 RTS 转入非活动状态之前以毫秒（ms）表示的延时（不适用于 RS485 端口）。不管 FLOW_CTRL 选择为何，都将应用 RTS 延时。

参数 RESP_TO（响应超时）：Modbus_Master 允许用于从站响应的时间（以 ms 为单位）。如果从站在此时间段内未响应，Modbus_Master 将重试请求，或者在发送指定次数的重试请求后终止请求并提示错误。范围为 5～65535 ms（默认值=1000 ms）。

参数 MB_DB（对 Modbus_Master 或 Modbus_Slave 指令所使用的背景数据块的引用）：在用户的程序中放置 Modbus_Master 或 Modbus_Slave 后，该 DB 标识符将出现在 MB_DB功能框连接的参数助手下拉列表中。

参数 DONE：上一请求已完成且没有出错后，DONE 位为 TRUE 将保持一个扫描周期时间。

参数 ERROR：上一请求因错误而终止后，ERROR 位为 TRUE 将保持一个扫描周期时间。

参数 STATUS：执行错误代码，参数中的错误代码值仅在 ERROR = TRUE 的一个扫描周期内有效。

3）Modbus RTU 从站端 S7-1200 PLC 通信程序

在编写 Modbus RTU 从站端 S7-1200 PLC 的程序前，首先要建立从站的保持寄存器数据块 DB MB slave HR，数据块中设置数组变量，如图 7-40 所示。

图 7-40 保持寄存器数据块 DB MB slave HR

在 OB1 中编写程序，如图 7-41 所示，将指令块 MB_SLAVE 拖到程序区，自动生成数据块 DB13（MB SLAVE DB）。MB_SLAVE 指令块使串口作为 Modbus 从站响应 Modbus RTU 主站的数据请求。

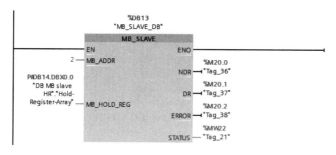

图 7-41 Modbus 从站程序

参数 MB_ADDR（Modbus 从站的站地址）：标准寻址范围为 1～247，扩展寻址范围为 0～65535，将 Modbus 从站地址设置为 2。

参数 MB_HOLD_REG（保存寄存器数据块的地址）：指向 Modbus 保持寄存器 DB 的指针，Modbus 保持寄存器可以是 M 存储器或数据块。设置为 "DB MB slave HR 为 Hold Register Array。Modbus 功能码中的地址与 S7-1200 PLC 的地址对应关系如表 7-4 所示。

表 7-4 Modbus功能码中的地址与S7-1200 PLC的地址对应关系

MB_SLAVE Modbus 功能码				S7-1200	
功能码	功能	数据区域	地址范围	数据类型	CPU 地址
01	读多个位	输出	1～8192	输出过程映像区	Q0.0～Q1023.7
02	读单个位	输入	10001～18192	输入过程映像区	I0.0～I1023.7
03	读多个字	保持寄存器	40001～49999	数据块 MB HOLD REC	字 1～9999
			400001～465535		字 1～65534
04	读多个字	输入	30001～38192	输入过程映像区	IW0～IW1022
05	写单个位	输出	1～8192	输出过程映像区	Q0.0～Q1023.7
06	写单个字	保持寄存器	40001～49999	数据块 MB HOLD REC	字 1～9999
			400001～465535		字 1～65534
08	0000H	返回请求数据回显测试：Modbus 从站将返回其收到的 Modbus 主站的 1 个字的数据			
	000AH	消除通信事件计数器的值：Modbus 从站清除 Modbus 功能码11所使用的通信事件计数器的值			
11		读取通信事件计数器的值：Modbus 从站使用内部通信事件计数器来记录成功发送到 Modbus 从站的读和写请求的数量。计数器的值遇到功能码8、11及广播请求时不增加。对于任何产生通信错误的请求，计数器的值也不增加			
15	写多个位	输出	1～8192	输出过程映像区	Q0.0～Q1023.7
16	写多个字	保持寄存器	40001～49999	数据块 MB HOLD REC	字 1～9999
			400001～465535		字 1～65534

参数 NDR（新数据就绪）：0－无新数据，1－表示 Modbus 主站已写入新数据。

参数 DR（数据读取）：0－无数据读取，1－表示 Modbus 主站已读取数据。

参数 ERROR：上一请求因错误而终止后，ERROR 位为 TRUE 将保持一个扫描周期时间。STATUS 参数中的错误代码值仅在 ERROR＝TRUE 的一个扫描周期内有效。

参数 STATUS：执行错误代码。

4）设置主站通信端口

方法同从站通信端口设置。

5）Modbus RTU 主站端 S7-1200 PLC 的通信程序

在调用 MB_MASTER 指令前，先建立主站数据块，如图 7-42 所示。

		名称	数据类型	偏移量	启动值
1	▼	Static			
2	▶	ReadDI-Array	Array[0..20] ...	0.0	
3	▶	ReadHR-Array	Array[0..10] of Word	4.0	
4	▶	WriteDO-Array	Array[0..20] of Bool	26.0	
5	▶	WriteHR-Array	Array[0..10] of Word	30.0	

图 7-42　db mb master 数据块结构

在 Modbus RTU 主站端 S7-1200 PLC 的 OB1 中编写程序，如图 7-43 所示。

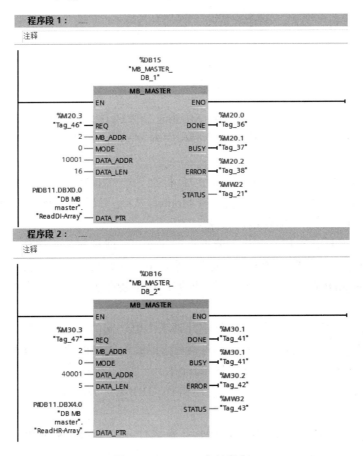

图 7-43　Modbus 主站程序

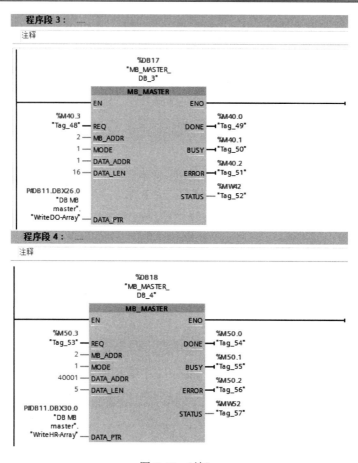

图 7-43 （续）

程序段 1 的功能是 Modbus 主站实现 Modbus 功能码 02H 的通信程序。

参数 REQ：0 =无请求，1 =请求将数据传送到 Modbus 从站。在 b Read DI Req 变量值为 1 时，请求传送数据。

参数 MB_ADDR（Modbus RTU 站地址）：标准寻址范围为 1～247，扩展寻址范围 1～65535。值 0 被保留用于将消息广播到所有 Modbus 从站。只有 Modbus 功能代码 05、06、15 和 16 是可用于广播的功能代码。设置为 2。

参数 MODE（模式选择）：指定请求类型（读、写或诊断）。选择模式 0，读取另一 Modbus 从站地址为 2 的 S7-1200 PLC 的 DI 通道 I0.0 开始的 16 位的值。

参数 DATA_ADDR（从站中的起始地址）：指定要在 Modbus 从站中访问的数据的起始地址。

参数 DATA_LEN（数据长度）：指定此请求中要访问的位数或字数。

参数 DATA_PTR（数据指针）：指向要写入或读取的数据的 M 或 DB 地址（标准 DB 类型）。设置 DB MB master 为 ReadHR-Array。

参数 DONE：上一请求已完成且没有出错后，DONE 位为 TRUE 将保持一个扫描周期时间。

参数 BUSY：0-无 Modbus_Master 操作正在进行，1－Modbus_Master 正在运行。

参数 ERROR：上一请求因错误而终止后，ERROR 位为 TRUE 将保持一个扫描周期时间。STATUS 参数中的错误代码值仅在 ERROR = TRUE 的一个扫描周期内有效。

参数 STATUS：执行错误代码。

使用 DATA ADDR 和 MODER 的组合来选择 Modbus 功能码如表 7-5 所示。

表 7-5　使用DATA ADDR和MODER的组合来选择Modbus功能码

模式	MB MASTER 的 Modbus 功能描述				
	读 / 写 操作	Modbus 地址参数 DATA ADDR	地址类型	Modbus 数据长度 参数 DATA LEN	Modbus 功能码
模式 0	读	00001～09999	输出位	1～2000	01H
		10001～19999	输入位	1～2000	02H
		30001～39999	输入寄存器	1～125	04H
		40001～49999 400001～465536（扩展）	保持寄存器	1～125	03H
模式 1	写	00001～09999	输出位	1（单个位）	05H
		00001～09999	输出位	2～1968	15H
		40001～49999 400001～465536（扩展）	保持寄存器	1（单个位）	06H
		40001～49999 400001～465536（扩展）	保持寄存器	2～163	16H
模式 2	写	某些 Modbus 从站不支持使用 Modbus 功能码 05H 和 06H 写单个位或字，此时选择模式 2 来使用 Modbus 功能码 15H 和 16H 强制写单个位或字			
		00001～09999	输出位	2～1968	15H
		40001～49999 400001～465536（扩展）	保持寄存器	2～163	16H
模式 11	从参数 MB ADDR 指定的 Modbus 从站读取事件计数器的值 如果 Modbus 从站是 S7-1200 PLC，此事件计数器的值在接收到 Modbus 主站的读/写（非广播）请求后会增加 返回值存放在参数 DATA PTR 指定的地址开始的字中 在此模式下无须指定 DATA LEN 的值				
模式 80	检查参数 MB ADDR 指定的 Modbus 从站的通信状态 输出参数 NDR 的值为 1 时，说明从指定的 Modbus 从站接收到请求的数据 功能块 5 的返回值 在此模式下无须指定 DATA LEN 的值				
模式 81	复位模式 11 所指的事件计数器 输出参数 NDR 的值为 1 时，说明从指定的 Modbus 从站接收到请求的数据 功能块 5 的返回值 在此模式下无须指定 DATA LEN 的值				

　　程序段 2 的功能是 Modbus 主站实现 Modbus 功能码 03H 的通信程序，即在 b Read DI Req 变量值为 1 时读取另一 Modbus 从站地址为 2 的 S7-1200 PLC 的保持寄存器数据块前 5 个字的值，并将读取的值存放到 DB MB master 数据块中名为 ReadHR-Array 的 WORD 型数组中。

　　程序段 3 的功能是 Modbus 主站实现 Modbus 功能码 15H 的通信程序，即在 b Write DO Req 变量值为 1 时，将 DB MB master 数据块中名为 WriteDO-Array 的 BOOL 数组的值赋值该另一 Modbus 从站地址为 2 的 S7-1200 PLC 的前 5 个保持寄存器。

　　程序段 4 的功能是 Modbus 主站实现 Modbus 功能码 16H 的通信程序，即在 b Write HR

Req 变量值为 1 时，将 DB MB master 数据块中名为 WriteHR-Array 的 WORD 数组的值赋值该另一 Modbus 从站地址为 2 的 S7-1200 PLC 的前 5 个保持寄存器。

6）S7-1200 PLC 的 Modbus RTU 通信程序测试

打开主站 S7-1200 PLC 的变量监视表格，将变量 b Read DI Req 置 1 时，可读取从站 I0.0 开始的 16 位的值并存放到 DB MB master 数据块中名为 ReadDI Array 的 BOOL 数组中。改变作为从站的 S7-1200 PLC 的 DI 通道的值并打开监视表查看其值。

打开作为从站的 S7-1200 PLC 的变量监视表格，改变前 5 个保持寄存器的值。打开主站 S7-1200 PLC 的变量监视表格，将变量 b Read DO Req 置 1，可读取从站的保持寄存器数据块前 5 个字的值，并将读取的值存放到 DB MB master 数据块中名为 ReadHR-Array 的 WORD 数组中。

打开主站 S7-1200 PLC 的变量监视表格，将变量 b write DO Req 置 1，可将 DB MB master 数据块中名为 WriteDO-Array 的 BOOL 数组的值赋值给另一 Modbus 从站地址为 2 的 S7-1200 PLC 的 Q0.0 开始的 16 个 DO 通道。打开从站变量监视表格查看其值。

打开主站 S7-1200 PLC 的变量监视表格，将变量 b Write DO Req 置 1，可将 DB MB master 数据块中名为 ReadHR Array 的 WORD 数组的值赋值给另一 Modbus 从站地址为 2 的 S7-1200 PLC 的前 5 个保持寄存器。打开从站变量监视表格查看其值。

7.4 S7-1200 与变频器的 USS 协议通信

S7-1200 PLC 串口通信模块可以使用 USS 协议与西门子 PLC、变频器进行通信。可以通过参数设置为 RS485 接口选择 USS 或者 MODBUS RTU 协议。USS 为默认总线设置。

USS 指令可控制支持通用串行接口（USS）的电机驱动器的运行。可以使用 USS 指令通过与 CM 1241 RS485 通信模块或 CB 1241 RS485 通信板的 RS485 连接与多个驱动器通信。一个 S7-1200 CPU 中最多可安装 3 个 CM 1241 RS422/RS485 模块和一个 CB 1241 RS485 板。每个 RS485 端口最多操作 16 台驱动器。

USS 协议使用主从网络通过串行总线进行通信。主站使用地址参数向所选从站发送消息。如果未收到传送请求，从站本身不会执行传送操作。各从站之间无法进行直接消息传送。USS 通信以半双工模式执行。

7.4.1 硬件接线与变频器参数设置

1. USS通信

一个 PLC（主站）通过串行最多可连接 31 个变频器（从站），并通过 USS 串行总线协议对其进行控制。从站只有先经主站发起后才能发送数据，因此各个从站之间不能直接进行信息传送。

总线电缆上的第一个装置和最后一个装置的总线端子（P+，N–）之间必须连接终端电阻以实现总线终止。

2. 硬件接线

为实现 S7-1200 与变频器的 USS 协议通信，S7-1200 需要连接 CM 1241 RS485 通信模块。

3. 设置变频器参数

使用 USS 协议前，应使用 V20 内置的基本操作面板来设置变频器有关参数。选择 USS 控制连接宏，设置USS 通信参数，包括变频器的命令源、频率设定源、RS485 协议选择、波特率、USS 从站地址、USS 协议的过程数据 PZD 长度、USS 协议的参数标识符 PKW 长度、报文间断时间以及电动机参数等。

7.4.2　S7-1200 的组态与编程

1. 硬件组态

在 STEP 7 中生成名为"变频器 USS 通信"的项目，选择CPU 的型号为 CPU 1214C。打开设备视图，将硬件目录窗口的文件夹"\通信模块\点到点"中的 CM 1241（RS485）模块拖放到 CPU 左边的 101 号槽。

选中该模块，在巡视窗口切换至"属性"选项卡。选中左边列表口的"端口组态"，在右边设置波特率为 19.2kb/s，偶校验。其他参数可以采用默认值。

2. USS的程序结构

连接到同一个 RS-485 端口的变频器（最多 31 台）属于同一个 USS 网络。每台变频器都需要调用 USS DRV 指令来创建请求消息和解释驱动器响应消息与驱动器交换数据。每个变频器应使用单独的函数块，同一 USS 网络的所有 USS 函数必须使用同一个背景数据块。该数据块是在放置第一个 USS_DRV 指令时创建的，STEP 7 会在插入指令时自动创建该背景数据块。

每个 RS-485 通信端口都需要使用一条 USS PORT 指令，用于处理 USS 网络上的通信，它通过 RS-485 通信端口控制 CPU 与该端口所有变频器的通信，它有自己的背景数据块。

指令 USS_RPM 和 USS_WPM 分别用于读取和更改变频器参数。使用指令 USS_RPM、USS_WPM 和 USS_PORT 时，需要将 USS_PORT 的背景数据块的 USS_DB 参数分配给这些指令的 USS DB 输入。

3. USS_DRV指令

双击打开"程序块"文件夹中的 OB1，将指令列表的"通信"选项板的"\通信处理器\USS 通信"文件夹中的指令 USS_DRV 拖放到 OB1（如图 7-44 所示）。在打开的"调用选项"对话框中，单击"确定"按钮，生成默认名称为 USS_DRV_DB 的背景数据块DB19。USS_DRV 指令只能在 OB1 中调用。

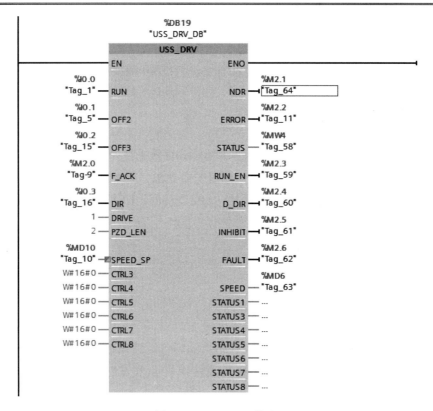

图 7-44　USS DRV 指令

启动位 RUN 为变频器运行控制，设置为 I0.0。当 I0.0 为 1 状态时，变频器以预设的速度运行。如果在变频器运行期间 I0.0 变为 0 状态，则电动机减速至停车。

在变频器运行时，参数 OFF2、OFF3 控制变频器停车，分别设置为 I0.1 和 I0.2。当 I0.1 变为 0 状态时，电动机在没有制动的情况下惯性滑行，自然停车。当 I0.2 变为 0 状态时，通过制动使电动机快速停车。

故障确认位 F_ACK 用于确认变频器发生的故障，设置为 M2.0。当 M2.0 为 1 状态时，复位变频器故障位。

方向控制位 DIR 用于控制变频器的旋转方向，设置由 I0.3 控制。

DRIVE 是变频器的 USS 地址（1～16）。

PZD_LEN 是 PLC 与变频器通信的过程数据 PZD 的字数，采用默认值 2。

实数 SPEED_SP 是用组态的基准频率的百分数表示的速度设定值（−200.0～200.0）。修改参数的符号，可以控制变频器的旋转方向。

可选参数 CTRL3～CTRL8 是用户定义的控制字。

位变量 NDR 为 1 状态表示新的通信数据准备好。

位变量 ERROR 为 1 状态表示发生错误，参数 STATUS 有效，其他输出在出错时均为 0。仅用 USS_Port Scan 指令的参数 ERROR 和 STATUS 报告通信错误。

字变量 STATUS 是指令执行的错误代码。

位变量 RUN_EN 为 1 状态表示变频器正在运行。

位变量 D_DIR 用来指示变频器的旋转方向，1 状态表示反向。

位变量 INHIBIT 为 1 状态表示变频器已被禁止。

位变量 FAULT 为 1 状态表示变频器有故障，故障被修复后可用 F_ACK 位来清除此位。

实数 SPEED 是以组态的基准频率的百分数表示的变频器输出频率的实际值。

STATUS1 是包括变频器的固定状态位的状态字 1。

STATUS3～STATUS8 是用户可定义的状态字。

4. USS_PORT指令

为确保帧通信的响应时间恒定，应在循环中断 OB 中调用该指令。在 S7-1200 的系统手册 13.4.2 节 "使用 USS 协议要求" 中名为 "计算时间要求" 的表格中可以查到，波特率为 19200b/s 时，计算的最小 USS_Port_Scan 调用间隔为 68.2ms，每个驱动器的驱动器消息间隔超时时间为 205ms，S7-1200 与变频器通信的时间间隔应在两者之间。

生成循环中断组织块 OB33，设置其循环时间为 150ms，将其指令列表的 "通信" 选项表的 "\通信处理器\USS 通信" 文件夹中的指令 USS_PORT 拖放到 OB33，如图 7-45 所示。

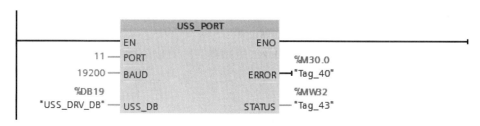

图 7-45　USS PORT 指令

双击输入参数 PORT（通信端口标识符）对应的<???>，单击出现的 ▦ 按钮，选中指令列表中的 Local～RS485_1，其绝对地址为 11。

双击 BAUD 可设定波特率，可选 300～115200b/s。

USS_DB 的实参是函数块 USS_DRV_DB 的背景数据块中的静态变量。

该指令执行出错时，ERROR 为 1 状态，错误代码在 STATUS 中。

7.4.3　S7-1200 与变频器通信的实验

1. PLC监控变频器通信的实验

连接变频器与 RS485 模块的接线。用 V20 的基本操作面板设置变频器的参数，将程序下载到 PLC，PLC 运行在 RUN 模式，用以太网接口监控 PLC。接通变频器的电源，用基本操作面板显示变频器的频率。

打开 OB1，单击 ▦ 按钮，启动程序状态监控功能。右键单击 USS DRV 指令的参数 SPEED SP 的实参，在弹出的快捷菜单中执行 "修改" → "修改值" 命令。在打开的 "修改" 对话框中，将该参数的值修改为 20.0（20%）。因为变频器的基准频率为 50Hz，频率设定值为 10Hz。用外接的小开关令 USS_DRV 指令的参数 OFF2（I0.1）和 OFF3（I0.2）都为 1 状态。接通参数 RUN（I0.0）对应的小开关，电动机开始旋转。基本操作面板和指令 USS_Drive_Control 的参数 SPEED 均显示频率由 0 逐渐增大到 10Hz，输出位 RUN_EN 为 1 状态，表示变频器正在运行。

运行时断开 I0.1 对应的小开关，电动机减速停车，频率值由 10Hz 逐渐减少到 0，RUN_EN 变为 0 状态。

运行时断开 I0.1 对应的小开关，令参数 OFF2 为 0 状态，马上又变为 1 状态，电动机自然停车。运行时断开 I0.2 对应的小开关，令参数 OFF3 为 0 状态，马上又变为 1 状态，电动机快速停车。

参数 OFF2 和 OFF3 发出的脉冲使电动机停车后，需要将参数 RUN 由 1 状态变为 0 状态，然后变为 1 状态，才能再次启动电动机。

在电动机运行时，令控制方向的输入参数 DIR（I0.3）变为 1 状态，电动机减速到 0 后，自动反向旋转，反向升速至-10Hz 后不再变化。令 DIR 变为 0 状态，电动机减速到 0 后，自动返回最初旋转方向，升速至-10Hz 后不再变化。输出位 D_DIR 的值和输出参数 SPEED 的符号随之变化。

在程序状态监控中将频率设定值 Speed_SP 修改为-50（-50%），写入 CPU 后，电动机反向旋转。BOP 最终显示频率值-25Hz。变频器实际输出的频率值受到变频器的参数最大频率和最小频率的限制。

2. 读写变频器参数的指令

指令 USS_WPM 用于修改变频器的参数，USS_RPM 用于从变频器读取数据，如图 7-46 所示。这 2 条指令应在 OB1 中调用。

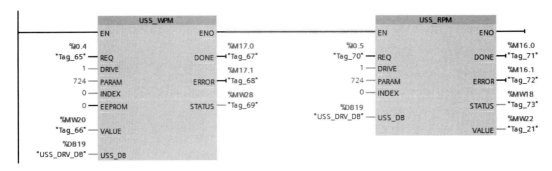

图 7-46　读写变频器参数的程序

这 2 条指令的位变量 REQ 为读或写请求。当 I0.4 接通，将 MW20 中的数据写入变频器 P724。当 I0.5 接通，将变频器 P724 的数据写入 MW22。DRIVE 为变频器地址(1～16)，PARAM 为变频器参数的编号（0～2047），INDEX 为参数的索引号（或称下标）。这两条指令通过参数 USS_DB 与指令 USS_DRV 的背景数据块 USS_DRV_DB 连接。

USS_RPM 指令的参数 DONE 为 1 状态时，VALUE 中是读取到的数据。

USS_WPM 的 VALUE 为要写入变频器的参数值。参数 EEPROM 为 1 状态时，写入变频器的参数值将存储在变频器的 EEPROM 中。如果为 0 状态，写操作是临时的，改写的参数仅能在断电前使用。

3. 读写变频器参数的实验

如图 7-46 所示的指令用于改写和读取 1 号变频器的参数 P724，它是数字量输入的防抖动时间，其值为整数 0～3，对应的防抖动时间分别是 0ms、2.5ms、8.2ms 和 12.3ms，默认值为 3。该参数没有下标，指令中的下标 Index 的值可以设为 0。

用指令读、写参数之前，在电动机未运行时单击基本操作面板 POB 的 M 键，从显示菜单方式切换到参数菜单方式。用 POB 读取变频器中 P724 的值。如果该值为 2，将它修改为其他值，按 OK 键将修改值写入变频器。

用程序状态或状态表将数值 2 写入 MW20，用 I0.4 外接小开关将 MW20 中的参数写入变频器，用基本操作面板看到修改后 P724 的值为 2。用 I0.5 外接的小开关读取参数 P724 的值。从程序状态或监控表可以看到 MW22 中读取的 P724 的参数值变为 2。

7.5　习　　题

1）S7-1200 基于以太网的开放用户通信都支持哪些通信协议？

2）简述 PLC 与编程设备通信组态过程。

3）怎样建立 S7 连接？

4）客户机和服务器在 S7 通信中各有什么作用？

5）通过 USS 协议通信，S7-1200 最多可以控制多少台变频器？

6）如何实现 S7-1200 PLC 之间的通信？

第 8 章　精简系列面板的组态与应用

SIMATIC 操作面板能提供全方位的操作和监视解决方案，可以更好地掌控生产过程，使设备和工厂在最佳状况下运行。SIMATIC 操作面板能实现人与设备之间的完美结合。另外，SIMATIC 操作面板可以连接至第三方的控制器上。SIMATIC 操作面板是全集成自动化（TIA）的一部分，在全世界广泛地应用于自动化系统。本章在介绍精简系列面板的基础上，详细地介绍了精简面板的画面组态。

8.1　精简系列面板

SIMATIC HMI精智面板是全新研发的触摸型面板和按键型面板产品系列。本节主要介绍人机界面、触摸屏、精简系列面板、人机界面承担的主要任务等。

1. 人机界面

人机界面（Human Machine Interaction，HMI）是人与计算机之间传递、交换信息的媒介和对话接口，是计算机系统的重要组成部分，是指人和机器在信息交换和功能上接触或互相影响的界面。此结合面不仅包括点线面的直接接触，还包括远距离的信息传递与控制的作用空间。

2. 触摸屏

为了操作方便，人们用触摸屏来代替鼠标或键盘。工作时，首先用手指或其他物体触摸安装在显示器前端的触摸屏，然后系统根据手指触摸的图标或菜单位置来定位选择信息输入。触摸屏由触摸检测部件和触摸屏控制器组成；触摸检测部件安装在显示器屏幕前面，用于检测用户触摸位置，接受后送触摸屏控制器；而触摸屏控制器的主要作用是从触摸点检测装置上接收触摸信息，并将它转换成触点坐标，再送给 CPU，它同时能接收CPU 发来的命令并加以执行。

3. 精简系列面板

全新SIMATIC 精简系列面板具有独特的 SIMATIC HMI 工业设计特点，标配触摸屏，操作直观。全图像显示，表达清楚明了，开创了可视化操作的新篇章。除了可以在 4 寸、6 寸和10 寸操作屏上进行触摸操作之外，上述面板还带有具备触摸反馈的可编程按键，若应用要求更大显示尺寸，还有 15 寸触摸屏。全新精简系列面板通信接口的标准配置是PROFINET/以太网通信口或 PROFIBUS 通信口。下面介绍精简系列面板的主要功能。

❑ 理想的入门级产品系列，显示尺寸为 4～15 寸，可监控小型机器和设备。

❑ 可触摸显示，使操作更直观。

❑ 可编程键，带触觉反馈。

❑ 支持 PROFINET/以太网或 PROFIBUSDP/MPI 通信连接。

❑ 使用 SIMATICWinCCflexible 进行组态，具有灵活的扩展性。

❑ 与现有面板和多功能面板触摸设备兼容安装。

❑ 具有 SIMATIC HMI 独特的工业设计。

❑ 秉承了 Siemens 一贯的高品质。

4. HMI承担的主要任务

1）过程可视化

设备工作状态显示在 HMI 设备上，包括操作按钮、指示灯、文字符号、图形及曲线等，并且可以根据设备的状态变化实时更新。

2）便于操作人员对过程的控制

操作人员可以通过用户界面来操作生产设备。例如，操作人员可以通过HMI画面显示的设备工作状态，启停电机或预置控件的参数等。

3）显示报警

监视过程的某些参数如果超过临界值会触发报警。

4）过程值存档

HMI 可以记录过程参数值和报警值，检索历史记录值，并可以输出存档的数据。

5）过程和设备的参数管理

HMI 系统可以将过程和设备的参数存储在配方中，以便能按不同的产品配方进行生产。

8.2　精简系列面板的画面组态

精简系列面板能够全方位地操作和监视生产过程。本节以液体混合控制器为例，讲解 HMI 的画面生成与组态过程。

8.2.1　使用 HMI 设备向导生成 HMI 设备

1. 设计要求

某一液体搅拌控制系统，有一个模拟量液位传感器（输出为 0～10V）来检测液位的高低，并进行液位显示。现要求对 A、B 两种液体原料按比例混合，其控制要求如下。

按下 HMI 上的启动按钮后，进料泵 1 打开，开始加入料 A，容器中的液位开始升高30%后，关进料泵 1，开进料泵 2，开始加入料B，当液位传感器到达80%后，则关闭进料泵 2，启动搅拌器，搅拌 10s 后，关闭搅拌器，开出料泵 3，当液料放空后，延时 5s 关闭出料泵，如此循环。按下 HMI 上的停止按钮后，经过 1 个周期循环结束后方可停止工作。

2. 添加HMI设备

在项目视图中生成名为"液体混合控制器人机界面"的新项目。

双击项目树中的"添加新设备"，弹出如图8-1所示的对话框，单击"控制器"图标，CPU 选择 CPU 1214C，生成名为 PLC_1 的 PLC 站点。再次双击"添加新设备"，在弹出的对话框中单击 HMI 图标，选中 4in 的第二代精简系列面板 KP400 紧凑型，勾选"启动设备向导"复选框。单击"确定"按钮，生成名为 HMI_2 的面板。

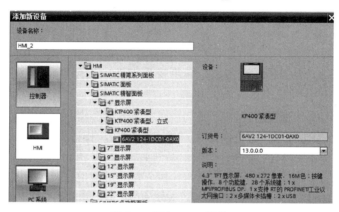

图 8-1 添加 HMI 设备

3. 建立与PLC的连接

生成 CPU 和 HMI 设备后，启用设备向导。左边的橙色"圆球"用来表示当前进度，单击"浏览"旁边的下拉按钮，选择项目中的 PLC 设备名称 PLC_1，实现 HMI 与 PLC 之间的连接，如图 8-2 所示。

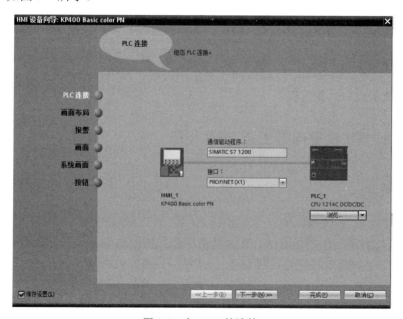

图 8-2 与 PLC 的连接

4. 设置画面布局

设置画面布局的分辨率和背景色，选用默认值，不选择页眉，如图 8-3 所示。

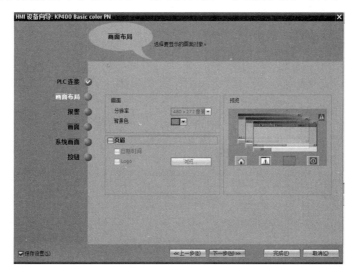

图 8-3　设置画面布局

5. 报警设置

在报警设置中，不选择"未确认的报警"和"未决的系统事件"，只选择"未决报警"，如图 8-4 所示。

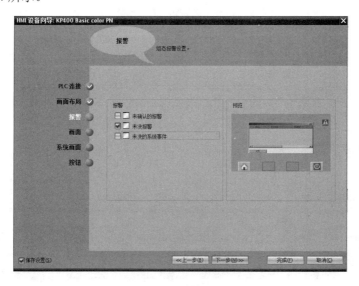

图 8-4　报警设置

6. 画面设置

可以进行画面添加设置，每单击一次"+"按钮，即可生成下一级画面。本实例中，只需设置根画面，如图 8-5 所示。

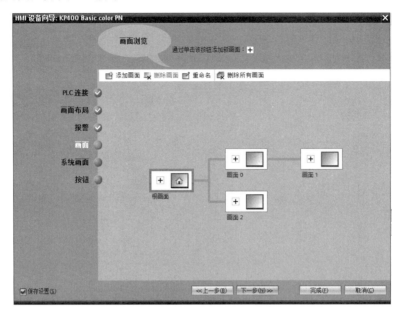

图 8-5　画面设置

7. 系统画面

在系统画面中，可以生成系统画面和用户管理画面等，本实例不需生成系统画面，如图 8-6 所示。

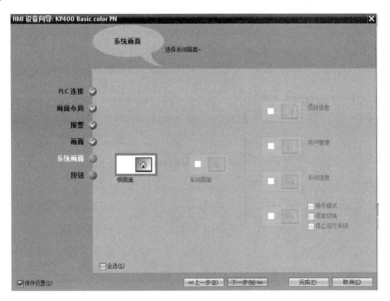

图 8-6　生成系统画面

8. 按钮

可以用来设置系统默认按钮及其相应的位置，单击左边的某个系统按钮，该按钮上的图标将出现在画面最左边位置。勾选"按钮区域"中的"左""下"或"右"复选框，选中的按钮将出现在相应位置，本系统不设置系统按钮，如图 8-7 所示。

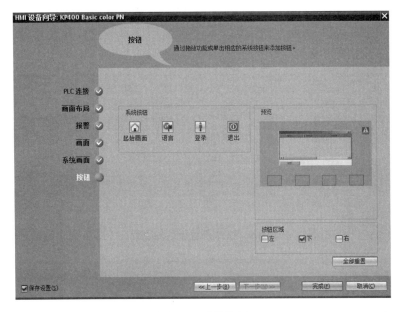

图 8-7　系统按钮

8.2.2　项目设备组态

1. 组态画面

根据项目要求，系统只需要生成 1 个根画面，选中根画面，将根画面命名为"液体混合控制器"。切换至"属性"选项卡，在"属性列表"中选择"常规"选项，设置"文本"为"液体混合控制"，"字体"为"宋体，17 号"。

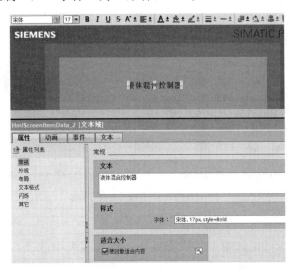

图 8-8　文本常规属性的设置

2. 文本框组态

双击液体混合控制器画面，进入画面组态界面，将工具箱中的基本对象文本域添加到画面中。选择"外观"选项，背景色、填充图案和文本颜色分别设置为"灰色""透明"和"红色"，如图 8-9 所示。

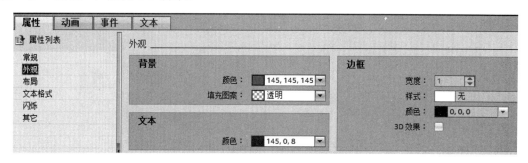

图 8-9　文本外观属性的设置

3. 液体罐体的组态

打开图形库，选择 Automation equipment→Boilers→256 Colors 中的液体灌，如图 8-10 所示，将它添加到组态画面中，调整到合适的位置及大小。

4. 水泵的组态

打开图形库，选择 Automation equipment→Pumps→256 Colors 中的水泵，并在水泵中添加一个基本对象"圆"，调整好位置和大小。同样复制其他两个水泵，再在 Automation equipment→Pipes，Miscellaneous→256 Colors 中选择合适的管道，与水泵相连，调整合适的大小和位置，如图 8-11 所示。

图 8-10　液体灌的组态

图 8-11　水泵的组态

5. 按钮的组态

添加启动按钮，选择工具箱中的"元素"，将选项板中的"按钮"图标拖曳到画面上，用鼠标调节按钮的位置和大小。在"属性"选项卡中选择"常规"选项，设置"标签"的"文本"属性为"启动",如图 8-12 所示。用同样的方法生成停止按钮。

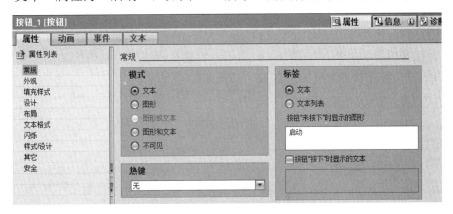

图 8-12　设置"按钮"的"标签"

在巡视窗口中选择"属性"→"事件"→"按下"选项,选择"编辑位"的"置位位",如图 8-13 所示。对应的"置位位"变量为 PLC 站点变量"启动_HMI",绝对地址为 M2.0,如图 8-14 所示。设置"按钮"的释放事件时,选择"复位位"函数,变量依然为 PLC 站点变量"启动 HMI",如图 8-15 所示。用同样的方法可以添加停止按钮。

图 8-13　设置按钮的"按下"事件

图 8-14　选择相应的置位变量

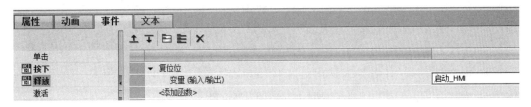

图 8-15　设置按钮的释放事件

6. 搅拌机的组态

打开图形库，选择 Automation equipment→Mixers→256 Colors 中的搅拌机，将其拖曳至画面，调整好位置和大小，如图 8-16 所示。设置搅拌机的"动画"，添加"可见性"动画，与 PLC 的变量"混合泵 M"连接，如图 8-17 所示。

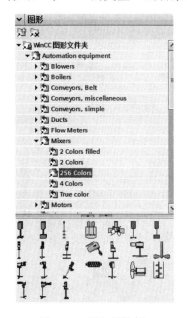

图 8-16　添加搅拌机

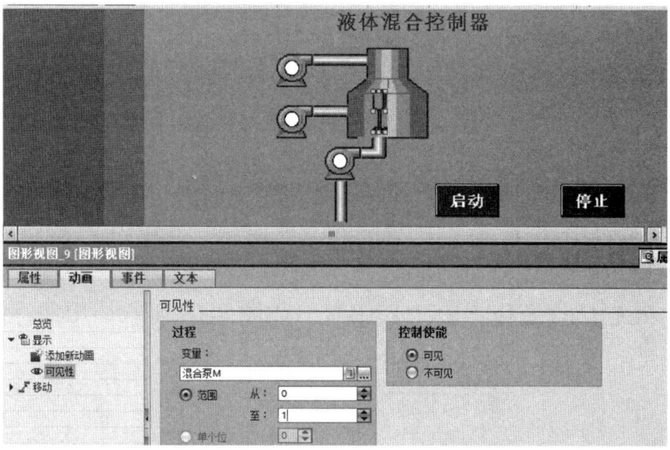

图 8-17　搅拌机的可见性设置

7. 棒图组态

添加棒图。将工具箱"元素"中的"棒图"添加到画面中，设置棒图的常规属性，如图 8-18 所示，过程变量为 PLC 变量中的"液位值"，最大、最小值分别为 0 和 100，如图 8-19 所示。显示刻度设置如图 8-20 所示。

图 8-18　棒图属性设置

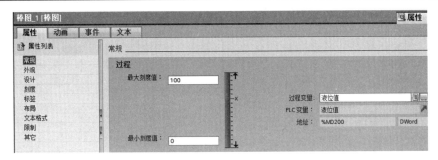

图 8-19　最大值/最小值设置

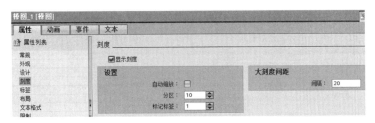

图 8-20　显示刻度设置

8. 指示灯组态

指示灯用来显示液位的高、中和低位。将工具箱的"基本对象"选项板中的"圆"拖曳至画面的目标位置，调节圆的位置和尺寸。选中生成的圆，选择巡视窗口的"属性"→"属性"→"外观"选项，设置圆的边框为默认的黑色，样式为实心，宽度为 3 个像素点（与指示灯的大小相适应），背景色为深绿色，填充图案为实心。

组态高液位指示灯。选择"动画"→"显示"→"添加新动画"→"外观"选项，设置外观变量的"名称"为"高液位 H 指示灯"，范围 0 为绿色，1 为红色，如图 8-21 所示。用同样的方法组态中液位和低液位，最后添加文本，分别为"高液位""中液位"和"低液位"。

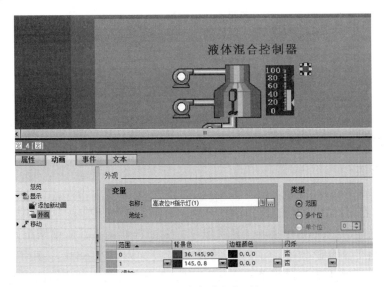

图 8-21　组态高液位指示灯

组态进料泵指示灯。选中进料泵 X1 上的圆，选择"动画"→"添加新动画"按钮→"外观"选项，设置外观变量的名称为"进料泵1"，范围0为白色，1为红色，如图 8-22 所示。用类似的方法设置组态进料泵2、出料泵3，并添加相应的文本。最后生成的组态界面如图 8-23 所示。

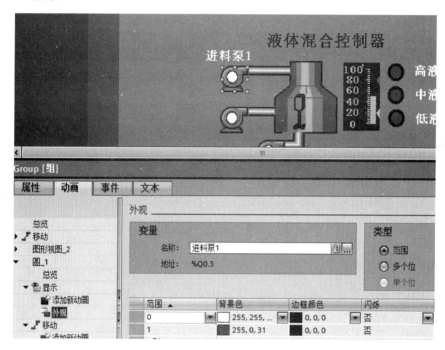

图 8-22　进料泵指示灯组态

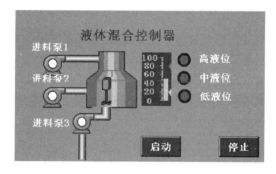

图 8-23　组态界面

8.2.3　调试运行

将 PLC 站点和 HMI 站点的组态信息分别单独下载到项目中。

[1] 首先保存、编译 HMI 站点，其次保存、编译 PLC 站点，确保两个站点都无错误。

[2] 设置触摸屏的 IP 地址。将 CPU 的 IP 地址设置为 192.168.0.1；HMI 的 IP 地址设置为 192.168.0.2；计算机的 IP 地址为 192.168.0.10，3 个设备的子网掩码都为 255.255.255.0。

[3] 分别将 PLC 的站点和 HMI 站点的信息下载到各自的设备中。

[4] 用以太网电缆线将 PLC 与触摸屏连接起来，验证 PLC 与触摸屏的功能是否正确。

在初始状态，启动按钮、停止按钮均未按下时为白色，各进料泵均未运行时为白色，液位指示值为 0，低液位指示灯为红色，显示低液位，其他液位指示均为绿色。按下 HMI 上的启动按钮后，启动按钮的颜色变为红色，进料泵 1 中间的圆圈变为红色，开始加入料 A，容器中的液位升高 30%后，低液位指示灯变为绿色，中液位变为红色，显示中液位，进料泵 1 变为白色，关进料泵 1，进料泵 2 指示变为红色，开进料泵 2，开始加入料 B，当液位传感器到达 80%后，中液位变为绿色，高液位变为红色，显示高液位。进料泵指示变为白色，表示关闭进料泵 2，搅拌器开始显示动画，表示启动搅拌器，搅拌 10s 后，搅拌器停止动画，表示关闭搅拌器，出料泵 3 变为红色，表示开出料泵 3，当液料放空后，延时 5s 出料泵 3 变为白色，表示关闭出料泵，如此循环。按下 HMI 上的停止按钮后，经过一个周期循环结束后停止工作。

8.3　习　　题

1）什么是人机界面？

2）人机界面的主要任务有哪些？

3）组态时怎样建立 PLC 与 HMI 之间的 HMI 连接？

4）在画面组态一个指示灯，用来显示泵的运行状态。

5）在画面上组态两个按钮，分别用来启动和停止泵的运行。

6）在画面上组态一个输出域，用 5 位整数显示 PLC 采集的温度值。

7）在画面上组态一个输入/输出域，用 5 位整数格式修改 PLC 中 MW10 的值。

8）怎样组态具有点动功能的按钮？

9）为了实现 S7-1200 CPU 与 HMI 的以太网通信，需要哪些操作？

第9章 S7-1200 控制系统设计与应用实例

PLC 技术广泛应用于过程控制、运动控制、网络通信、人机交互等各个领域。如何设计满足要求的 PLC 控制系统是初学者迫切需要掌握的知识。本章首先介绍 S7-1200 PLC 控制系统的设计原则与设计流程，然后通过 5 个具体实例介绍 PLC 控制系统设计的过程，包括硬件的设计、程序的设计与分析、画面组态及调试等。

9.1 S7-1200 控制系统的设计原则与流程

任何控制系统的设计，首先都要对被控对象做全面了解，对工艺过程、设备等做深入分析，认真研究系统要求实现的功能及达到的指标，确定控制方案，从而达到保证产品质量、提高产品产量、节能降耗、提高生产效率和提高管理水平等目的。

9.1.1 设计原则

S7-1200 控制系统设计同其他控制系统设计一样，一般应遵循以下原则。

1. 稳定运行、安全可靠

设计的控制系统能够在一定的外界扰动下，在系统参数、工艺条件一定的变化范围内长期稳定工作运行，能够在整个生产过程中，保证人身和设备的安全，是控制系统最重要也是最基本的要求。因此要求在系统设计、器件选择、软件编程等方面必须全面考虑。例如，在设计硬件与软件时，不仅要保证正常条件下系统能正确可靠地运行，而且要保证在非正常条件下（系统掉电、误操作、参数越限等）也能正确可靠地工作。

2. 满足要求

设计控制系统的前提和目的就是最大限度地满足控制要求，这是设计控制系统的一条重要原则。因此设计人员在设计前要深入现场，了解生产工艺，收集现场资料、查阅与本系统有关的国内外资料，同时保持与现场工程管理人员、技术人员、操作人员密切配合，共同研究设计。

3. 经济实用、易于扩展

在满足提高产品质量、产量、工作效率等前提下，要优化设计以保证能不断扩大工程的效益，同时能有效降低工程成本。

为满足控制系统能不断地提高和完善，在设计控制系统时要考虑今后的改造和升级，这就要求在选择 PLC 机型和模块时，为今后的改造与升级留有适当的裕量。

9.1.2　设计流程

1. 设计内容

- ❏ 根据生产工艺过程、分析控制要求，完成设计任务书，确定控制方案。
- ❏ 选择输入和输出设备。
- ❏ 选择 PLC 的型号。
- ❏ 分配 PLC 的输入/输出点，绘制 PLC 的硬件接线图。
- ❏ 编写程序并调试。
- ❏ 设计控制系统控制柜及安装接线图。
- ❏ 编写设计说明和使用说明书。

2. 设计步骤

[1] 工艺分析。

接到设计任务，首先要深入了解被控对象的工艺过程、工作过程、现场条件、工作特点、控制要求，统筹考虑将系统合理划分为若干阶段，归纳各个阶段的特点和各段之间的转换条件，画出控制流程图或功能流程图。

[2] 选择合适的 PLC 机型。

机型的选择主要考虑功能的选择（能满足系统功能的需要）、输入/输出点数的确定（要留有一定的备用量）和内存的估算。

[3] 分配输入/输出点并绘制硬件接线图。

[4] 程序设计。

一般要根据生产工艺要求，画出控制流程图或功能流程图，然后设计程序并对程序进行调试和修改，直到满足要求为止。

[5] 控制柜设计和现场施工。

[6] 控制系统整体调试。

[7] 编写技术文件。

9.2　S7-1200 控制系统应用实例

PLC 技术广泛应用于过程控制、运动控制、网络通信、人机交互等各个领域。本节通过实例介绍 S7-1200 PLC 的具体应用。

9.2.1　三相异步电动机的星-三角降压启动实例

1. 控制要求

要求设计一个三相异步电动机的星-三角降压启动控制器，按下正转按钮，三项异步电动机正转星形启动，10s 后，电动机三角形正常运行，整个过程中，按下反转按钮不起作用；若按下反转按钮，电动机反转星形启动，10s 后三角形正常运行，整个过程中，按下正转按钮，不起作用。任何时间按下停止按钮，电动机立即停止。

2. 硬件设计

根据控制要求，PLC 需要 3 个开关量输入，4 个开关量输出。输入/输出地址分配如表 9-1 所示。

表 9-1　输入/输出地址分配表

信　号	开　关	地 址 分 配
输入	SB1 正转启动按钮	I0.1
	SB2 反转启动按钮	I0.2
	SB3 停止按钮	I0.3
输出	正转线圈 KM1	Q0.0
	反转线圈 KM2	Q0.1
	星形线圈 KM3	Q0.2
	三角形线圈 KM4	Q0.3

根据输入/输出地址的分配，定义 PLC 的变量如图 9-1 所示。

系统硬件接线图如图 9-2 所示。

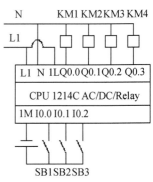

图 9-1　PLC 变量的定义　　　　　图 9-2　硬件接线图

3. 梯形图的设计

实现正转—停止—反转的星-三角降压启动的梯形图如图 9-3 所示。

程序段 1 和程序段 2：分别用 SR 触发器实现正反转启动、停止和正反转输出线圈互锁输出。当 I0.0 常开触点接通时，Q0.0 接通，同时在程序段 2 中断开 Q0.0 常闭触点，实现对 Q0.1 的互锁。也就是说，在正转线圈 Q0.0 为 1 时，若按下反转按钮，I0.1 为 1。由于 Q0.0 的常闭触点串接在 Q0.1 的输出线圈里，因此 Q0.1 总是断开的，只有当 I0.2 为 1 时，Q0.0 断开后，反转启动才有效。

程序段 3：当电动机开始正转或反转运行（即 M2.0 或 M2.1 接通），启动脉冲定时器置位正转或反转星形线圈 Q0.2，确保正、反转线圈得电后星形线圈立即得电。同时串入三角形线圈常闭触点，实现星-三角形线圈互锁。

程序段 4：定时时间到，星形线圈 Q0.2 断开，Q0.2 常闭触点闭合，三角形线圈 Q0.3 接通，实现星-三角转换。同时串入星形线圈常闭触点，实现星形线圈和三角形线圈输出互锁。

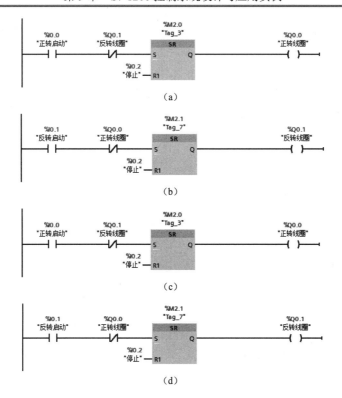

图 9-3　用脉冲定时器实现"正—停—反"控制的星-三角降压启动电路

（a）程序段 1；（b）程序段 2；（c）程序段 3；（d）程序段 4

4. 三相异步电动机的星-三角降压启动调试运行

在项目树中选中"监控与强制表"选项，双击添加新监控表，即生成名为"监控表_1"的监控表，如图 9-4 所示，在"监控表_1"的监控表中输入需要监视的变量。

在监控表中添加变量有 3 种方式。

（1）可以直接在"名称"栏中输入变量名称，变量的绝对地址就会自动出现在地址栏。

（2）可以直接在"地址"栏输入绝对地址，变量名称也会出现在名称栏。

（3）可以直接双击打开项目树中"PLC 变量"，选中部分或全部需要的变量并右击，执行快捷菜单中的"复制"命令，将选中的变量复制到剪贴板，然后在监控表中右击空白行，执行快捷菜单中的"粘贴"命令，即可将 PLC 变量复制到监控表中，如图 9-5 所示。

图 9-4　新建监控表

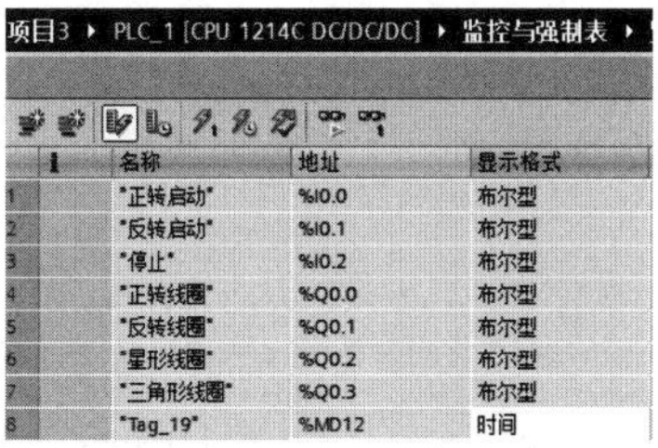

图 9-5　在监控表中添加变量

在项目树中选择 PLC_1，建立计算机与 PLC 的联系，将程序下载到 PLC 中，并将 PLC 切换到 RUN 模式。

监视变量将 PLC 由离线转至在线，若无错误，项目树的 PLC 处出现绿色打钩的框。下面的每个栏下出现绿色小圆圈，表示软硬件无错误，在线和离线配置一致。单击工具栏中的全部监视按钮，将在"监视值"列连续显示变量的动态值，如图 9-6 所示。

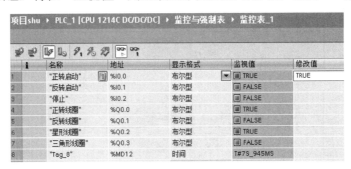

图 9-6　监视程序执行

当按下正向启动按钮后，如果此时电动机没有反转，正转线圈和星形线圈为 1，电动机低压启动，星形启动时间在 MD12 单元中显示为 T#7S_945MS。当启动时间达到预设值 10s，星形线圈为 0，三角形线圈为 1，电动机全压运行。当按下停止按钮，正转线圈和三角形线圈为 0，电动机停止运行，启动时间在 MD12 单元中显示为 0。按同样方法可以试验反向启动过程。

9.2.2　抢答器设计实例

1. 设计要求

用 S7-1200 来设计一款 8 路抢答器，SB0 为出题按钮，SB1～SB8 为 8 个抢答器的按钮，SB9 为复位按钮。当按下出题按钮后，对应的出题指示灯按 1Hz 频率闪烁，方可开始抢答。此后任何时刻按下一个抢答器的按钮，数码管上显示相应的数字 1～8，出题指示灯灭，一旦抢答成功后，此时再按其余 7 个按钮，抢答无效。答题结束后，按下 SB9，对应的数码管灭，方可进行新一轮抢答。

2. 硬件设计

根据设计要求，PLC 需要 10 点输入，8 点输出。8 路抢答器的 8 个抢答按钮 SB1～SB8 分别接 I0.0～I0.7，出题按钮 SB0 接 I1.0，复位按钮 SB9 接 I1.1，7 段数码管输出接 Q0.0～Q0.6，出题指示灯接 Q1.0，地址分配如表 9-2 所示。

表 9-2　输入/输出地址分配表

信　号	按　钮	地 址 分 配
输入	抢答按钮 SB1～SB8	I0.0～I0.7
	出题按钮 SB0	I1.0
	复位按钮 SB9	I1.1
输出	七段数码管（a～g）	Q0.0～Q0.6
	出题指示灯	Q1.0

3. 软件设计

1）设置系统存储器和时钟存储器

在 PLC 的设备视图中，在 CPU 的"属性"选项卡中，可以设置系统存储器和时钟存储器，并可以修改系统或时钟存储器的字节地址，默认的系统存储器为 MB1，时钟存储器为 MB0。如图 9-7 所示，本设计选 MB10 为系统存储器，时钟存储器采用默认字节。

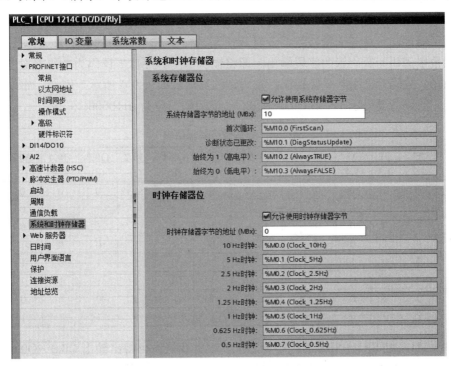

图 9-7 组态系统存储器和时钟存储器

系统存储器字节提供了 4 个位，用户程序可通过以下变量名称引用这 4 个位。

❑ M10.0（首次扫描）默认变量名称为 FirstScan，在启动组织块（OB）完成后的第一次扫描期间内，该位设置为 1，（即执行了第 1 次扫描后，从第 2 次扫描开始"首次扫描"位将设置为 0）。

❑ M10.1（诊断状态已更改）默认变量名称为 Diagstatus Update，在 CPU 记录了诊断事件后的第一个扫描周期内，该位设置为 1。由于直到首次程序循环组织块（OB）执行结束，CPU 才能置位"诊断状态已更改"位，因此用户程序无法检测在启动组织块执行期间或首次程序循环组织块执行期间是否发生过诊断更改。

❑ M10.2（始终为 1）默认变量名称为 AlwaysTRUE，该位始终设置为 1。

❑ M10.3（始终为 0）默认变量名称为 AlwaysFALSE，该位始终设置为 0。

时钟存储器的字节中的每一位都可生成方波脉冲，时钟存储器字节提供了 8 种不同的频率，其范围为 0.5（慢）~10Hz（快）。这些位可作为控制位（尤其在与边沿指令结合使用时），用于在用户程序中周期性触发动作。CPU 在从 STOP 模式切换到 STARTUP 模式时初始化这些字节。时钟存储器的位在 STARTUP 和 RUN 模式下会随 CPU 时钟同步变化。其各位含义如表 9-3 所示。

表 9-3　时钟存储器字节各位对应的时钟周期与频率

位	7	6	5	4	3	2	1	0
周期（s）	2	1.6	1	0.8	0.5	0.4	0.2	0.1
频率（Hz）	0.5	0.625	1	1.25	2	2.5	5	10

2）数码管软件译码

为了实现抢答时的互锁控制，设置 8 个位存储区 M1.0～M1.7 作为抢答到标志位，依次与抢答输入信号 I0.0，I0.1、I0.2、I0.3、I0.4、I0.5、I0.6、I0.7 相对应。数码管作为本设计中的显示器件，一旦某人抢答到，要显示该人的编号（1～8 中的一个），这就需要将想要显示的数字译码为数码管的字段输出。即将输入 M1.0～M1.7 译码为数码管对应输出位 Q0.0～Q0.6，数码管采用共阴极接法，数码管的真值表如表 9-4 所示。例如，如果 1 号选手抢答到，数码管要显示 1，则 Q0.0～Q0.6 对应的输出位为 0110000。

表 9-4　数码管译码真值表

M 1.0	M 1.1	M 1.2	M 1.3	M 1.4	M 1.5	M 1.6	M 1.7	Q0.0 (a)	Q0.1 (b)	Q0.2 (c)	Q0.3 (d)	Q0.4 (e)	Q0.5 (f)	Q0.6 (g)
1	0	0	0	0	0	0	0	0	1	1	0	0	0	0
0	1	0	0	0	0	0	0	1	1	0	1	1	0	1
0	0	1	0	0	0	0	0	1	1	1	1	0	0	1
0	0	0	1	0	0	0	0	0	1	1	0	0	1	1
0	0	0	0	1	0	0	0	1	0	1	1	0	1	1
0	0	0	0	0	1	0	0	1	0	1	1	1	1	1
0	0	0	0	0	0	1	0	1	1	1	0	0	0	0
0	0	0	0	0	0	0	1	1	1	1	1	1	1	1

M1.0～M1.7 是 SB1～SB8 的抢答标志位，根据真值表可得出输出 Q0.0～Q0.6 之间的关系如下所示，软件根据表达式译码，将抢答人的标号在数码管上显示。

Q0.0=M1.1+M1.2+M1.4+ M1.5+ M1.6+ M1.7

Q0.1=M1.0+M1.1+M1.2+M1.3+ M1.6+ M1.7

Q0.2= M1.0+M1.2+M1.3+M1.4+ M1.5+ M1.6+ M1.7

Q0.3=M1.1+M1.2+M1.4+ M1.5 + M1.7

Q0.4=M1.1+M1.2+M1.4+ M1.5+ M16+ M1.7

Q0.5=M1.1+ M1.5 + M1.7

Q0.6=M1.1+M1.2+M1.3+M1.4+ M1.5+ M1.7

3）变量的定义

使用"PLC 变量"使程序易于阅读和理解。打开项目树的文件夹"PLC 变量"，双击其中的"PLC 变量"，双击"添加新变量"，即可生成"变量表 table_1"，双击"变量表 table_1"，即可编辑 PLC 变量。首先，输入变量名称，再选择变量类型及绝对地址，在地址前自动添加%。

根据项目地址分配，PLC 变量的定义如图 9-8 所示。

修改变量名称有两种方法：一种是在 PLC 变量表中直接修改；另一种可以在梯形图重新修改变量名称，首先选中需要修改的变量并右击，双击该变量，即可修改变量名称，重新输入变量名称后，单击"更改"按钮。

		PLC 变量					
		名称	变量表	数据类型	地址 ▲	保持	在 H...	可从...	在
1		1#抢答	默认变量表	Bool	%I0.0		✓	✓	
2		2#抢答	默认变量表	Bool	%I0.1		✓	✓	
3		3#抢答	默认变量表	Bool	%I0.2		✓	✓	
4		4#抢答	默认变量表	Bool	%I0.3		✓	✓	
5		5#抢答	默认变量表	Bool	%I0.4		✓	✓	
6		6#抢答	默认变量表	Bool	%I0.5		✓	✓	
7		7#抢答	默认变量表	Bool	%I0.6		✓	✓	
8		8#抢答	默认变量表	Bool	%I0.7		✓	✓	
9		出题按钮	默认变量表	Bool	%I1.0		✓	✓	
10		复位按钮	默认变量表	Bool	%I1.1		✓	✓	
11		出题指示灯(1)	默认变量表	Bool	%Q1.0		✓	✓	
12		a	默认变量表	Bool	%Q0.0		✓	✓	
13		b	默认变量表	Bool	%Q0.1		✓	✓	
14		c	默认变量表	Bool	%Q0.2		✓	✓	
15		d	默认变量表	Bool	%Q0.3		✓	✓	
16		e	默认变量表	Bool	%Q0.4		✓	✓	
17		f	默认变量表	Bool	%Q0.5		✓	✓	
18		g	默认变量表	Bool	%Q0.6		✓	✓	

图 9-8　PLC 变量的定义

在梯形图中，还可以修改变量名所连接的绝对地址，在如图 9-9 所示的对话框中，双击重新连接变量，即可修改变量名所对应的绝对地址。

重新连接变量						✕
名称	部分	地址	数据类型	PLC 变量表	注释	
a	Global Output ▼	%Q0.0	Bool ▼	默认变量表 ▼		
					更改　取消	

图 9-9　重新连接变量

单击变量表表头中的"地址"，该单元出现向上的三角形，各量按地址的首字母（1、Q 和 M 等）升序排列（A～Z）；再单击该单元，各变量按地址的首字母降序排列。同样，可以在变量名称和数据类型单元进行排列。

4. 梯形图

各程序段梯形图如图 9-10～图 9-15 所示，其中位存储器 M1.0～M1.7 为 8 个人分别抢答到的标志位，M2.0 为开始抢答标志位。

程序段 1：用系统存储器的首次扫描位，实现初始化，将 M1.0～M1.7 和 M2.0 复位，Q0.0～Q1.0 复位。

%M10.0　　　　　　　　　　　　　　　　　　　　　　　　　%M1.0
"FirstScan"　　　　　　　　　　　　　　　　　　　　　　　"Tag_1"
　┤├────┬─────────────────────────────┤RESET_BF├
　　　　　　│　　　　　　　　　　　　　　　　　　　　　　9
　　　　　　│　　　　　　　　　　　　　　　　　　　%Q0.0
　　　　　　│　　　　　　　　　　　　　　　　　　　"a"
　　　　　　└─────────────────────────────┤RESET_BF├
　　　　　　　　　　　　　　　　　　　　　　　　　　9

图 9-10　项目的程序段 1

程序段 2：当按下出题按钮，置位 M2.0，建立开始抢答标志位 M2.0。

%I1.0　　　　　　　　　　　　　　　　　　　　　　　　　%M2.0
"出题按钮"　　　　　　　　　　　　　　　　　　　　　　"Tag_2"
　┤├──────────────────────────────────（S）

图 9-11　项目的程序段 2

程序段 3：按下复位按钮后，对位存储器 M1.0～M1.1 复位，为下次抢答做准备。

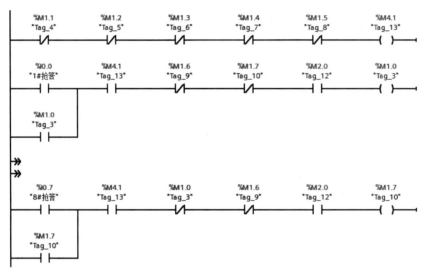

图 9-12　项目的程序段 3

程序段 4～11：建立 8 个抢答标志位（图中以 1#、7#抢答为例，其他方法相同），当第一个抢答按钮按下，其他抢答标志位未闭合，该人抢答标志位线圈带电并自保。其他人再抢答，由于该标志位为 1，无法接通其他人抢答标志位。这是一个典型的启—保—停—互锁网络。

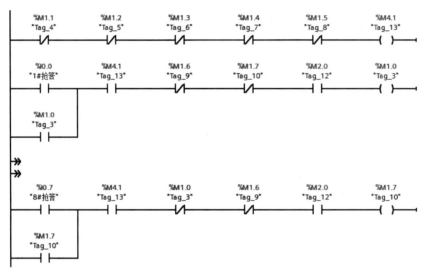

图 9-13　项目的程序段 4～11

程序段 12～18：根据上面的数码管译码表达式，在数码管上显示对应抢答的数字（图中以 a 为例，其他按各自的运算公式以同样的方法实现）。

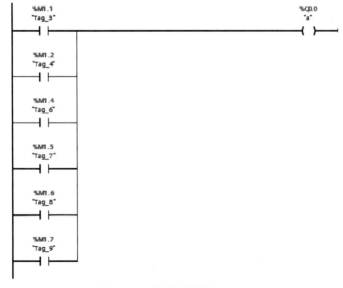

图 9-14　项目的程序段 12～18

程序段 19：利用时间存储器实现从开始出题到抢答到这段时间的指示灯闪烁控制。

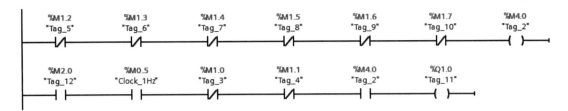

图 9-15　项目的程序段 19

9.2.3　液体混合控制系统设计实例

1. 设计要求

如图 9-16 所示为一液体的搅拌控制系统，有一个模拟量液位传感器（输出为 0～10V）来检测液位的高低，并进行液位显示。现要求对 A、B 两种液体原料按比例混合，其控制要求如下。

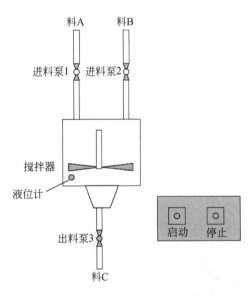

图 9-16　搅拌控制系统示意图

按下 HMI 上的启动按钮后，进料泵 1 打开，开始加入料 A，容器中的液位升高 30% 后，关进料泵 1，开进料泵 2，开始加入料 B，当液位传感器到达 80% 后，则关闭进料泵 2，启动搅拌器，搅拌 10s 后，关闭搅拌器，开出料泵 3，当液料放空后，延时 5s 关闭出料泵，如此循环。按下 HMI 上的停止按钮后，经过一个周期循环结束后方可停止工作。

2. 硬件设计

由于 S7-1200 PLC CPU 模块自带 2 路模拟量输入，其输入信号为电压，范围为 0～10V，因此选用投入式液体传感器的输出电压也为 0～10V，经过 A/D 转换，输出 0～27648 的数字量，再将数字量转换为实数。

根据控制要求，进料时系统设置进料高（H）、中（M）、低（L）液位，其定义如下。

❑ 如果液位值<30%，则打开进料泵 1，开始加入料 A，并显示低液位（L）。

❑ 如果 30%<液位值<80%，则关闭进料泵 1，打开进料泵 2，开始加入料 B，并显示中液位（M）。

❑ 如果液位值>80%，则关闭进料泵 2，启动搅拌机，并显示高液位（H）。

同时，放料时系统设置放料高（H）、中（M）、低（L）液位，其定义如下。

❑ 如果 30%<液位值≤100%，则放料时显示高液位 H。

❑ 如果 0<液位值≤30%，则放料时显示中液位。

❑ 如果液位值=0，则显示低液位。

由于液位的高中低挡在进料和放料时标准不一致，因此在程序中需要设置进料和放料的标志位。

1）PLC 的硬件组态

根据控制要求，系统需要两个进料泵 1 和 2，一个放料泵 3，一个搅拌器 M，3 个低、中、高液位显示指示灯，一个启动按钮，一个停止按钮，一个液位传感器和一个用于液位显示的数字表。因此需要 7 个数字量输出，两个数字量输入，一个模拟量输入，一个模拟量输出。系统采用 S7-1200 PLC 系列产品：CPU 为 1214 C DC/DC/DC，通信模块为 CM1243-5，信号板为 SB1232，其组态的硬件图如图 9-17 所示。设置 PLC 的系统存储器和时钟存储器分别为 MB0 和 MB1 字节，如图 9-18 所示。

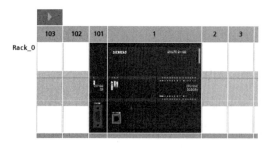

图 9-17　硬件的组态

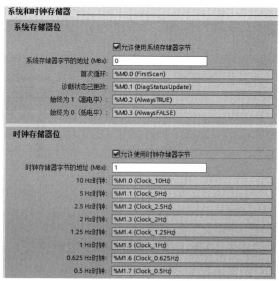

图 9-18　系统存储器和时钟存储器的设置

2）地址分配

模拟量输入信号加到 CPU 板载的模拟量制入端，其地址为 IW64，输入/输出地址分配表如表 9-5 所示。

表 9-5 地址分配表

输　　入	启动按钮	I0.0
	停止按钮	I0.1
	模拟量输入	IW64
输　　出	低液位 L 指示灯	Q0.0
	中液位 M 指示灯	Q0.1
	高液位 H 指示灯	Q0.2
	进料泵 1	Q0.3
	进料泵 2	Q0.4
	搅拌器 M	Q0.5
	出料泵 3	Q0.6

3. 程序设计

PLC 变量的定义如图 9-19 所示。启动、停止控制控制信号分别来自 HMI 和 PLC 的输入端子，液位在高、中、低 3 个位置指示灯对应输出 Q0.0、Q0.1、Q0.2。

	变量 table_1					
	名称	数据类型	地址 ▲	保持	在 H...	可从
1	启动 PLC	Bool	%I0.0	☐	☑	☑
2	停止 PLC	Bool	%I0.1	☐	☑	☑
3	低液位指示灯	Bool	%Q0.0	☐	☑	☑
4	中液位指示灯	Bool	%Q0.1	☐	☑	☑
5	高液位指示灯	Bool	%Q0.2	☐	☑	☑
6	进料泵1	Bool	%Q0.3	☐	☑	☑
7	进料泵2	Bool	%Q0.4	☐	☑	☑
8	混合泵	Bool	%Q0.5	☐	☑	☑
9	出料泵	Bool	%Q0.6	☐	☑	☑
10	报警位	Bool	%Q0.7	☐	☑	☑
11	启动 HMI	Bool	%M2.0	☐	☑	☑
12	停止 HMI	Bool	%M2.1	☐	☑	☑
13	进料标志位	Bool	%M3.0	☐	☑	☑
14	放料标志位	Bool	%M3.1	☐	☑	☑
15	进料低液位	Bool	%M4.0	☐	☑	☑
16	进料中液位	Bool	%M4.1	☐	☑	☑
17	进料高液位	Bool	%M4.2	☐	☑	☑
18	放料高液位	Bool	%M4.3	☐	☑	☑
19	放料中液位	Bool	%M4.4	☐	☑	☑
20	放料低液位	Bool	%M4.5	☐	☑	☑
21	液位值	Real	%MD200	☐	☑	☑

图 9-19 PLC 变量的定义

1）测量与转换函数（FC1）

测量与转换函数将液位传感器测量到的液位信号经 A/D 转换后的数字量（0～27648），采用标准化指令转换为 0～1.0 的实数，保存到 MD100 单元，然后扩大 100 倍，得到液位值的范围为 0～1000，梯形图如图 9-20 所示。

2）液位比较与显示函数（FC2）

如图 9-21 所示，程序段 1：在进料标志位 M3.0 为 1 时，液位为 0～30%，进料低液位标志 M4.0 线圈接通；程序段 2：在进料标志位 M3.0 为 1 时，液位为 30%～80%，进料中液位标志 M4.1 线圈接通；程序段 3：在进料标志位 M3.0 为 1 时，液位大于等于 80%，进料高液位标志 M4.2 线圈接通；程序段 4：在放料标志位 M3.1 为 1 时，液位为 30%～100%，放料高液位标志 M4.3 线圈接通；程序段 5：在放料标志位 M3.1 为 1 时，液位为 0～30% 时，放料中液位标志 M4.4 线圈接通；程序段 6：在放料标志位 M3.1 为 1 时，液位为 0，放料低液位标志 M4.5 线圈接通；程序段 7～9：进料和放料指示灯显示。

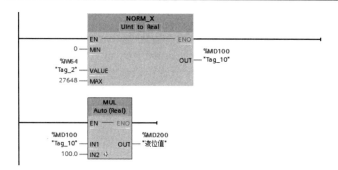

图 9-20　测量与转换函数 FC1

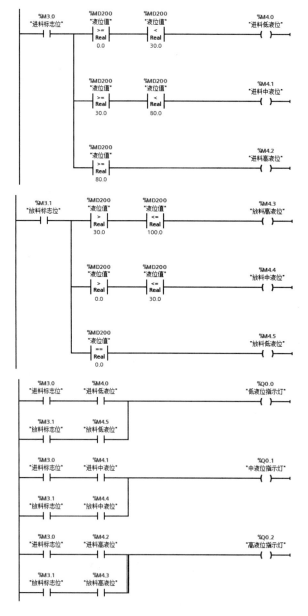

图 9-21　液位比较与显示的梯形图

3）控制功能（FC3）

根据控制要求和地址分配，其顺序功能图如图 9-22 所示，M5.0 为控制功能运行标志位，在主程序中用首次扫描标志位将 M5.0 置位。

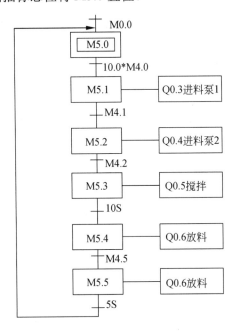

图 9-22　顺序功能图

控制程序的梯形图如图 9-23～图 9-30 所示，采用 PLC 的输入点和 HMI 两地启停。程序段 1～6 完成状态转换；程序段 7 建立停止运行标志位，程序段 8 控制输出。

程序段 1 如图 9-23 所示，当按下启动按钮，且进料低液位完成 M5.0 状态到 M5.1 状态的转换。置位进料标志位和 M5.1 状态，同时复位放料标志位、M5.0 状态和 M5.6 状态。

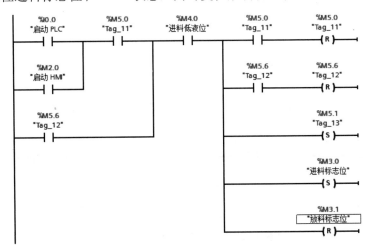

图 9-23　控制程序梯形图的程序段 1

程序段 2 如图 9-24 所示，当进料为中液位，由状态 M5.1 转换到 M5.2 状态。

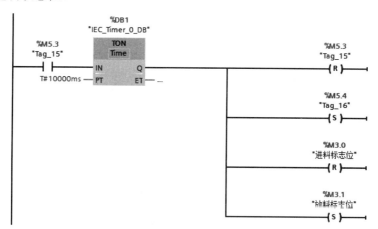

图 9-24　控制程序梯形图的程序段 2

程序段 3 如图 9-25 所示，当进料为高液位，由状态 M5.2 转换到 M5.3 状态。

图 9-25　控制程序梯形图的程序段 3

程序段 4 如图 9-26 所示，延时 10s，由 M5.3 状态转换到 M5.4 状态，同时置位放料状态位，复位进料状态位。

图 9-26　控制程序梯形图的程序段 4

程序段 5 如图 9-27 所示，当放料为低液位，由 M5.4 状态转换到 M5.5 状态。

图 9-27　控制程序梯形图的程序段 5

程序段 6 如图 9-28 所示，延时 5s，判断是否按下停止按钮（M6.0=1），返回初始状态等待再次循环，否则绝续循环。

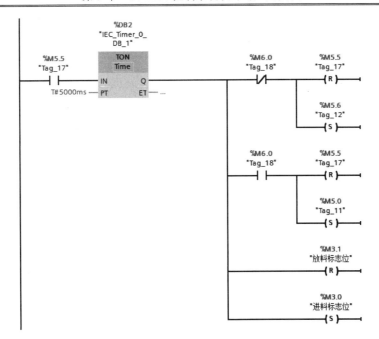

图 9-28　控制程序梯形图的程序段 6

程序段 7 如图 9-29 所示，按下停止按钮，置位停止标志位；实现各状态的功能。

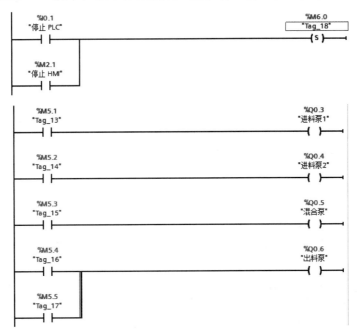

图 9-29　控制程序梯形图的程序段 7

程序段 8 如图 9-30 所示。当 M5.1=1 时，启动进料泵 1；当 M5.2=1 时，启动进料泵 2；当 M5.3=1 时，启动搅拌器；当 M5.4=1 或 M5.5=1 时，启动出料泵 3。

4）主程序设计

主程序完成状态位的初始化及对 3 个函数的调用如图 9-31 所示。在程序段 1 中，M5.0 为起始步，M0.0 第一个扫描周期为 1，程序段 2～4 实现对 3 个函数的调用。

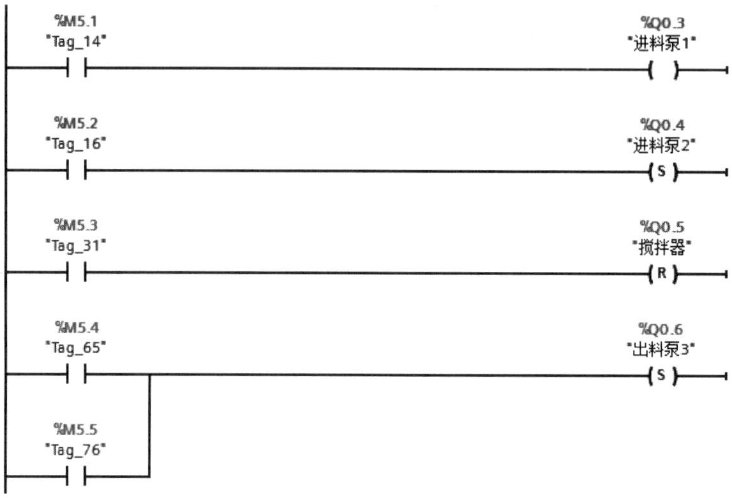

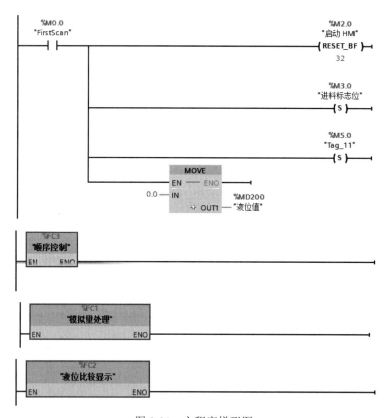

图 9-30 控制输出

图 9-31 主程序梯形图

9.2.4 运料小车控制系统设计实例

1. 设计要求

设计一个小车自动往返的控制器，具体设计要求如下。

小车自动控制器具有自动与检修两种控制状态，由切换开关 SA 实现两种工作状态的转换。

当切换开关 SA 闭合，系统工作在自动运行状态。系统启动后首先在原位进行装料，15s 后停止装料，小车右行；右行至行程开关 SQ2 处停止，进行卸料，10s 后停止卸料，小车左行至行程开关 SQ1 处停止，进行装料，如此循环 3 次停止。在运行过程中，无论小车在什么位置，按下停止按钮，小车到装料处方可停止。

当 SA 断开时，系统工作在检修状态。按点动前进时小车点动前进，小车接通前进电机，前进至开关 SQ2 时小车停止；按点动退时，小车点动后退，小车接通后退电机，退至 SQ1 时小车停止。

2. 硬件设计

小车自动运料示意图如图 9-32 所示。

根据项目设计要求，首先进行地址分配，如表 9-6 所示。手/自动选择输入 I0.4 为 1，选择自动运行；I0.4 为 0，选择手动运行。

表 9-6　PLC输入输出地址分配表

输　　　入		输　　　出	
启动按钮 SB1	I0.0	装料电磁阀 YV1	Q0.0
停止按钮 SB2	I0.1	右行线圈 KM2	Q0.1
左侧行程开关 SQ1	I0.2	卸料电磁阀 YV2	Q0.2
右侧行程开关 SQ2	I0.3	左行线圈 KM1	Q0.3
自动/手动选择 SA	I0.4		
手动前进	I0.5		
手动后退	I0.6		

小车的往返运动，实际就是正/反转控制，控制电路的接线图如图 9-33 所示。

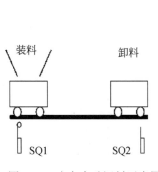

图 9-32　小车自动运料示意图

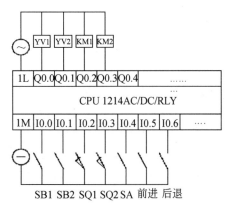

图 9-33　控制电路接线图

3. 软件设计

这是一个典型的顺序控制设计，顺序过程包括装料、小车右行、卸料、小车左行 4 个状态，每个状态之间按照一定的规律循环转换。因此，本项目宜采用顺序控制设计的方法。

小车装料和卸料的状态受时间控制，设计中还要用到定时器指令，右行、左行状态的结束由行程开关的位置决定。本项目中需要统计循环次数，因此需要用到计数器指令。

创建新项目"小车控制"，选择 CPU 型号为 CPU 1214AC/DC/RLY。

打开 PLC 的设备视图，在巡视窗口中切换至"属性"选项卡，在列表中选择"系统和时钟存储器"选项，再勾选"允许使用系统存储器字节"复选框，选择 MB10 作为系统存储器，其中的 M10.0 首次循环为 1，通常作为程序中初始化位使用，如图 9-34 所示。

图 9-34　PLC 的系统存储器的设置

根据设计要求和 PLC 的地址分配，为了增加程序的可读性，定义 PLC 的变量如图 9-35 所示。

	名称	变量表	数据类型	地址	保持	在 H...	可从 ...
1	启动	默认变量表	Bool	%I0.0		☑	☑
2	停止	默认变量表	Bool	%I0.1		☑	☑
3	SQ1	默认变量表	Bool	%I0.2		☑	☑
4	SQ2	默认变量表	Bool	%I0.3		☑	☑
5	装料	默认变量表	Bool	%Q0.0		☑	☑
6	右行	默认变量表	Bool	%Q0.1		☑	☑
7	卸料	默认变量表	Bool	%Q0.2		☑	☑
8	左行	默认变量表	Bool	%Q0.3		☑	☑
9	自动检修选择开关	默认变量表	Bool	%I0.4		☑	☑
10	手动前进	默认变量表	Bool	%I0.6		☑	☑
11	手动后退	默认变量表	Bool	%I0.7		☑	☑

图 9-35　PLC 变量的定义

采用顺序控制的程序设计方法时，首先要画出顺序功能图，顺序功能图中的各"步"实现转换时，使前级步的活动结束而使后续步的活动开始，步之间没有重叠。这使系统中大量复杂的联锁关系在"步"的转换中得以解决。

本项目的系统的工作过程可以分为 5 个状态（起始状态、装料、右行、卸料、左行），当满足某个条件时（时间、碰到行程开关），系统从当前状态转入下一状态，同时上一状态的动作结束。每个状态对应于一步，可将状态图转换为功能图。该顺序功能图非常直观清晰地描述了小车自动往返运料控制过程。

本项目中，5 个状态对应于 5 个步，每步用一个位存储器来表示，分别为 M0.0～M0.4。M0.0 为起始步，M0.1 为装料步，M0.2 为右行步，M0.3 为卸料步，M0.4 为左行步。

本项目的顺序功能图如图 9-36 所示。当 CPU 首次循环，M10.0 为 1 状态，将起始状态转换为活动步，当 I0.0×I0.2 对应的转换条件同时满足，即起始状态为活动步（M0.0=1）和转换条件（I0.0×I0.2=1）同时满足时，就从当前步 M0.0 转换为 M0.1 步，M0.0 为不活动步，而 M0.1 为活动步。在功能图中，可以用 M0.0、I0.0 和 I0.2 的常开触点组成的串联来表示上述条件。当条件同时满足，此时应将该转换的后续步变成活动步和将该转换的前级步变成不活动步。这种编程方法与转换实现的基本规则之间存有严密的对应关系，用它编制复杂的顺序功能图的梯形图，更能显示出它的优越性。图中给出了每个状态的输出信号，以及每个状态转换的条件，给编程提供了极大的方便。其他各步的转换相同，不再讲述。

从功能图可以看出，这是典型的单序列顺序功能图。对于单序列顺序功能图，任何时刻只有一个步为活动步，也就是说 M0.0～M0.4 在任何时刻，只有一位为 1，其他都为 0。每一步对应的输出也必须在功能图中表示出来。

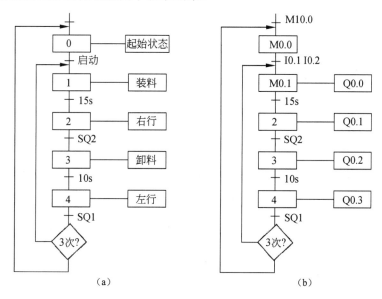

图 9-36　运料小车状态图和顺序功能图

（a）运料小车状态图；（b）运料小车顺序功能图

小车往返控制的梯形图由 13 个程序段组成。程序段 1 如图 9-37 所示，在硬件组态时，已设置系统存储器 MB10，因此 M10.0 首次扫描时该位为 1，初始化起始步，并对其他步的标志位和内部标志位清零。当 I0.4 为手/自动切换开关选择手动时，也初始化起始步。在自动状态下已经完成 3 次循环时，也会初始化起始步。

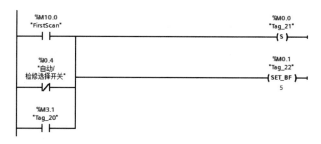

图 9-37　小车控制程序段 1

程序段 2 如图 9-38 所示，在自动状态下（I0.4=1），当前活动步为 M0.0。如果满足小车在起始位置（I0.2=1），并按下启动按钮（I0.0=1），置位 M0.1，复位 M0.0，此时 M0.0 为不活动步，M0.1 为活动步。这样就由初始步 M0.0 转换为 M0.1 步，进入装料步。

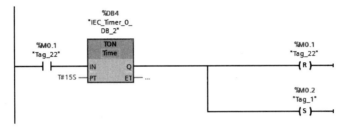

图 9-38　小车控制程序段 2

程序段 3 如图 9-39 所示，当前活动步为 M0.1，开始计时，装料时间到，置位 M0.2，复位 M0.1，实现由 M0.1 步转换为 M0.2 步，进入右行状态。

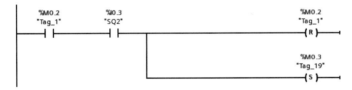

图 9-39　小车控制程序段 3

程序段 4 如图 9-40 所示，当前活动步为 M0.2，小车右行到右边的行程开关处，I0.3 为 1，置位 M0.3，复位 M0.4，状态由 M0.2 转换为 M0.3 步，M0.3 为活动步，进入卸料状态。

图 9-40　小车控制程序段 4

程序段 5、6 如图 9-41 所示，卸料 10s，状态由 M0.3 转换为 M0.4 步，进入左行状态，车左行到左边行程开关处，I0.2 为 1，状态回到 M0.1 步，完成一次循环。

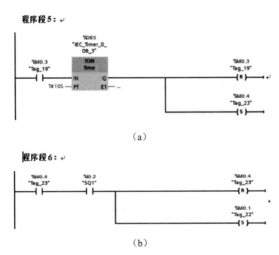

（a）

（b）

图 9-41　小车控制程序段 5、6

（a）程序段 5；（b）程序段 6

程序段 7 如图 9-42 所示，用计数器指令累计循环次数，设计要求循环 3 次或选择手动或按下停止按钮完成本次循环时，回到初始步。所以当循环次数达到 3 次或选择手动或按下停止按钮，线圈 M3.1 通电，置位 M0.0，复位其他步，同时对计数器复位。

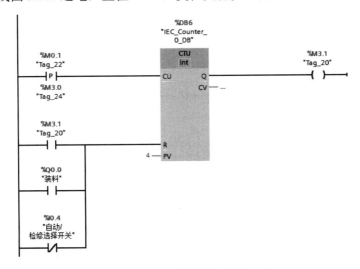

图 9-42　小车控制程序段 7

程序段 8、9 如图 9-43 所示，按下停止按钮的处理，建立停止运行标志位 M0.5，并回到起始步。

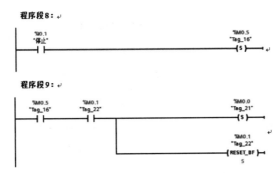

图 9-43　小车控制程序段 8、9

程序段 10～13 如图 9-44 所示，输出处理，包括手动输出处理。

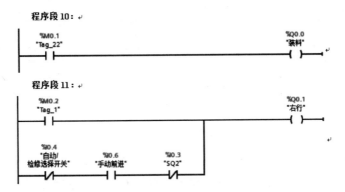

图 9-44　小车控制程序段 10～13

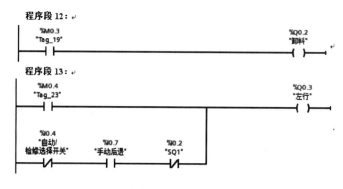

图 9-44　（续）

9.2.5　旋转机械控制实例

1. 控制要求

某旋转机械采用 S7-1200 PLC 控制，并且采用单向增量编码器检测角位移。当正向转过 25 个脉冲则反向旋转，反向旋转 50 个脉冲后再正向旋转，如此不停地循环。

2. 硬件设计

根据控制系统要求，输入/输出地址分配如表 9-7 所示。

表 9-7　输入/输出地址分配表

输 入 信 号	脉冲输入	I0.0
	启动按钮	I1.0
	停止按钮	I1.1
输 出 信 号	正转线圈 KM1	Q0.0
	反转线圈 KM2	Q0.1

根据输入/输出地址的分配，定义 PLC 的变量如图 9-45 所示。

	名称	数据类型	地址	保持	在 H…	可从
	启动	Bool	%I1.0		☑	☑
	停止	Bool	%I1.1		☑	☑
	允许工作	Bool	%M0.0		☑	☑
	正转允许	Bool	%M0.1		☑	☑
	正转线圈	Bool	%Q0.0		☑	☑
	反转线圈	Bool	%Q0.1		☑	☑
	脉冲	Bool	%I0.0		☑	☑

图 9-45　PLC 变量的定义

3. 软件设计

1）硬件组态

创建项目"旋转机械控制"，添加控制器，选择 CPU 为 1214C。打开"设备配置"对话框，选中 CPU_1。在"属性"选项卡的"常规"设置中启用"高速计数器"。选择高速计数器 HSC1，如图 9-46 所示，勾选"允许使用该高速计数器"项。

　　设置"计数类型"为"计数"，"操作模式"为"单项"，"计数方向取决于"选择"内部方向控制"，"初始计数方向"为"加计数"，如图 9-46 所示。

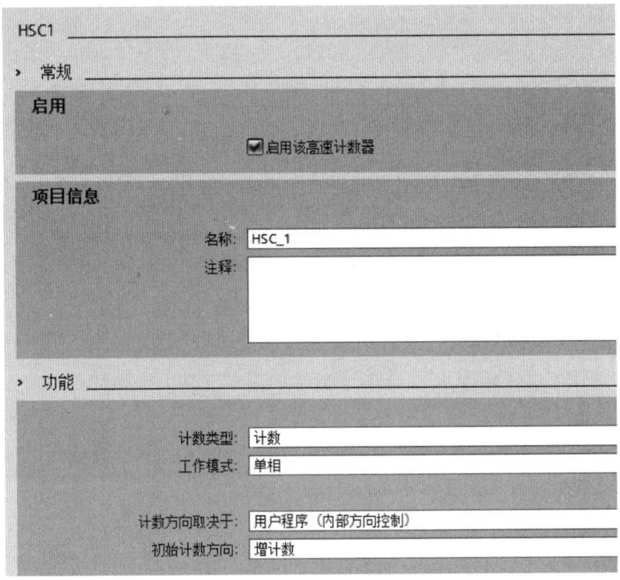

图 9-46　激活高速计数器 HSC1 功能

　　初始值及复位组态如图 9-47 所示，设定"初始计数器值"为 0，"初始参考值"为 25，不勾选"使用外部复位输入"复选框。

　　预置值中断组态如图 9-48 所示，"事件名称"选择"计数器值等于参考值 0"。勾选"为计数器值等于参考值这一事件生成中断"复选框，在"硬件中断"下拉列表中选择新建的硬件中断 Hardware interrupt 组织块 OB40。

图 9-47　初始值及复位组态 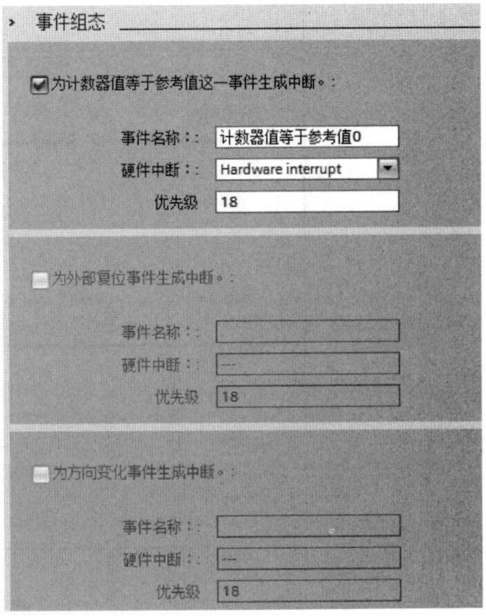　　　　　图 9-48　预置值中断组态

硬件输入、地址分配及硬件识别号设置如图 9-49 所示。

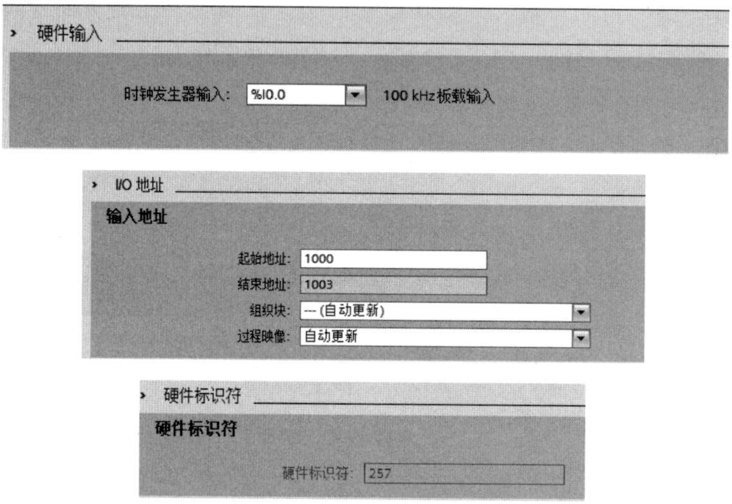

图 9-49　硬件输入、地址分配及硬件识别号设置

2）程序设计

主程序如图 9-50 所示，当按下启动按钮（I1.0），M0.0 为 1 状态并自保，表示旋转机械允许工作。当按下停止按钮（I1.1），M0.0 为 0 状态，表示不允许旋转机械工作。如果允许旋转机械工作（M0.0 为 1），当 M0.1 为 1 状态，置位 Q0.0，复位 Q0.1，旋转机械正转；当 M0.1 为 0 状态，复位 Q0.0，置位 Q0.1，旋转机械反转。如果不允许旋转机械工作（M0.0 为 0），旋转机械停止转动。在首次循环将反转标志 M0.1 赋值为 1。

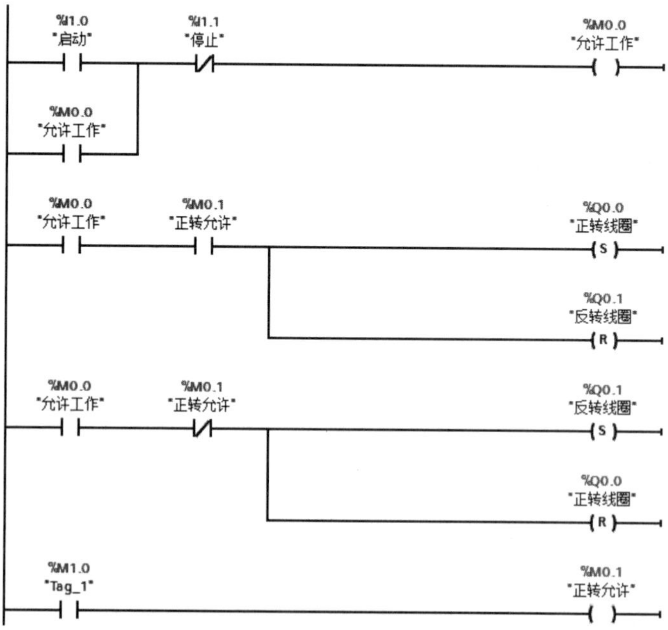

图 9-50　主程序

中断程序 OB40 如图 9-51 所示。当 M0.0 为 1 允许工作，正转允许 M0.1 为 1，旋转机

械正传。当接收到 25 个脉冲，HSC1 的计数值等于预设值，调用 OB40，正转允许 M0.1 状态为 0，旋转机械开始反转，同时将高速计数器 HSC1 预置值重置为 50。当接收到 50 个脉冲，HSC1 的计数值等于预设值，调用 OB40，正转允许 M0.1 状态为 1，旋转机械正传，同时将高速计数器 HSC1 预置值重置为 25。如此反复，直至按下停止按钮，停止旋转机械运行。

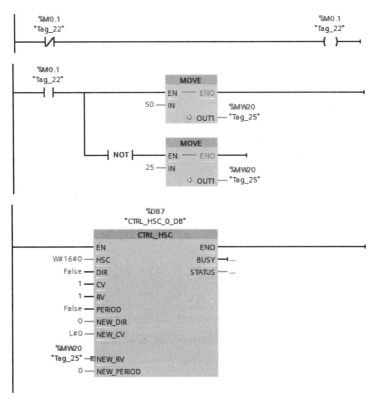

图 9-51　中断程序

9.3　习　　题

1）某化肥厂将 A、B、C 3 种物料按比例混合，A、B、C 3 种物料分别用 1 号、2 号和 3 号计量秤计量。当计量秤达到设定值后，打开该秤对应的放料蝶阀，将物料放入混合机，直到该秤输出放空信号，关闭该物料放料蝶阀。当 3 种全部放入混合机后，启动混合机，混合 180s 后，打开混合机放料蝶阀，直到发料计量秤输出放空信号，停止混合机，关闭放料蝶阀。试设计该 PLC 控制系统。

2）某泵房有 3 口深水井，采用 3 台潜水泵将水提升至水池，其中 1 台潜水泵用变频器启动，另外 2 台潜水泵用交流接触器工频启动。工艺要求维持水池液位恒定，各水泵采用循环启动。试设计该 PLC 控制系统。

3）上题中，如果采用触摸屏设定水池液位给定值，监视各水泵运行状态，可以手动启停各水泵。试设计该触摸屏操作监视画面。

第 10 章 综 合 实 训

通过前面的学习，我们已经全面了解了 S7-1200 PLC 的硬件及硬件组态、编程指令及用户程序结构、梯形图程序设计方法、通信及应用。

本章综合实训的目的是为了培养实际应用能力。通过综合实训，熟练掌握 TIA 博途软件的使用，掌握 S7-1200 PLC 的硬件组态、编程、下载、调试及故障诊断，熟悉变频器及其操作面板的使用，熟悉触摸屏组态编程方法，掌握 PLC 输入/输出端子接线与变频器端子接线方法，熟练构建 PLC 与触摸屏以及变频器的通信网络，达到具备设计和调试自动化工程的应用能力。

10.1 CPU1214C 通过以太网控制变频器 G120

1. 实训的内容与要求

[1] 实训课题："CPU 1214C 通过 Profinet 控制变频器 G120"。

[2] 实训目的：熟悉 TIA 博途软件的使用；掌握 S7-1200PLC 的硬件组态、下载和故障诊断；熟悉变频器 G120 以及 IOP 面板的使用。

[3] 实训内容：使用 TIA 博途软件进行 S7-1200 PLC 系统的硬件组态；下载 S7-1200 PLC 系统的组态程序；使用变频器 G120，对变频器 G120 进行参数设置，了解并熟悉变频器 G120。

2. 硬件准备

该实训项目需要准备的硬件设备有 S7-1200 PLC CPU1214C DC/DC/DC 实验装置、变频器 G120 和必要的附件。

S7-1200 PLC CPU1214C DC/DC/DC 实验装置包括：

❑ S7-1200 PLC CPU1214C DC/DC/DC。

❑ 彩色触摸屏 KTP700 PN。

❑ 工业以太网交换机 CSM1277。

必要的附件包括：

❑ PROFINET 总线连接器。

❑ PROFINET 电缆。

❑ 以太网连接器。

❑ 以太网电缆。

3. 软件准备

需要准备以下软件：

- PORTAL V13 SP1 BASIC 软件或者更高。
- STARTDRIVE V13 SP1 软件。
- WINCC BASIC V13 SP1 软件或者更高。

4. 实训步骤

1）接线

（1）根据手册检查设备接线。

（2）检查 PN 网口连接情况。

（3）检查 PC 机的网络连接情况。

（4）确保无误，上电。

2）设置变频器参数（若参数已经调试过，可略过此步骤）

（1）此参数为标准驱动故障安全控制系统的电动机参数，如所选设备为开放型标准故障安全控制系统，则所对应参数详见步骤二。

（2）首先将 IOP 面板上电，待其上电完成后，通过旋转开关将光标指到 Wizards 选项，再单击 OK 按钮。选择 Basic Commissioning，将弹出寻问是否进行 Factory Reset 界面，选择 YES 并单击 OK 按钮。弹出选择 Control Mode 的界面，此处选择 U/F With linear Characteristic 并单击 OK 按钮。在弹出的界面中选择 Europe 50Hz kW，并单击 OK 按钮。在弹出的界面中选择 Induction motor。接下来为电机设置参数，根据铭牌来填写，本项目为 50Hz，enter MOTOR DATA，INDUCTION MOTOR，50Hz，Motor Voltage 设置电压为 380V，单击 OK 按钮，Motor Current 设置电流为 1.60A，单击 OK 按钮，Power Rating 设置功率为 0.2kW，Motor Cos Phi 设置功率因数为 0.79，Motor Speed 设置转速为 1400r/m，Current Limit 设置电流限制，在 Motor Data Id 一栏选择 Disable，然后在 Macro Sources 里面设置宏参数，此处选择 Conveyor with Fieldbus。接下来一直单击 OK 按钮即可。设置完成后，可通过手动模式测试变频器状态，最后保存。

（3）在主画面切换至 Menu 选项卡，选择 Parameter→Search By Number 选项，输入 922，进入 p922 PZD telegr_sel，单击 OK 按钮后选择 999：Free config BICO，完成后多次按 Esc 键返回主界面。选择 Menu→Parameter→Search By Number 选项，旋转 OK 按钮并设定值为 2051，单击 OK 按钮，进入 p2051 PZD send word，选择 P2051 [1]:PDZ 2 为 r21：n_act_smooth，单击 OK 按钮，选择 P2051 [2]: PDZ 3，选择 r27：I_act abs smth，选择 P2051 [3]:PZD 4，选择 r25:U_outp_smooth（读取电压值），选择 P2051 [4]：PZD 5，选择 r32：P_actv_act smth（读功率），选择 P2051 [5]：PZD 6，选择 r35：Mot temp（读电机温度），然后回到主页面。用同样的方法设置 P2000=1400r/m（额定转速），P2001=380V（额定电压），P2002=1.20A（额定电流），P2003=1.36（9.55*功率 200W/转速 1400）。

（4）在这里，变频器的参数也可以用 PORTAL 设置，对工程组态之后，对变频器进行在线诊断，如图 10-1 所示。

用户可以根据自己的需求来设置参数，如图 10-2 所示。

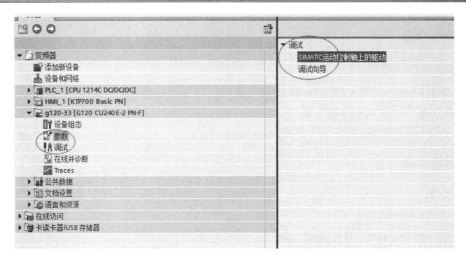

图 10-1　变频器参数设置与调试

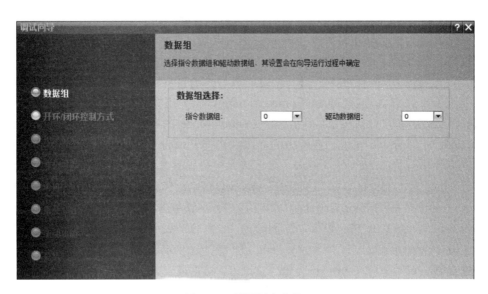

图 10-2　设置用户参数

3）使用博途软件组态

创建项目并组态 CPU1214C DC/DC/DC，G120，KTP600 PN。

（1）在 PORTAL 中新建一个项目，单击左下角进入项目视图，在左侧项目树一栏中双击添加新设备，依次添加 1214C DC/DC/DC：6ES7214-1AG31-0XB0；KTP700 PN：6AV6647-0AD11-3AX0；G120：6SL3244-0BB13-1FA0。

（2）添加 CPU1214C，如图 10-3 所示。

添加 PLC 设备的时候，如果不知道 PLC 的具体型号和订货号，可以单击非特定的 CPU 1200，让计算机读取 PLC 的型号。也可通过从"新手上路"（First steps）中选择"创建 PLC 程序"（Create a PLC program）完全跳过设备配置。STEP 7 Basic 会自动创建一个未指定的 CPU。具体的步骤如下：

① 单击"设备与网络"，选中"添加新设备"，如图 10-4 所示。

图 10-3　添加 CPU 1214C

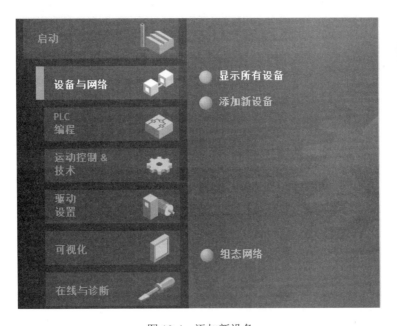

图 10-4　添加新设备

② 在 S7-1200 CPU 列表中选中最下面一行"非特定的 CPU-1200（Device Proxy）"，单击"添加"按钮，如图 10-5 所示。

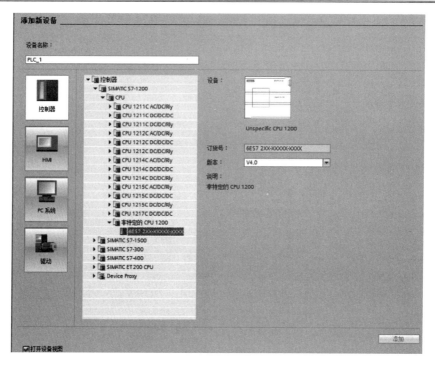

图 10-5　选择非特定 CPU-1200

③ 在项目树中选中该 CPU，单击"设备组态"，进行硬件组态，如图 10-6 所示。

图 10-6　非特定 CPU-1200 的硬件组态

④ 为获取相连设备的组态，需建立与 PLC 的通信连接，单击"可连接的设备"图标 ，设置 PG/PC 接口的类型为 PN/IE，PG/PC 接口为 Realtek PCIe GBE Family Controller，如图 10-7 所示。

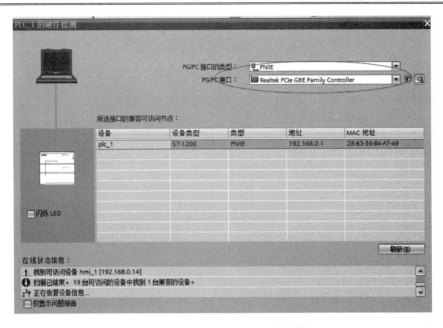

图 10-7　建立与 PLC 的通信连接

还可以单击闪烁 LED 灯，查看监测到的 PLC 是否是自己所用的。对于红圈内的选项 PG/PC 接口类型和 PG/PC 接口，可以查看电脑和PLC的通信方式，以及电脑的网卡所连接的接口。

⑤ 单击监测之后可能会跳出提示分配 IP 地址的对话框，如图 10-8 所示。直接单击"确定"按钮，软件会自动给 CPU 分配 IP 地址，如图 10-9 所示。单击"确定"按钮，完成 IP 地址的分配。

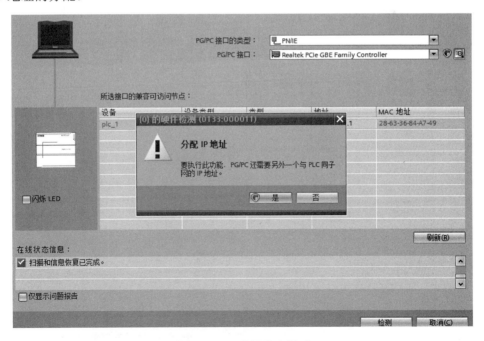

图 10-8　IP 地址分配提示

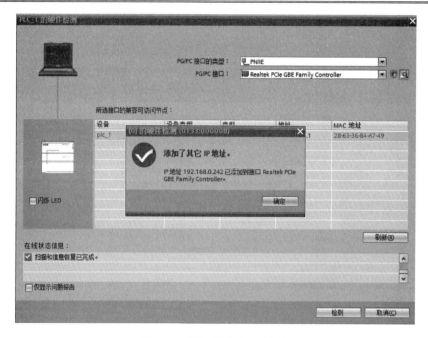

图 10-9　添加了其他 IP 地址

⑥ 添加 HIM 的步骤同添加 CPU 的步骤相似。添加的 HMI 为 KTP600 PN，如图 10-10 所示。

图 10-10　添加 HIM

⑦ 添加驱动 G120，如图 10-11 所示。

图 10-11 添加驱动 G120

4）配置组态硬件

（1）在项目树中展开 PLC_1（CPU 1214C DC/DC/DC），双击设备组态，如图 10-12 所示。

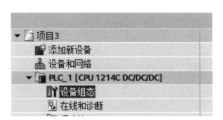

图 10-12 1214C 设备组态

（2）展开 PLC 左侧的通信模块机架，将 DP 通信模块（CM1243-5 6GK7 243-5DX30-0XE0）拖至 101 号槽，如图 10-13 所示。

（3）将信号板 SB1232（SB1232 6ES7 232-4HA30-0XB0）从硬件目录中拖入 1214C 的可选件槽内，如图 10-14 所示。

图 10-13　组态 DP 通信模块

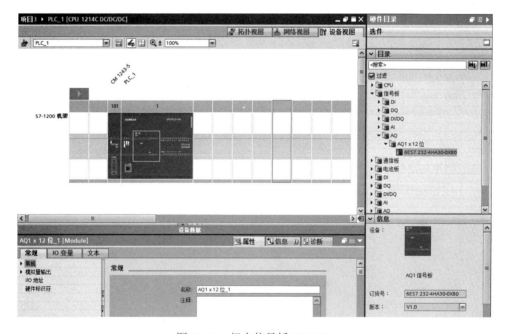

图 10-14　组态信号板 SB1232

（4）单击 CPU，切换至"属性"选项卡，在以太网地址选项中配置网络，如图 10-15 所示。

（5）单击添加新子网，然后将 IP 地址改为 192.168.0.1，子网掩码为 255.255.255.0，项目树中展开 KTP600，双击设备组态，如图 10-16 所示。

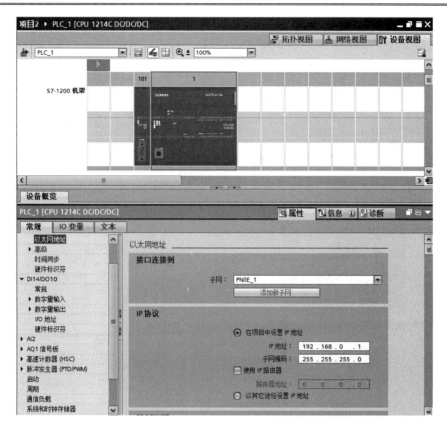

图 10-15　配置网络

图 10-16　配置 KTP600 的网络

（6）单击设备视图中的 HMI，在"属性>常规"选项卡中的"以太网地址"选项中配置网络，在"子网"下拉列表中将设备连接到刚建的 PN/IE_1 子网中，将 IP 地址设置为192.168.0.2，子网掩码为 255.255.255.0。

（7）在项目树中展开 G120，双击设备组态，完成 G120 的硬件组态，具体步骤如下：

① 将硬件目录，功率模块中的相应的模块（PM240-2 IP20 FCS U 400V 15kW、订货号 6SL3210-1PE23-3ULx）拖入 G120_1 的机架中，如图 10-17 所示。

图 10-17　添加功率模块

② 单击 G120_1，在"属性>常规"选项卡中的"以太网地址"选项中配置网络，如图 10-18 所示。

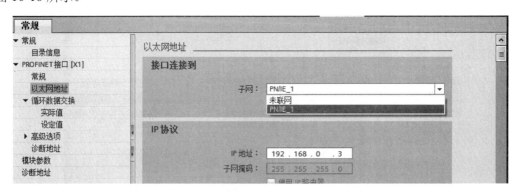

图 10-18　配置 G120 1 网络

③ 在"子网"下拉列表中，将 G120_1 连接至刚建立的 PN/IE_1 子网中。

④ 将 G120_1 的 IP 地址改为 192.168.0.3，子网掩码 255.255.255.0。

⑤ 将"常规"选项卡中的设备名称改为 G120_1（以太网设备都需要分配名称和 IP，组态设备的名称和 IP 需要与实际设备名称和 IP 一致，否则会报错）。

⑥ 配置 G120 的周期性通信报文，双击项目树中的设备与网络，如图 10-19 所示。

⑦ 为 G120_1 的周期性通信报文设置通信伙伴，单击设备与网络中 G120_1 的"未分配"，双击选择 PLC_1.PROFINET 接口_1，如图 10-20 所示。

图 10-19　项目的设备组态与网络　　　　图 10-20　分配 G120_1 的的通信接口

在项目树中展开 G120_1，双击设备组态，在 G120_1 的"属性>常规"选项卡中，选择"循环数据交换"选项。这里选用自由报文，在"报文"下拉列表中选择 Standard telegram 999，如图10-21 所示。将扩展长度改为 8，即 PLC 将与 G120 周期性发送长度为 8/8 字节的数据，数据存放在 PLC 的数据区 I256-271 和 Q256-271 中，两者相互对应，完成报文的周期性通信，如图10-22所示。

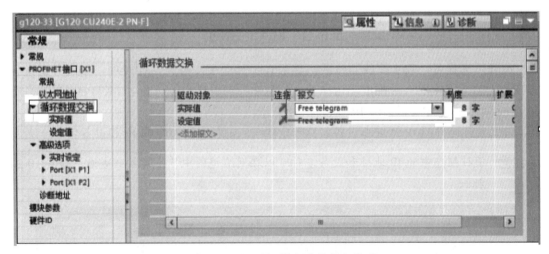

图 10-21　设置循环数据交换报文类型

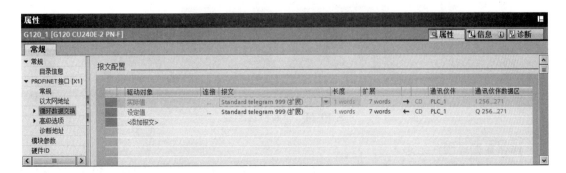

图 10-22　报文配置

⑧ 在线修改实际硬件的 IP 地址和设备名称，将实际的 IP 地址和设备名称改为和建立的项目组态中的 IP 地址和设备名称一致。

在项目树中选择"在线访问"选项，在列表中选择 PC 连接以太网所使用的网卡硬件名称，双击更新可访问的设备，这样将会读出实际连接的设备，如图10-23所示。

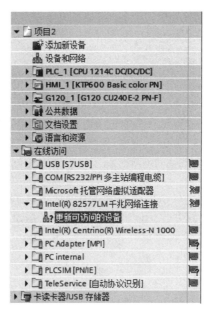

图 10-23　更新可访问设备

展开所选设备，双击在线与诊断，然后在主界面中，展开功能一项，依次分配设备的 IP 地址和设备名称，分配成功可在下方信息选项卡中显示传送成功（KTP600 屏幕只有在 Transfer 状态下才可以修改 IP 和名称）。

注意实际硬件的 IP 地址和设备名称一定要与当前项目组态中的 IP 和设备名称一致。

🔔注意：项目组态中的 IP 地址和设备名称可以在网络视图中单击🖥️按钮查看，如图 10-24 所示。

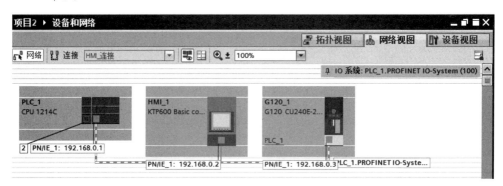

图 10-24　查看网络连接

保存并编译硬件组态。

单击项目树中的 PLC_1，单击"编译"按钮🖼️，编译成功无错误，单击"保存项目"按钮█。

完成硬件组态。

5）硬件组态下载

在项目树中，单击 PLC_1，单击下载按钮，弹出如图 10-25 所示的界面。选择 PC/PC 接口类型为 PN/IE，PG/PC 接口为实际的连接以太网的网卡名称，子网的连接这一项选择两者都可以，找到 PLC_1，单击"下载"按钮。

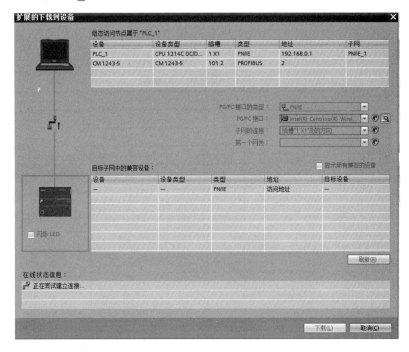

图 10-25　组态下载

在下载过程中，根据要求可以停止 PLC，下载和启动 PLC。

下载完成。若各个设备都显示绿灯，则说明硬件组态成功。若不能正常运行，则说明组态错误，可使用 CPU 的在线与诊断工具进行诊断和排错。

下载完成后，可使用变量监控表工具对电动机进行简单的测试。测试连接是否正常，电动机工作是否正常，具体步骤如下：

在项目树中选择"PLC_1>监控与强制表"选项，双击添加新监控表，如图 10-26 所示。

自动生成名为"监控表 1"的监控表，如图 10-27 所示。在地址栏输入 IW256、IW258、QW256 和 QW258，单击"在线监视"按钮后，把 QW256 和 QW258 分别修改为16#047E 和 16#1000，再将 QW256 修改为 16#047F，则电动机启动，转速为 16 进制1000。IW256 为状态字 1，IW258 为实际转速。

图 10-26　添加新监控表

图 10-27　监控表 1

自由报文 999 的前 2 位为默认的控制字 1 和转速，状态字 1 和转速，如表 10-1 所示（即报文的结构 8/8）。

表 10-1　自由报文 999 的格式

状态字	状态字 1	实际转速	实际电流	实际电压	实际功率	实际温度
控制字	控制字 1	设定转速				

其中，状态 1 和控制字 1 是西门子标准报文中规定的，每位的含义如表 10-2 和表 10-3 所示。控制字 1 的结构如表 10-2 所示（其中位 12 是备用，可在变频器中自定义）。状态字 1 如表 10-3 所示。

表 10-2　控制字 1 的结构

位 00	ON/OFF1 命令	0	否	1	是
位 01	OFF2：按惯性自由停车命令	1	是	0	否
位 02	OFF3：快速停车	1	是	0	否
位 03	脉冲使能	0	否	1	是
位 04	斜坡函数发生器（RFG）使能	0	否	1	是
位 05	RFG 开始	0	否	1	是
位 06	设定值使能	0	否	1	是
位 07	故障确认	0	否	1	是
位 08	正向点动	0	否	1	是
位 09	反向点动	0	否	1	是
位 10	由 PLC 进行控制	0	否	1	是
位 11	方向运行（设定值反相）	0	否	1	是
位 13	用电动电位计（MOP）升速	0	否	1	是
位 14	用 MOP 降速	0	否	1	是
位 15	CDS 位 0（本机/远程）	0	否	1	是

表 10-3　状态字 1 的结构

位 00	接通就绪	0	否	1	是
位 01	运行就绪	0	否	1	是
位 02	运行使能	0	否	1	是
位 03	存在故障	0	否	1	是
位 04	缓慢停转当前有效（OFF2）	0	是	1	否
位 05	快速停止当前有效（OFF3）	0	是	1	否
位 06	接通禁止当前有效	0	否	1	是
位 07	存在报警	0	否	1	是
位 08	设定/实际转速偏差	0	是	1	否
位 09	控制请求	0	否	1	是
位 10	达到最大转速	0	否	1	是
位 11	达到 I, M, P 极限	0	是	1	否
位 12	电机抱闸打开	0	否	1	是
位 13	电机超温报警	0	是	1	否
位 14	电机正向旋转	0	否	1	是
位 15	变频器过载报警	0	是	1	否

6）编写数据块 DB1

在项目树中选择 PLC>程序块选项，双击添加新块，选择类型数据块 DB，编号可手动改为 1，名为 Setpoint，如图 10-28 所示。这个 DB 块的含义是控制字中间存储位。

图 10-28　添加数据块

双击 DB1 进入数据块的接口区，生成数据块 DB1 中使用的变量，如图 10-29 所示。设置数据类型为 Real 的 motor_speed_setpoint（电动机速度设定值），变量和数据类型为 Bool 的 motor_on_command（电动机启动指令）、motor_off_command（电动机停止指令）、motor_fault_mers_command（变频器故障复位指令）、motor_reverse_command（电动机反转指令）变量。

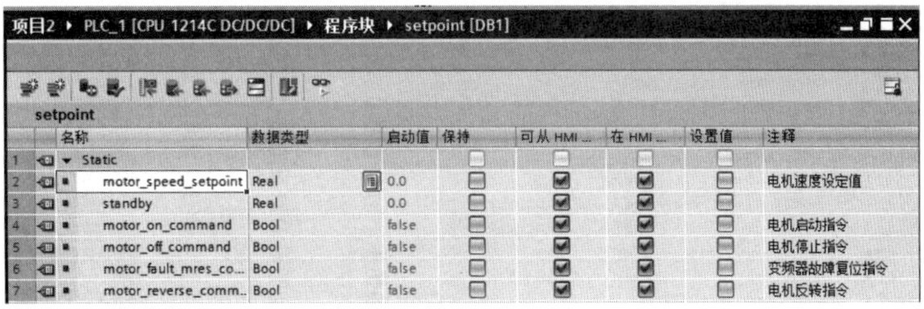

图 10-29　添加数据块 DB1 中的数据

7）写数据块 DB2

在程序块中，双击添加新块，选择添加的数据块 DB，编号可手动改为 2，命名为 Motor_Status_Data，这个 DB 块的含义是状态字的中间数据块。

双击 DB2 进入数据块的接口区，生成数据块 DB2 中使用的变量，如图 10-30 所示。设置数据类型为 Real 的 motor_speed_act（电动机实际速度）、motor_crt_act（电动机实际电流）、motor_votage_act（电动机实际输出电压）、motor_power_act（电动机功率）、motor_tempture_act（电动机温度），变量和数据类型为 Bool 的 motor_status_on（电动机运行中）、motor_status_fault（变频器故障）、motor_status（反转）变量。

8）写数据块 DB8

在程序块中，双击添加新块。选择添加的数据块 DB，编号可手动改为 8，命名为

DRIVE_READ，此数据块的作用是将变频器的控制字读取到 DB8 中。

		名称	数据类型	启动值	保持	可从 HMI …	在 HMI …	设置值	注释
1		▼ Static							
2		motor_speed_act	Real	0.0		✓	✓		电机实际速度
3		motor_crt_act	Real	0.0		✓	✓		电机实际电流
4		motor_status_on	Bool	false		✓	✓		电机运行中
5		motor_status_fault	Bool	false		✓	✓		变频器故障
6		reverse_status	Bool	false		✓	✓		反转
7		motor_votage_act	Real	0.0		✓	✓		电机实际输出电压
8		motor_power_act	Real	0.0		✓	✓		电机功率
9		motor_tempture_act	Real	0.0		✓	✓		电机温度

图 10-30　添加数据块 DB2 中的数据

双击 DB8 进入数据块的接口区，生成数据块 DB8 中使用的变量，如图 10-31 所示。设置数据类型为 Word 的 motor_speed（读取电动机实际速度）、motor_current（读取电动机实际电流）、motor_voltage_（读取电动机输出电压）、motor_power（读取电动机 DC-link 电压）、motor_tempreture_act（读取电机温度）、reseve5（备用），变量和数据类型为 Bool 的 motor_status_0.0～motor_status_1.7（0.0～1.7 状态字位）变量，数据类型为 int 的 motor_read_error_code（读取通信错误代码）变量。

		名称	数据类型	启动值	保持	可从 HMI …	在 HMI …	设置值	注释
1		▼ Static							
2		motro_status_0.0	Bool	false		✓	✓		状态字位
3		motro_status_0.1	Bool	false		✓	✓		状态字位
4		motro_status_0.2	Bool	false		✓	✓		状态字位
5		motro_status_0.3	Bool	false		✓	✓		状态字位
6		motro_status_0.4	Bool	false		✓	✓		状态字位
7		motro_status_0.5	Bool	false		✓	✓		状态字位
8		motro_status_0.6	Bool	false		✓	✓		状态字位
9		motro_status_0.7	Bool	false		✓	✓		状态字位
10		motro_status_1.0	Bool	false		✓	✓		状态字位
11		motro_status_1.1	Bool	false		✓	✓		状态字位
12		motro_status_1.2	Bool	false		✓	✓		状态字位
13		motro_status_1.3	Bool	false		✓	✓		状态字位
14		motro_status_1.4	Bool	false		✓	✓		状态字位
15		motro_status_1.5	Bool	false		✓	✓		状态字位
16		motro_status_1.6	Bool	false		✓	✓		状态字位
17		motro_status_1.7	Bool	false		✓	✓		状态字位
18		motor_speed	Word	16#0		✓	✓		读取电机实际速度
19		motor_current	Word	16#0		✓	✓		读取电机实际电流
20		motor_voltage	Word	16#0		✓	✓		读取电机输出电压
21		motor_power	Word	16#0		✓	✓		读取电机DC-link电压
22		motor_tempreture	Word	16#0		✓	✓		读取电机温度
23		reserve5	Word	16#0		✓	✓		备用
24		motor_read_error_code	Int	0		✓	✓		读取通讯错误代码

图 10-31　添加数据块 DB8 中的数据

注意：因为 PORTAL 默认优化块的访问（未激活数据块的偏移量寻址），不允许 P#DB8.DBX0.0 这样的指针寻址方式，而程序对状态字 1 中的每位要单独读取，所以只能烦琐地将每位单独地列出来，方便编程时每位的处理（如读取运行状态，报警状态灯）。

若想激活指针寻址，右键单击 DB 数据块，选择属性，不选择块的优化访问，即取消优化块的访问这一项的勾选。此时，DB8 中的 motor_status_0.0 到 1.7 可用一个 Word 来代替，在编程时可使用 P#DB8.DBX1.2 这样的寻址方式来访问每位。

若勾选优化访问项，数据块则在 PLC 中使用链表的方式存储，在修改数据时效率更高。

9）写数据块 DB9

在程序块中，双击添加新块。选择添加的数据块 DB，编号可手动改为 9，命名为 DRIVE_WRITE，此 DB 块用于将 DB 块的内容下载到变频器的控制字中。

双击 DB9 进入数据块的接口区，生成数据块 DB9 中使用的变量，如图 10-32 所示。设置数据类型为 Word 的 motor_speed（电动机设定速度）、motor_command（电动机启动控制）、reseve1～5（备用）变量和数据类型为 int 的 motor_wrive_error_code（写入通信错误代码）变量。

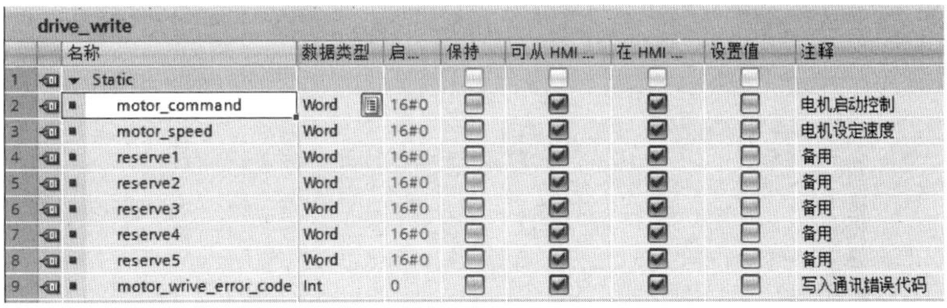

图 10-32 添加数据块 DB9 中的数据

10）写 FC9 程序

在程序块中插入 1 个 FC 块，如图 10-33 所示。符号名为 SPEED_SETPOINT_NORM，注释为设定速度的规格化功能块，此功能块的目的主要是将读到的工程量 0～16384 的值转换为需要的量程的数据值。

图 10-33 添加函数 FC9

双击 FC9，编写程序，如图 10-34 所示。

首先在输入/输出域中填写节点，主要用于封装程序。直接调用FC9的时候只需要填写相应管脚即可，此处填写的 IN 和 OUT 就是调用程序时会开放出来的管脚。

如图 10-34（a）所示，在 Input 中填写输入域的内容，此处 Speed_Setpoint 为变频器的设定值，GAIN为需要量化量程的上限；在OUT中填写输出，即输出 Speed_Setpoint_norrm

为调整后量程的速度设定值；InOut 处填写中间存储位的值，是数据类型转换时所需的中间位；Temp 临时局部数据用于存储临时中间结果的变量，变量 temp_speed_real_1 存储相除后的结果，变量 temp_speed_real_2 存储量程变换后的结果，变量 temp_speed_dint 存储取整后的结果。

如图 10-34（b）所示为 FC9 的主程序。在程序段 1 中，将读取的变频器设定值也就是 Speed_Setpoint（此值为从变频器读取的最大值）先除以 16384，结果存于变量 temp_speed_real_1 中，再用该变量乘以 Gain（量化量程上限），结果存于变量 temp_speed_real_2 中。

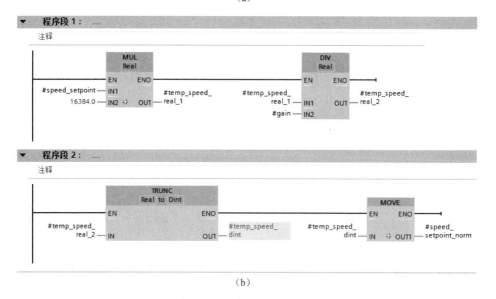

（a）

（b）

图 10-34　编写函数 FC9 程序
（a）FC9 参数；（b）FC9 程序

在程序段 2 中，将所计算的中间结果的实数转换为整数并且截尾取整，结果存于变量 temp_speed_dint 中，然后传送给输出值，也就是需要转换量程的实际值。

11）写 FC10 程序

在 blocks 中插入一个 FC 块，符号名为 Get_actvalue，如图 10-35 所示。注释为读取实际数据功能块，此块的目的主要有 2 个，一是将 Word 类型转换为 Real 类型，以方便触摸屏的状态显示，二是将工程量（0～16384）的值转换为所需量程的值。

图 10-35　新建函数 FC10

双击 FC10 开始编写程序，如图 10-36、图 10-37 和图 10-38 所示。

如图 10-36 所示为输入参数，用于封装程序，等到直接调用 FC9 的时候只需要填写相应管脚即可。此处填写的 IN 和 OUT 就是调用程序时开放出来的管脚。PCD 为需要改写的输入值，此处主要为从变频器读取的控制字，GAIN 为需要转换的量程，FACTOR 为比例因子。

		名称	数据类型	默认值	注释
1		▼ Input			
2		PCD	Word		需要改写的值
3		gain	Real		需要转换的重程
4		factor	Real		比例因子

图 10-36　设置函数 FC10 输入参数

如图 10-37 所示，为输出参数。

5		▼ Output			
6		value	Real		输出值

图 10-37　设置函数 FC10 输出参数

如图 10-38 所示为程序转换阶段所需要的中间变量。变量 temp_pcd_I 用于存储"要改写的值"，变量 temp_rev 用于存储负数标志，变量 temp_pcd_DI 用于存储将"要改写的值"由整数转换为双整数的值，变量 temp_pcd_R 用于存储将"要改写的值"由双整数转换为实数的值，变量 temp_gain 用于存储将"要转换量程的值"，变量 temp_norm 用于存储量程转换的值。

9		▼	Temp	
10		■	temp_pcd_I	Int
11		■	temp_rev	Bool
12		■	temp_pcd_DI	DInt
13		■	temp_pcd_R	Real
14		■	temp_gain	Real
15		■	temp_norm	Real

图 10-38　设置函数 FC10 临时局部变量

如图 10-39 和图 10-40 所示为 FC10 编写的程序。

程序段 1：检测读取的块是否是负数。如果是负数，则进行记录，将负数标志存于变量 temp_rev 中。如果为正数，则转变为负数，等转换后将其还原为负数。

程序段 2：将 INT 型的数据类型先转换为双整数，再将双整数转换为 Real 型数据类型。

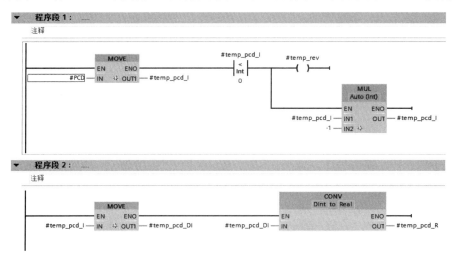

图 10-39　编写 FC10 程序 1

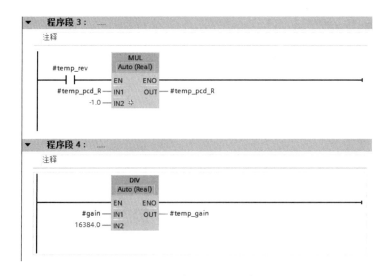

图 10-40　编写 FC10 程序 2

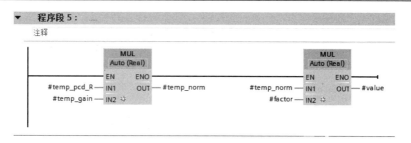

图 10-40（续）

程序段 3：将原来的负数还原。

程序段 4 和程序段 5 与 FC9 的功能是一样的，只不过程序段 5 增加了 Factor 功能，也就是比例因数。

12）写 FC4 程序

在 blocks 中插入 FC 块，符号名为 PG_Motor_Ctrol。

双击 FC4 开始编写程序，如图 10-41～图 10-44 所示。

程序段 1：调用 FC9 块，将电动机速度设定值量化转换后，存入数据块 DB9 电动机速度设定值变量中。

程序段 2：当电动机启动指令有效，将 16#047F 存入数据块 DB9 电动机启动控制变量中。

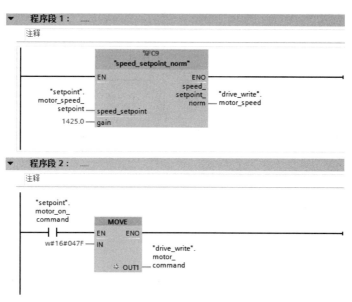

图 10-41 编写 FC4 的程序 1

程序段 3：当电动机停止指令有效，将 16#047E 存入数据块 DB9 电机启动控制变量中。

程序段 4：当电动机反转指令有效，将 16#0C7F 存入数据块 DB9 电机启动控制变量中。

程序段 5：在变频器故障同时变频器的状态位 1.3 为 1 时，将 16#04FE 存入数据块 DB9 电机启动控制变量中。

程序段 6：当变频器的状态位 1.3 为 1 时，将数据块 DB2 中"运行中"变量存入 1，

"故障"变量存入 0。

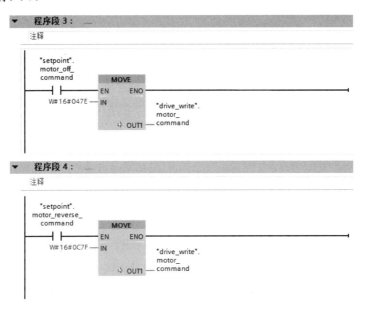

图 10-42　编写 FC4 的程序 2

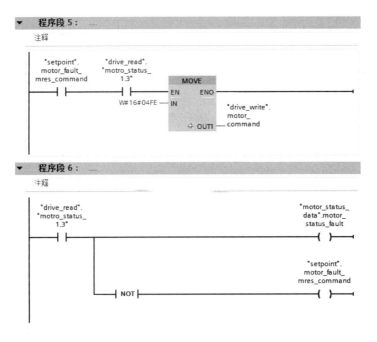

图 10-43　编写 FC4 的程序 3

程序段 7：在变频器的状态位 1.2 为 1 时，将数据块 DB2 中"运行中"变量存入 1，复位数据块 1 中"电机启动指令"变量，复位数据块 1 中"电机停止指令"变量。

程序段 8：在变频器的状态位 0.6 为 1 时，将数据块 DB2 中"反转"变量存入 1。

13）编写 FC5 程序

在 blocks 中插入 FC 块，符号名为 PG_Drive_Communication，注释为变频器通信。

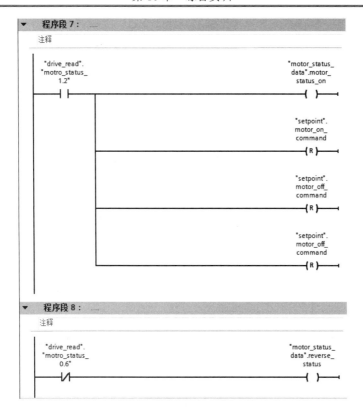

图 10-44　编写 FC4 的程序 4

双击 FC5 开始编写程序，此程序块实现 PLC 与变频器通信报文的发送与接收，如图 10-45 和图 10-46 所示。

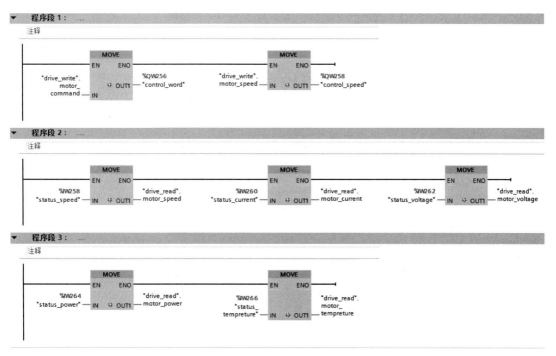

图 10-45　编写 FC5 的程序 1

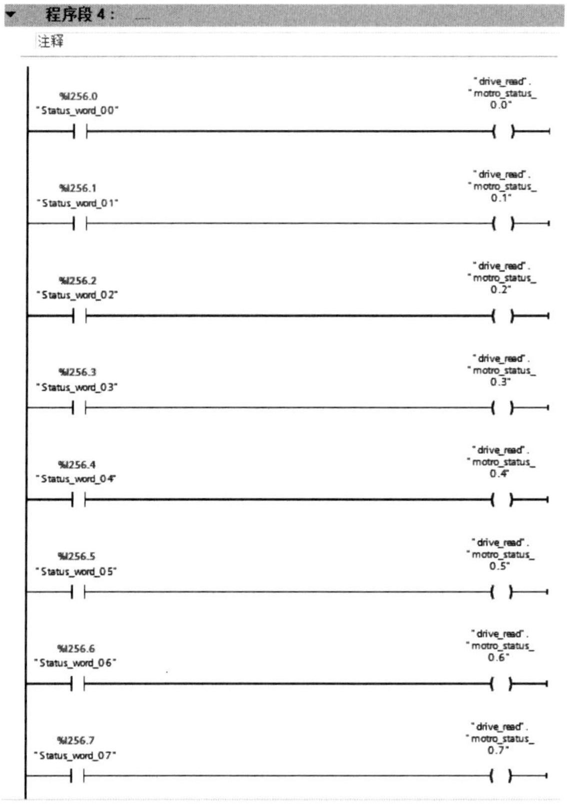

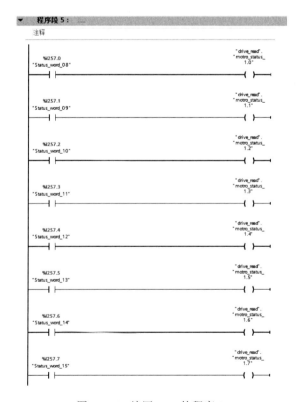

图 10-45（续）

图 10-46　编写 FC5 的程序 2

程序段 1：将数据块 DB9 中"电机启动控制"变量传送给 QW256，将"电机设定速度"变量传送给 QW258。

程序段 2：将 QW258 中数据传送给数据块 DB8 中"电机设定速度"变量，将 QW260 中数据传送给数据块 DB8 中"电机实际速度"变量，将 QW262 中数据传送给数据块 DB8 中"电机输出电压"变量。

程序段 3：将 IW264 中数据传送给数据块 DB8 中"电机 DC Link 电压"变量，将 IW266 中数据传送给数据块 DB8 中"电机实际温度"变量。

程序段 4：将 IW256 各位状态分别传送给数据块 DB9 中各相应状态位。

程序段 5：将 IW257 各位状态分别传送给数据块 DB9 中各相应状态位。

14）编写 FC6 程序

在 blocks 中插入 FC 块，符号名为 PG_INV_SP_CRT_NORM，注释为变频器实际数据处理。

双击 FC6 开始写程序，如图 10-47 所示。

程序段 1：调用 FC10，将数据块 DB8 中电动机实际速度值转换量化后存入数据块 DB2 中。

程序段 2：调用 FC10，将数据块 DB8 中电动机实际电流值转换量化后存入数据块 DB2 中。

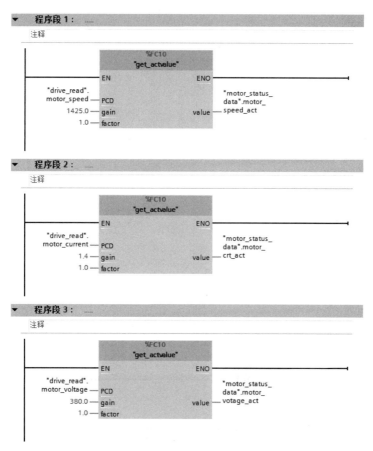

图 10-47 编写 FC6 的程序

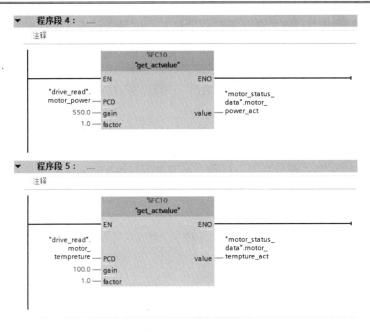

图 10-47（续）

程序段 3：调用 FC10，将数据块 DB8 中输出电压值转换量化后存入数据块 DB2 中。
程序段 4：调用 FC10，将数据块 DB8 中电压 DC_Link 值转换量化后存入数据块 DB2 中。
程序段 5：调用 FC10，将数据块 DB8 中电机温度值转换量化后存入数据块 DB2 中。
15）编写 OB1 程序
双击 OB1 开始编写程序，如图 10-48 所示。

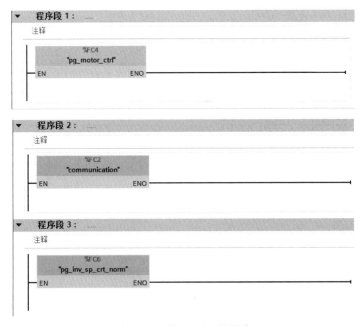

图 10-48　编写 OB1 的程序

16）编写 OB100 程序
双击添加新块，选择 startup，手动编号为 100，此 OB100 为上电执行 1 次的程序块，在这里可以编写系统初始化程序。

双击 OB100 开始编写程序，如图 10-49 所示。

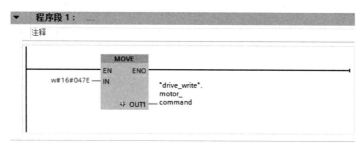

图 10-49　编写 OB100 的程序

17）创建监控表

在项目树的"监控与强制表"中添加一个新的监控表，取名为 G120，如图 10-50 所示。

	i	名称	地址	显示格式	监视值
1		// 设定值和控制命令			
2		"setpoint".motor_speed_setpoint		浮点数	
3		"setpoint".motor_on_command		布尔型	
4		"setpoint".motor_off_command		布尔型	
5		"setpoint".motor_fault_mres_command		布尔型	
6		"setpoint".motor_reverse_command		布尔型	
7					
8		// 速度&电流&电压等参数反馈			
9		"motor_status_data".motor_status_on		布尔型	
10		"motor_status_data".motor_status_fault		布尔型	
11		"motor_status_data".motor_speed_act		浮点数	
12		"motor_status_data".motor_crt_act		浮点数	
13		"motor_status_data".motor_votage_act		浮点数	
14		"motor_status_data".motor_power_act		浮点数	
15		"motor_status_data".motor_tempture_act		浮点数	

图 10-50　G120 监控表

18）下载程序

单击选中 blocks，然后单击工具栏上的下载 download 工具，将所有块下载到 PLC 中。

19）调试

① 程序下载完后，双击打开变量表 G120。

② 单击 ，使变量表处于在线状态。

③ 根据变量表依次给出命令，监控电动机运行情况。

10.2　机械手 PLC 控制

机械手是工业机器人系统中传统的任务执行机构，是机器人的关键部件之一。本实训是一个将工件由工作台 D 处移动到输送带 M 处的机械手，主要通过控制上升/下降和伸出/缩回的执行用双线圈二位电磁阀推动气缸完成。

1. 实训目的

[1] 掌握机械手的动作时序。

[2] 熟悉 TIA 博途软件的基本使用方法。

[3] 进一步巩固对常规指令的正确理解和使用。

[4] 根据实验设备，熟练掌握 PLC 的外围输入/输出设备接线方法。

[5] 能根据"系统设计要求"进行程序设计和程序调试，养成良好的设计习惯，培养基本的设计能力，学会逐步优化程序算法和积累编程技巧。

2. 实训预习要求

[1] 熟悉实验对机械手的控制要求。

[2] 熟悉输入/输出接口的地址分配和 PLC 接线图的绘制。

[3] 熟练使用 TIA 博途软件进行硬件组态，程序输入、下载和调试。

3. 实训设备

如表 10-4 所示为本实训所需要的设备。

表 10-4　实训设备

名　　称	型　　号	数　　量
三相交流电源模块	MC2001E	1
直流电源模块	MC4030	1
PLC 主机单元模块	30874062	1
数字量输入模块	MC4006	1
机械手实验模块		1
个人计算机		1
导线		若干

4. 实训原理

如图 10-51（a）所示是一个将工件由工作台 D 处移动到输送带 M 处的机械手。上升/下降和伸出/缩回的执行用双线圈二位电磁阀推动汽缸完成。当某个电磁阀线圈通电，就一直保持现有的机械动作。例如，一旦下降的电磁阀线圈通电，机械手下降，即使线圈再断电，仍保持现有的下降动作状态，直到相反方向的线圈通电为止。另外，线圈夹紧/放松由单线圈二位电磁阀推动汽缸完成，线圈通电时执行夹紧动作，线圈断电时执行放松动作。设备装有上下限和左右限位开关，它的工作过程如图 10-51(b)所示，共有 8 个动作。

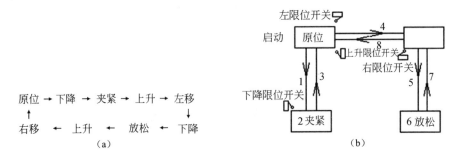

图 10-51　机械手动作示意图

（a）机械手动作步骤；（b）机械手装置示意

当机械手处于原位时，上升限位开关 LS4，缩回限位开关 LS1（右限位），均处于接通状态，指示灯 LED4（上限位指示）和 LED1（右限位指示）点亮，将工件放在工作台 D 上，指示灯 LED9（工件指示）点亮。

按下启动按钮 SB1（按钮模块 MC4003），B 缸电磁阀得电，指示灯 LED7（下降指示）点亮，活塞杆下降，同时上升限位开关 LS4 断开。当下降到位时，下降限位开关 LS3 动作，相应指示灯 LED3（下限位指示）点亮。

延时 1s→C 缸的夹爪电磁阀得电，指示灯 LED8（夹紧指示）点亮，夹紧工作。

延时 1s→B 缸电磁阀失电，活塞杆上升，指示灯 LED7 灭，当上升到位时，上升限位开关 LS4 动作，指示灯 LED4 点亮。

延时 1s→A 缸电磁阀得电，指示灯 LED6（伸出指示）点亮，活塞杆向左伸出，缩回限位开关 LS1 断开，指示灯 LED1 熄灭；当伸出到位时，伸出限位开关 LS2 接通动作，相应指示灯 LED2（左限位指示）点亮。

延时 1s→B 缸电磁阀得电，指示灯 LED7 点亮，活塞杆下降，当下降到位时，下降限位开关 LS3 动作，相应的指示灯 LED3 点亮。

延时 1s→C 缸夹爪电磁阀失电，指示灯 LED8 熄灭，放下工件置于输送带 M 上，指示灯 LED10（输送带指示）点亮。

延时 1s→B 缸电磁阀失电，指示灯 LED7 熄灭，活塞杆上升，当上升到位时，上升限位开关 LS4 动作，指示灯 LED4 灯亮。

延时 1s→A 缸电磁阀失电，指示灯 LED6 熄灭，活塞杆向右缩回，伸出限位开关 LS2 断开，指示灯 LED2 熄灭，当缩回到位时，缩回限位开关 LS1 动作，指示灯 LED1 灯亮，机械手处于原位。

延时 1s→输送带 M 向右移动，当移动到碰到输送带限位开关 LS5（接应位置）时，停止移动，指示灯 LED5（接应到位）点亮。

延时 1s→工件卸下，LS5 恢复（断开状态），指示灯 LED5 熄灭。

延时 1s→指示灯 LED9 点亮，工件置于工作台上，重复循环上述过程。

当按下停止按钮时，机械手模拟动作要等输送带工件卸下后才结束本次动作过程，机械手处于原位。

5. 网络结构

打开项目视图，生成"机械手 PLC 控制"的新项目，添加新设备并对硬件进行组态。设备组态后，创建网络操作需转到"设备和网络"（Devices and Networks）并选择网络视图来显示 CPU 和 HMI 设备即可完成创建工作。要创建 PROFINET 网络，只需从一个设备的绿色框拖出一条线连接到另一个设备的绿色框（以太网端口），随即会为这两个设备创建一个网络连接，如图 10-52 所示。

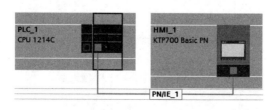

图 10-52　PLC 与 HMI 网络结构

6．设备组态

选择"设备和网络"（Devices and Networks），单击"添加新设备"（Add new device）任务。选择要添加到项目中的 CPU。

① 在"添加新设备"（Add new device）对话框中，单击 SIMATIC PLC 按钮。

② 从列表中选择一个 CPU。

③ 单击"添加"（Add）按钮，将所选 CPU 添加到项目中。

请注意，"打开设备视图"（Open device view）选项已被选中。在该选项被选中的情况下单击"添加"（Add）按钮将打开项目视图的"设备配置"（Device configuration）。设备视图显示所添加的 CPU，如图 10-53 所示。

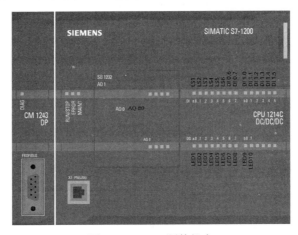

图 10-53　PLC 硬件组态

7．触摸屏画面

可以使用 HMI 向导组态 HMI 设备的所有画面和结构。如果未运行 HMI 向导，则 STEP 7 将创建一个简单的默认 HMI 画面。即使不利用 HMI 向导，组态 HMI 画面也很容易。STEP 7 提供了一个标准库集合，用于插入基本形状、交互元素，甚至是标准图形。要添加元素，只需将其中一个元素拖放到画面中。使用元素的属性（在巡视窗口中）组态该元素的外观和特性。如图 10-54 所示为具体的组态画面。

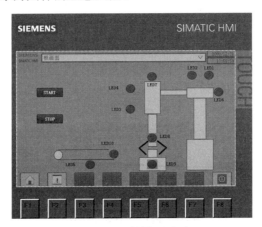

图 10-54　触摸屏画面

8. 输入/输出地址分配

PLC 输入/输出地址分配如表 10-5 所示。

表 10-5　输入/输出地址分配

输 入 设 备				输 出 设 备			
序号	名称	代号	地址	序号	名称	代号	地址
1	启动按钮	SB1	M0.0	1	上升/下降电磁阀	LED7	Q0.6
2	停止按钮	SB2	M0.1	2	伸出/缩回电磁阀	LED6	Q0.5
3	下限位开关	LS3	I0.2	3	夹紧/放松电磁阀	LED8	Q0.7
4	上限位开关	LS4	I0.3	4	接应位指示灯	LED5	Q0.4
5	右限位开关	LS1	I0.0	6	右限位指示灯	LED1	Q0.0
6	左限位开关	LS2	I0.1	7	上限位指示灯	LED4	Q0.3
7	工件指示开关	LS6	I0.5	8	下限位指示灯	LED3	Q0.2
8	接应位开关	LS5	I0.4	9	左限位指示灯	LED2	Q0.1
				10	工件指示灯	LED9	Q1.0
				11	输送带指示灯	LED10	Q1.1

9. 控制梯形图

主程序如图 10-55 所示，在主程序中无条件调用子程序 FC1。

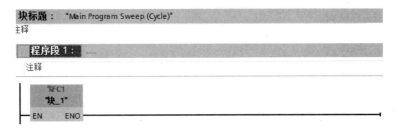

图 10-55　主程序

子程序如图 10-56～图 10-61 所示。

程序段 1：为启动标志位 M0.2 控制逻辑。当按下启动按钮，启动标志位 M0.2 为 1 并自保。当按下停止按钮，启动标志位 M0.2 为 0。

程序段 2：伸出/缩回电磁阀 Q0.5 失电，A 缸活塞杆缩回，当右限位开关闭合，右限位指示灯点亮。

程序段 3：当上限位开关闭合，上限位指示灯点亮。

程序段 4：当工件指示开关闭合或启动运行时 T8 延时时间到（接应位指示灯亮 1s 后），点亮工件指示灯。

程序段 5：在启动运行时，当右限位开关和上限位开关同时闭合，则上升/下降电磁阀 Q0.6 闭合，活塞杆下降，同时将右限位开关和上限位开关用 Q0.6 常开触点自保。当 T2 延时时间到（夹紧电磁阀工作 1s），断开上升/下降电磁阀 Q0.6，活塞杆上升；当 T4 延时时间到（左限位指示灯亮 1s 后），上升/下降电磁阀 Q0.6 闭合，活塞杆下降；当 T5 延时时间到（输送带指示灯点亮后 1s），断开上升/下降电磁阀 Q0.6，活塞杆上升。

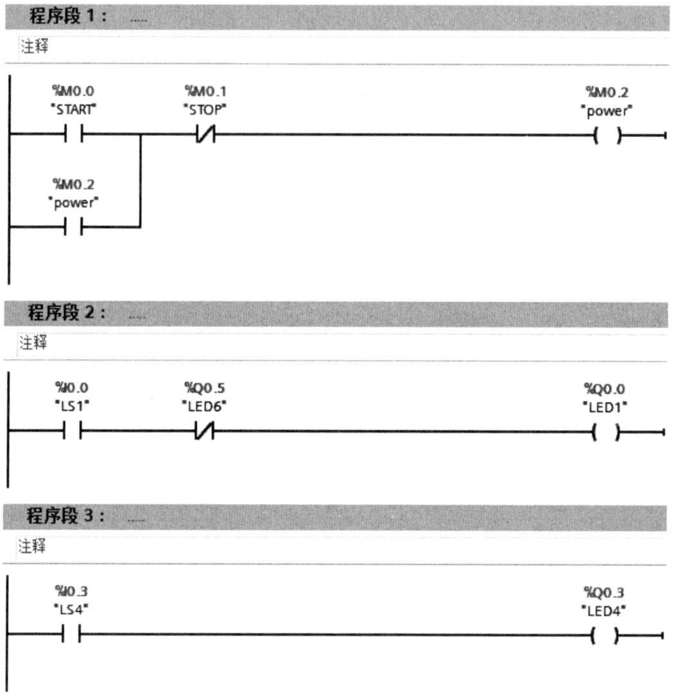

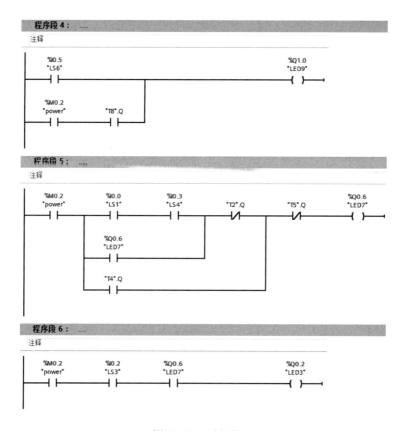

图 10-56　子程序 1

图 10-57　子程序 2

程序段 6：在启动运行上升/下降电磁阀 Q0.6 闭合（活塞杆下降）期间，当下限位开关闭合，则点亮下限位指示灯。

程序段 7：在启动运行时，下限位指示灯亮，T1 开始延时 1s；如果此时左限位指示灯亮，T6 开始延时 1s。

程序段 8：T1 延时 1s 后，夹紧/放松电磁阀闭合，同时自保，夹紧工件。当 T6 延时时间到，断开夹紧/放松电磁阀。

程序段 9：夹紧/放松电磁阀闭合后，T2 开始延时 1s。

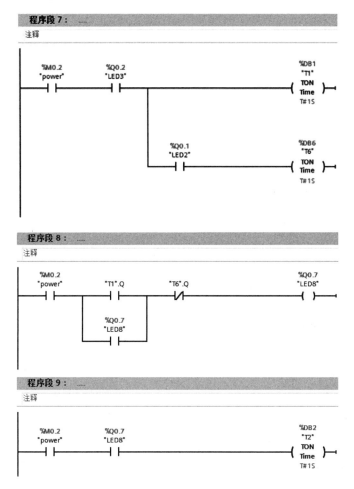

图 10-58　子程序 3

程序段 10：上限位指示灯亮，T3 开始延时 1s；输送带指示灯亮，T7 开始延时 1s。

程序段 11：夹紧/放松电磁阀闭合，上限指示灯亮不到 1s，伸出/缩回电磁阀闭合，同时自保，当 T7 延时时间到，断开伸出/缩回电磁阀。

程序段 12：在启动运行时，左限位开关闭合，点亮左限位指示灯。

程序段 13：左限位指示灯亮，T4 开始延时 1s。

程序段 14：夹紧/放松电磁阀闭合，左限指示灯亮，输送带指示灯点亮，同时自保，当接应位开关闭合，熄灭输送带指示灯。

程序段 15：在启动运行时，接应位开关闭合，点亮接应位指示灯。

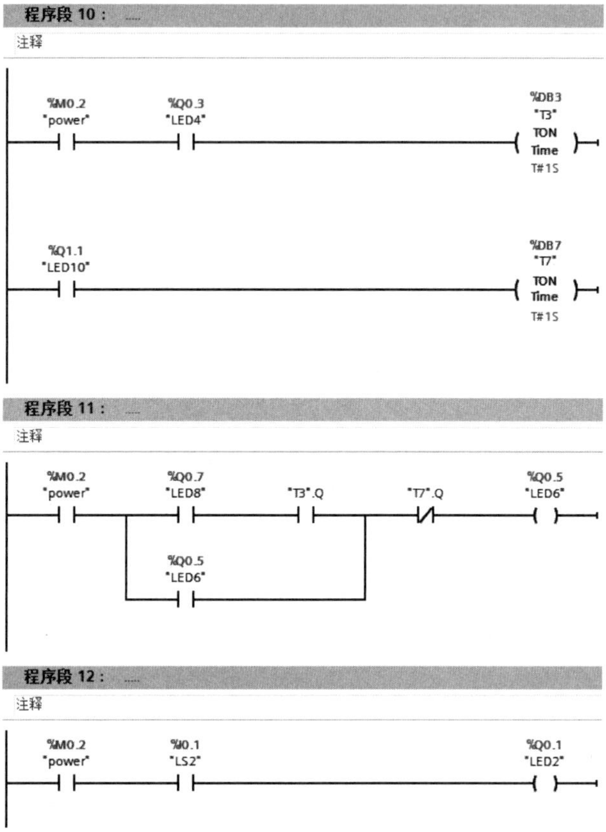

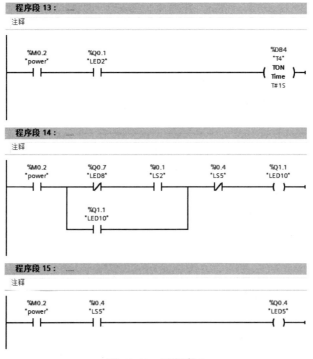

图 10-59　子程序 4

图 10-60　子程序 5

程序段 16：接应位指示灯亮，T8 开始延时 1s。

程序段 17：输送带指示灯点亮，启动 T5 延时。

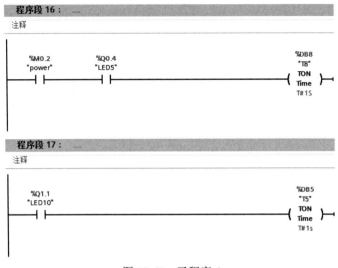

图 10-61　子程序 6

10.3　气缸往复运动 PLC 控制

　　气缸将压缩空气的压力能转换为机械能，驱动机构作直线往复运动、摆动和旋转运动。本实训用电磁阀和继电器控制气缸作直线往复运动。当按下启动按钮 SB1 时，气缸活塞杆向右运动，活塞杆向右碰到限位开关 S2 时，气缸活塞杆向左回缩，当碰到限位开关 S1 时，重复上述动作过程进行往复运动。当按下停止按钮 SB2 时，气缸活塞杆回缩处于原始位置。

1．实训目的

[1] 了解一个完整气动回路之间的关系和控制要求。

[2] 了解本气动实验台的基本操作方法。

[3] 加深对气泵、气缸、减压阀、电磁阀等元件的结构和使用的认识。

[4] 掌握使用 PLC 对气动回路进行控制的方法。

2．实训预习要求

[1] 详细了解气泵、气缸、减压阀、电磁阀等元件的原理和结构，了解如何用气管对各元件进行连接，构成一个完整的气动回路。

[2] 熟悉本实训内容中所列出的基本指令功能。

[3] 学习编制控制程序的设计方法。

3．实训设备

实训所需设备如表 10-6 所示。

表 10-6　实训设备

名　称	型　号	数　量
三相交流电源模块	MC2001E	1
直流电源模块	MC4030	1
PLC 主机单元模块	30874062	1
数字量输入模块	MC4006	1
QW-60 空气压缩机		1
气动装置		1
个人计算机		1
导线		若干

4. 实训原理

1）QW-60 空气压缩机介绍

黑色的电线是电源线，右边的表头部分是调压阀装置。气缸下面有个红色的水阀开关，它可以把压缩空气中的水放出来，保证用气的干燥度，并防止内部生锈，在使用过程中至少每 3 天放水一次。脚上有 4 个黑色胶垫是防振垫。

2）气动模块装置介绍

气动模块装置如图 10-62 所示。

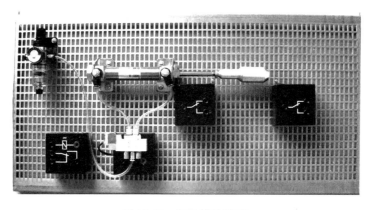

图 10-62　气动模块装置

气动模块装置由减压阀、气缸、活塞杆、二位五通电磁阀、继电器以及限位开关等元件构成，如图 10-63 所示。

3）气动装置操作说明

① 关闭出气阀。

② 气泵通电，将塑料盒子上的红色开关置于 ON 位置，将调压阀调节旋钮向上拉起，顺时针调节压力，将压力调节到 0.6～0.7MPa（压力表显示）之间，再压下调节旋钮。

③ 将气泵上的调压阀和网板上的调压阀用气管接通，开出气阀。

④ 将网板上的调压阀调节旋钮向上拉起，顺时针调节至压力表显示为 0.5MPa，再压下调节旋钮。按图 10-63 所示接线，通电后气缸将作往复直线运动。速度快慢可调节气缸上部调速阀。

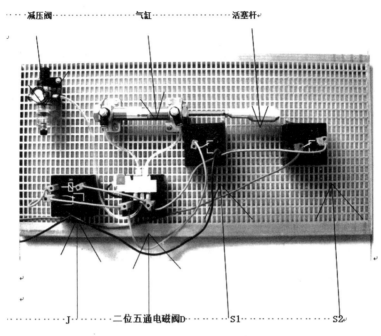

图 10-63　气动模块装置构成

4）实训动作要求

原始状态：未通电前，气缸活塞杆回缩处于原始位置，S1 限位开关处于闭合状态。当按下启动按钮 SB1 时，电磁阀 D 得电，气缸活塞杆向右运动。同时继电器 J 得电，其常开触点闭合。电磁阀 D 保持得电状态。活塞杆向右碰到限位开关 S2 时，其触点断开。电磁阀 D 失电，气缸活塞杆向左回缩，当碰到限位开关 S1 时，其触点由断开转为闭合，电磁阀 D 又得电，重复上述动作过程，进行往复运动。当按下停止按钮 SB2 时，回路失电，电磁阀 D 马上断电。气缸活塞杆回缩处于原始位置。

5. 网络结构

创建网络操作需转到"设备和网络"，并选择网络视图来显示 CPU 和 HMI 设备以完成创建工作，但是在这之前首先需要创建项目和设备组态。

要创建 PROFINET 网络，只需从一个设备的绿色框拖出一条线连接到另一个设备的绿色框（以太网端口）。随即会为这 2 个设备创建一个网络连接，如图 10-64 所示。

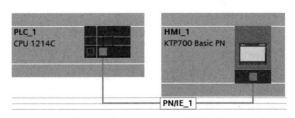

图 10-64　PLC 与 HMI 网络结构

6. 设备组态

选择"设备和网络"，单击"添加新设备"任务。选择要添加到项目中的 CPU。

1）在"添加新设备"对话框中，单击 SIMATIC PLC 按钮。

2）从列表中选择一个 CPU。

3）单击"添加"按钮，将所选 CPU 添加到项目中。

请注意，"打开设备视图"（Open device view）选项已被选中。在该选项被选中的情况下单击"添加"按钮将打开项目视图的"设备配置"（Device configuration）。"PLC变量"是输入/输出和地址的符号名称。用户创建 PLC 变量后，STEP 7 会将变量存储在变量表中。项目中的所有编辑器均可访问该变量表。设备视图显示所添加的 CPU，设备组态如图 10-65 所示。

7. 触摸屏画面

如图 10-66 所示为具体的组态画面。

可以使用 HMI 向导组态 HMI 设备的所有画面和结构。如果未运行 HMI 向导，则 STEP 7将创建一个简单的默认 HMI 画面。即使不利用 HMI 向导，组态 HMI 画面也很容易。STEP 7提供了一个标准库集合，用于插入基本形状、交互元素，甚至是标准图形。要添加元素，只需将其中一个元素拖放到画面中。使用元素的属性（在巡视窗口中）组态该元素的外观和特性。

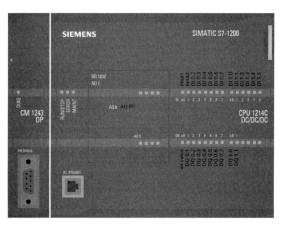

图 10-65 PLC 硬件组态

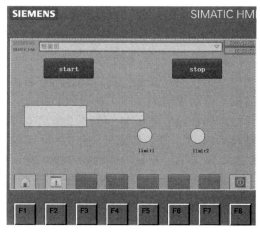

图 10-66 触摸屏根画面

8. 输入/输出地址分配

PLC 输入/输出地址分配如表 10-7 所示。

表 10-7 输入/输出地址分配表

输 入 设 备				输 出 设 备			
序号	名称	代号	地址	序号	名称	代号	地址
1	按钮 1	SB1	M0.0	1	电磁阀	D	Q0.0
2	按钮 2	SB2	M 0.3	2			
3	限位开关 1	S1	I0.0	3			
4	限位开关 2	S2	I0.1	4			

9. 控制梯形图

主程序如图 10-67 所示，主程序无条件调用子程序 FC1。

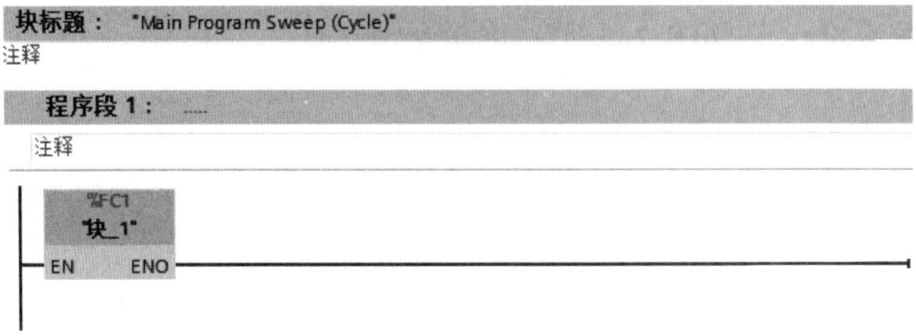

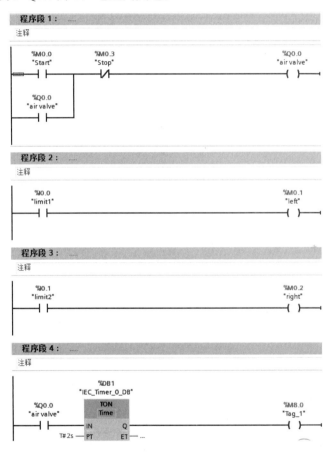

图 10-67 主程序

子程序如图 10-68 所示，程序段 1 为空气阀控制逻辑。当触摸屏按下按钮 1，M0.0 常开触点闭合，Q0.0 为 1，电磁阀得电，同时用 Q0.0 常开触点自保。当按下触摸屏按钮 2，M0.3 常闭触点断开，Q0.0 为 0，电磁阀失电。

图 10-68 子程序

程序段 2 为左限位开关 1 指示标志 M0.1 的控制逻辑，当左限位开关闭合，M0.1 为 1，表示活塞杆运行到左限位处。

程序段 3 为右限位开关 2 指示标志 M0.2 的控制逻辑，当右限位开关闭合，M0.2 为 1，表示活塞杆运行到右限位处。

程序段 4 为空气阀动作时间到指示标志位 M8.0 控制逻辑。当电磁阀得电，即 Q0.0 为 1，开始计时。当计时到 2s，M8.0 为 1，表示空气阀动作时间到。如果计时不到 2s，电磁阀失电，定时器 TON 复位，在 Q0.0 为 1 时，重新开始计时。

10.4 小 结

本章通过实例讲解了如何使用西门子博途软件完成 PLC 的硬件组态和编程工作、触摸屏的组态编程以及与变频器的通信连接。PLC 的硬件组态、PLC 的编程方法、设备网络的构建以及触摸屏的组态编程是实训的重要内容，这也是作为一名合格的工控领域的电气自动化工程师所必备的技术能力。

参 考 文 献

[1] Siemens AG.S7-1200 系统手册，2016.

[2] Siemens AG.S7-1200 入门手册，2015.

[3] 崔继仁，张会清，等. 电气控制与 PLC 应用[M]. 北京：中国建材工业出版社，2016.

[4] 廖常初. S7-1200 PLC 编程及应用[M]. 3 版. 北京：机械工业出版社，2018.

[5] 吴繁红. 西门子 S7-1200 PLC 应用技术项目教程[M]. 北京：电子工业出版社，2017.

[6] 朱文杰. S7-1200 PLC 编程设计与应用[M]. 北京：机械工业出版社，2017.

[7] 刘华波，刘丹，赵岩岭，等. 西门子 S7-1200 PLC 编程与应用[M]. 北京：机械工业出版社，2017.

[8] 张硕. TIA 博途软件与 S7-1200/1500 PLC 应用详解[M]. 北京：电子工业出版社，2017.